普通高等教育 数字媒体·动画专业“十二五”规划教材
全国设计类院校案例教学精品规划教材

Architectural Animation Scene Roaming

建筑动画场景漫游

AutoCAD + 3ds Max VRP + Premiere

主　编　张英杰
副主编　魏　娟　胡姗姗
　　　　于志恒

中国水利水电出版社
www.waterpub.com.cn

内 容 提 要

本书是针对环境艺术和动画专业学生的范例教材，详细地介绍了建筑场景的模型制作、灯光、材质、环境烘托等专业技巧，同时以自身视点为主导进行场景中的动画漫游。在建筑施工、产品销售、小区宣传等领域有着极为重要的意义，本书从标准的平面图导入和三维场景入手，进行模型、材质、灯光的制作，然后进行大气的烘托渲染，同时配以最为简洁的贴图环境模型，达到最为逼真的效果，在漫游过程中采用两种方法进行场景漫游：一是利用实现沿路径自动漫游的影片效果；二是在VRP中进行场景实时互动漫游。

本书作为高校建筑动画场景漫游的实体教材，摆脱了以往教材过于理论化的模式，灵活、生动地通过实例进行讲解，可以使学生迅速掌握所学内容。本书也可作为建筑动画场景漫游爱好者的参考用书。

本书提供配套光盘，包含书中实例的素材文件、练习文件和视频合成文件，方便读者更好地学习参考。

图书在版编目（CIP）数据

建筑动画场景漫游：AutoCAD＋3ds max VRP＋Premiere/张英杰主编．—北京：中国水利水电出版社，2014.10（2020.8重印）
普通高等教育数字媒体·动画专业“十二五”规划教材　全国设计类院校案例教学精品规划教材
ISBN 978-7-5170-2063-9

Ⅰ.①建… Ⅱ.①张… Ⅲ.①建筑设计-计算机辅助设计-三维动画软件-高等学校-教材 Ⅳ.①TU201.4

中国版本图书馆CIP数据核字（2014）第105268号

书　名	普通高等教育数字媒体·动画专业“十二五”规划教材 全国设计类院校案例教学精品规划教材 **建筑动画场景漫游**——AutoCAD＋3ds max VRP＋Premiere
作　者	主　编　张英杰 副主编　魏　娟　胡姗姗　于志恒
出版发行	中国水利水电出版社 （北京市海淀区玉渊潭南路1号D座　100038） 网址：www.waterpub.com.cn E-mail：sales@waterpub.com.cn 电话：（010）68367658（营销中心）
经　售	北京科水图书销售中心（零售） 电话：（010）88383994、63202643、68545874 全国各地新华书店和相关出版物销售网点
排　版	北京零视点图文设计有限公司
印　刷	北京印匠彩色印刷有限公司
规　格	210mm×285mm　16开本　10印张　333千字
版　次	2014年10月第1版　2020年8月第5次印刷
印　数	11001—13000册
定　价	**45.00**元（附光盘1张）

凡购买我社图书，如有缺页、倒页、脱页的，本社营销中心负责调换

前　言

当今数字技术的迅猛发展影响到的诸多领域，给众多传统学科带来了巨大的变化。数字技术在艺术领域的广泛应用，为艺术创造提供了新的手段和可能，这不仅仅是技术型的进步，而且带来了艺术形态的变化和发展。数字技术在丰富艺术表现形式、拓展艺术家的创作思维、引领大众审美观念等方面都起到了根本性的作用，并引导艺术走向一个崭新的高度。建筑动画就是在这样的时代背景中产生的。

建筑动画的制作就是利用计算机三维技术将建筑的内部和外部等空间真实地还原在虚拟空间中，并结合电影实拍，后期特效、剪辑配音字幕合成，最终动画输出。建筑动画场景漫游可以任意角度浏览，不受任何局限，它的应用领域近年来在不断地扩大，如国家大型项目工程演示汇报、建设虚拟城市工程、文化遗产复原保护、高速公路桥梁规划、楼盘动态浏览、虚拟军事演习浏览、游戏动画等场景。建筑动画在表现设计师建筑理念的同时，也是诠释建筑文化的有力武器。

本书是针对环境艺术和动画专业学生的范例教材，全书共分 7 章，第 1 章详细地介绍了建筑动画的概念以及其特点，建筑动画的功能以及它的制作流程。第 2 章内容是以 CAD 实例讲解了平面图的绘制，掌握创建建筑动画的基础操作，并且为导入三维软件做好了准备。第 3 章进入到了创建模型的部分。这章从基础建模讲起，经过了赋予模型以材质、创建灯光等相应流程，掌握其中各个环节的具体要求，以及制作方法。为制作动画做好准备工作。第 4 章为建筑动画制作的重要环节，它包括了对动画的设置方法，动画的记录调节等内容。第 5 章是为建筑动画锦上添花，制作特殊效果，掌握特效基本调节方法。第 6 章学习常规的自动漫游法，我们利用从 3ds max 输出的文件通过使用 Premiere 剪辑处理，获的动画漫游的效果。第 7 章介绍了在国产虚拟现实系统 VRP（VR-Platform）平台下实现虚拟漫游的方法。VRP 整个制作流程更加本土化，符合国人的思维方式和操作习惯，是国内虚拟现实应用开发者的首选，非常建议大家深入学习。

本书由张英杰任主编，魏娟、胡姗姗、于志恒任副主编。作者都是长期从事教学的一线教师。在本书编写过程中用自身的教学感受，详尽地进行了讲解。教材中引用的都为作者自己的作品，在此仅作为教学研讨用，版权归原作者所有。

由于水平有限，加之时间仓促，书中难免有不足之处，敬请广大读者批评指正。

作者

2014 年 3 月

作者简介

主编

张英杰，女，47 岁，副教授，硕士生导师。1995 年毕业于中央工艺美术学院工业设计系（现清华大学美术学院）获得文学学士学位，后攻读北京工业大学数字艺术专业的硕士研究生并获得硕士学位。现就职于东北师范大学美术学院动画系。

从 1996 年起，以一个专业美术教师的资格从事数码教学工作，先后为艺术设计专业、电脑美术专业、工业设计专业、动画专业等专业讲授基础课和专业课、计算机软件等课程。从专业的角度出发灵活地运用计算机软件讲授辅助设计的要领。由于不断地钻研，先后获得了 Adobe 公司的设计师，Discreet 公司的中国区动画设计师和动画专业的认证教师证书，以及亚泰地区的 Maya 工程师认证证书等。曾经成功地为学校组建了动画及新媒体专业，教龄 23 年。授课之余积极参与社会实践活动，系中国工业设计协会会员、吉林省工业设计协会理事会员、中国图形图像学会会员。主编了《中国高等美术院校美术设计教研大系之——数码设计基础卷》、《实用透视画法》，2010 年主编了普通高等教育“十二五”规划教材中的《数字动画视频合成与特效制作》、《定格动画技法》、《Flash 动画技术与艺术手法解析》、《意向图形创意思维与应用》等多本高校教材。大量数码作品、动画作品发表于国家核心刊物并获得不同程度的奖项。多个动画作品获得全国数字艺术大奖赛的奖项，长春 2007 年亚洲冬季运动会在韩国申办片中，多组动画作品被收录，为亚洲冬季运动会的成功申办做出了贡献。

副主编

魏娟，东北师范大学美术学院动画系研究生，现在内蒙古呼伦贝尔学院任讲师，从事动画设计的教学工作。动画片《莫日格勒河的传说》获中国动画学院奖，参与校级科研项目《组合类动画角色设计研究》。

胡姗姗，2009 年东北师范大学美术学院研究生毕业，现在长春广播电视大学工作，以建筑动画与偶动画为主要研究方向。获得 Autodesk 3ds max 工程师、Autodesk 认证教师资格。参与了《中国高等院校美术设计教研大系》、《数码设计基础研究》的编写，并参与吉林省社会科学基金项目《对中国动画民族特色创作手法的探索研究》。偶动画片《自乐》获北京电影学院学院奖。

于志恒，东北师范大学美术学院动画系讲师，现攻读博士学位。从事动画设计的教学工作。

目 录

1

第1章 概述

主要内容

本章主要介绍建筑动画的概念，以及其特点。建筑动画漫游的特点构成了建筑表现的独特优势，通过对世界建筑动画的发展讲解漫游功能的实际应用范围，在本章最后概括介绍了建筑动画的制作流程。

重点和难点

掌握建筑动画的特点，并了解其应用领域。

学习目标

通过本章的学习使读者对建筑动画产生兴趣，了解建筑动画的制作流程，为后面的深入学习打下良好基础。

1.1 建筑动画漫游概述

当今世界学科间的交叉互动日益普遍，一个领域的研究成果往往会影响、促进若干个领域的发展。比如数字技术的迅猛发展影响到了诸多领域，给众多传统学科带来了巨大的变化。其中数字技术在艺术领域的广泛应用，为艺术创造提供了新的手段和可能，这不仅仅是技术型的进步，而且带来了艺术形态的变化和发展。数字技术在丰富艺术表现形式、拓展艺术家的创作思维、引领大众审美观念等方面都起到了革命性的作用，并引导艺术走向一个崭新的高度。建筑动画就是在这样的时代背景中产生的，它是利用计算机三维技术将建筑内部、外部和空间真实地还原在虚拟空间中。建筑动画场景结合电影实拍、后期特效、剪辑、配音、字幕合成，最后进行动画输出。建筑动画场景漫游可以任意角度浏览，不受局限。它的应用领域近年来不断扩大，如国家大型项目工程演示汇报、建设虚拟城市工程、文化遗产复原保护、高速公路桥梁规划、楼盘动态浏览、虚拟军事演习浏览、游戏动画等场景。建筑动画在表现建设计师建筑理念的同时，也是诠释建筑文化的有力工具。

1.1.1 建筑动画的概念

建筑动画就是为表现建筑以及其相关的领域所制作的数字动画，是数字技术与建筑表现的新结晶。在建筑动画中利用电脑制作中随意可调的镜头，进行鸟瞰、俯视、穿梭、长距离等任意游览，可以提升建筑物的气势。借助三维技术在楼盘环境中利用场景变化，了解楼盘周边的环境，动画中加入了一些精心设计的飞禽、动物穿梭于云层中的太阳等来烘托气氛，虚构各种美景。同时其发展又受到相关学科的影响，如图 1-1 所示。建筑表现要以一定的表现媒介来向人们展示建筑设计的内容、特征及涵义，传达设计意向，它也是与建筑设计过程交互作用、不可分割的一个手段。从建筑表现媒介工具的发展来看，可以分为一维的语言文字、二维的图纸系统、三维的实体模型、四维的建筑动画漫游。

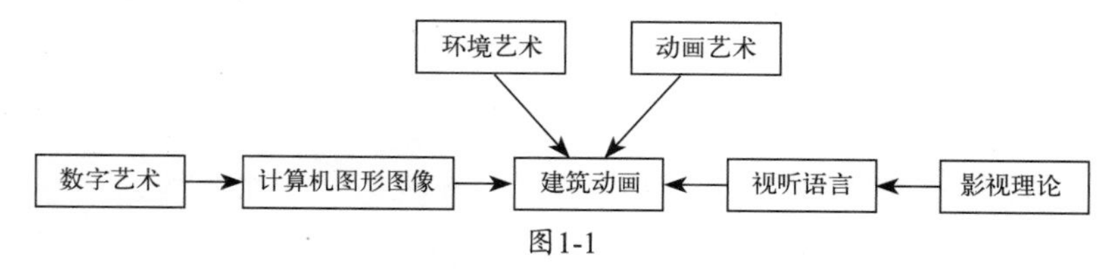

图1-1

建筑动画漫游是表现建筑或与其相关内容的计算机虚拟动画，本书简称为建筑动画。作为建筑表现的新形式，建筑

动画漫游更多依托于数字技术的支持，同时也以多种传达和传播方式为其表现语言，它的创作涉及多个领域的知识。

1.1.2 建筑动画作为建筑表现的优势

建筑动画是为表现建筑以及其相关的领域所制作的动画。它可以依据工程设计在计算机上制作出建筑及周围环境或动态的施工过程，也可以利用原始描述复原古建筑外貌与结构特征，向今人展现古文明的魅力，还可以充分展示设计师的创意，调动观众的视觉和听觉来体验未来的建筑空间。作为建筑表现的新形式它具有众多优势。

1. 具有多维性

与传统的建筑效果图和建筑实体模型等表现手段相比，建筑动画加入了时间的维度，具有动态的视觉效果。实验证明，人类眼睛对动态的关注度远远高于静态，这使得建筑动画对人的吸引力大大增强。建筑动画的动态性更适合表现建筑的复杂空间结构，不仅如此，在表现建筑特性与烘托建筑氛围方面建筑动画更是游刃有余，它不但能生动地表现建筑空间，还能动态地呈现建筑的特征和周围环境，如地形地貌、环境景观、配套设施等，其中的人物、动物等都能以动态的方式存在于建筑环境中，给人以身临其境的感受。

2. 具有声音信息

听觉和视觉一样是人类接受信息的主要途径，在有些情况下视觉受环境制约时听觉的作用就更显突出。但是传统的表现手法没有涉及到声音信息，这是信息传播中的重大缺失，建筑动画在这方面的优点尤为突出。它的声源可以有多种形式，包括人声、音响、音乐等，大大扩充了建筑动画的信息承载量，在相对的时间内传达给受众更为丰富的信息。通过声画结构的不同方式，声音带来更为丰富的时空运动，加强了镜头内的时空关系，同时也丰富了镜头与镜头之间的时空关系。

3. 具有假定性和易修改性

与建筑实拍和模型相比，建筑动画具有高度的假定性。建筑动画不受现实空间的限制，利用电脑软件制作的动画可根据需要调度镜头，能穿越空间和时间进行任意遨游，表现建筑物的气势。可表现建筑生长、爆破、拆除等特殊效果，建筑动画不仅是一个媒体演示，还是一个交互式的设计工具，它以动态的视觉形式反映了设计者的思想。由于建筑动画是电子数据文件，创作者可以实时、直观的修改作品。

4. 具有商业价值

上述几点论述，得出建筑动画的同时具有诸多优势，这些优势也使其更具有商业价值。如利用建筑动画作为大型项目的展示，它能全方位地展示建筑物所处的地理环境、气候特征，分析客观因素对建筑的影响，构筑逼真的建筑动态模型表现内外部空间及功能，因此，在申报、审批、宣传、交流、销售时，使目标受众产生强烈的兴趣。

5. 销售宣传特性

在销售宣传上，建筑动画的商业优势更加明显，如在当前竞争日益激烈的房地产业，商家使出浑身解数招揽客户，扩大销售量。开发商的宣传手段大多还集中在楼书、条幅、沙盘等表现手法上，客户已经司空见惯，他们需要更直接、快速、全面地了解楼盘信息。开发商不得不拍摄相似的楼盘制作平面宣传册，更有甚者耗资千万营造不同风格的样板房，这样无形中增加了开发成本，因此，建筑动画作为新的营销手段成为了楼盘有力的宣传工具。建筑动画有其他建筑表现形式不具备的声音系统，声音丰富了建筑动画的表达内涵和意图，有效地补充了画面表现的有限性，更好地烘托出了建筑的气势。同时建筑动画还可以应用在网络和多媒体中，使客户足不出户就可以方便、快捷的了解产品信息。这使得建筑动画广泛地应用于各个营销阶段，同时也在房地产开发的其他重要环节如申报、审批、设计、宣传等方面也有着非常重要的作用。

1.1.3 建筑动画的功能及应用

最常见的建筑动画的应用是在房地产的宣传领域，但建筑动画不仅在房地产业，在其他领域也有它的身影。针对不同的领域其表现的手法与展现的主题特征是不同的。

1. 广告宣传功能

建筑动画由于其商业性的特质，商家为了某种需要，大多经过精心策划使其建筑和周边环境产生足够的视觉冲击力。加入诸多影视元素，使整个动画显得更加富有活力，提升受众的观赏兴趣。这种建筑动画以房地产为代表，根据房地产的定位人群进行销售，因此表现房地产的建筑动画需要具备浓重的商业气氛和文化特征，在场景的制作中多以写实为主，在影片的处理手法上，具有煽动性和相当的广告效应，如图 1-2 所示。再如项目招商引资类，其目标主要为吸引投资商投资，手法运用更加商业化，更要突出整个环境的商机所在。动画重要的是把握好整个项目的基调和氛围，在手法上更多地抓住人们的心理，用一些有亲和力的景致来表现整个影片。

图1-2

图片来自http://www.pacificommultimedia.com/ Pacificom Multimedia（LLC作品）

2. 说明阐释功能

建筑动画通过镜头表现建筑空间和方案设计思路，需要能够比较清晰地说明建筑空间或施工过程，包括建筑设计投标、建筑工程施工、城市规划等。不同的项目说明的重点不尽相同，建筑设计投标类的建筑动画主要展现建筑的设计思路、建筑形态及构成手法，重点强调对建筑的总体规划和宏观思考，展现设计者对投标项目的理解和建筑设计中的亮点，多以表现建筑的空间感为主，并提炼出一些有特色的空间进行重点展现，镜头语言多凝练简洁，突出阐释性的特点。建筑工程施工类的建筑动画也有说明阐释的功能，以表现工程施工流程为主，要求对整个流程把握清晰，在细节上关注工艺处理，多数通过建筑生长等方式表现建筑的建造过程，如图 1-3 所示。城市规划类是建筑动画经常表现的主题，根据城市的独特个性选择一个比较有吸引力的主题，构思在整个影片中体现出设计城市的人文环境、商业价值等，需要表现出对方案意图比较准确的说明。

图1-3

图片来自http://www.pacificommultimedia.com/Pacificom Multimedia（LLC作品）

3. 专题表现

专题表现是针对某类专题进行表现的影片，如旧建筑复原类的专题影片，这种项目在电视记录节目中时常见到，如中央电视台的纪录片《故宫》（图 1-4 和图 1-5），其中的三维部分就是非常有特点的一类建筑动画，以仿古的手法再现民族建筑的特色，这种题材是再现曾经存在而现在不存在的古代文明，表现对历史文化的一种承继，比较真实地表现出了当时的建筑，带给人们一种历史的震撼感，在细节上要精益求精，在视觉表现上不能留下太多现代人工雕琢的痕迹。

上述的功能分法并不是绝对的，有的建筑动画可能同时具备多个功能。

图1-4

图1-5

图片来自http://indus.chinafilm.com/200808/2253166_2.html（中央电视台的纪录片《故宫》）

1.2 建筑动画漫游原理

建筑动画漫游的出现是基于计算机技术，运用计算机软件模拟出建筑漫游运动的效果，其原理是利用三维动画的路径和关键帧动画相结合的原理进行场景的有序漫游。它与实际拍摄有相通之处，产生漫游效果一方面可以通过虚拟摄像机的运动变化达到，另一方面也可以同时穿插建筑本身的运动变化，如建筑生长的效果，还可以为建筑周围的环境添加特效变化，如树叶飘落、气象环境变化等（图 1-6 和图 1-7）。另外我们还可以依赖于 VIRTOOIS 功能模块将场景导入进行时的互动漫游。

图1-6

图1-7

图片来自http://www.autodesk.com.cn/adsk/servlet/item?siteID=1170359&id=13173200（深圳点石数码公司作品）

1.3 建筑动画的创作流程

建筑动画要达到通过展示建筑物及周边环境打动观众的目的，除了熟练地应用电脑软件制作之外，还涉及到建筑、美术、动画、电影、音乐等众多学科的专业知识，其创作流程如图 1-8 所示。因此，创作者的知识水平、艺术修养对建筑动画的最终质量起着重要的作用。优秀的建筑动画创作者是集多种知识与修养于一身的艺术家，其动画创作是建立在对艺术、对科学的了解，对各种视听语言的掌握和对现代影视技术驾驭的基础之上的。因此学好每一门学科是掌握现代动画技术的保障。

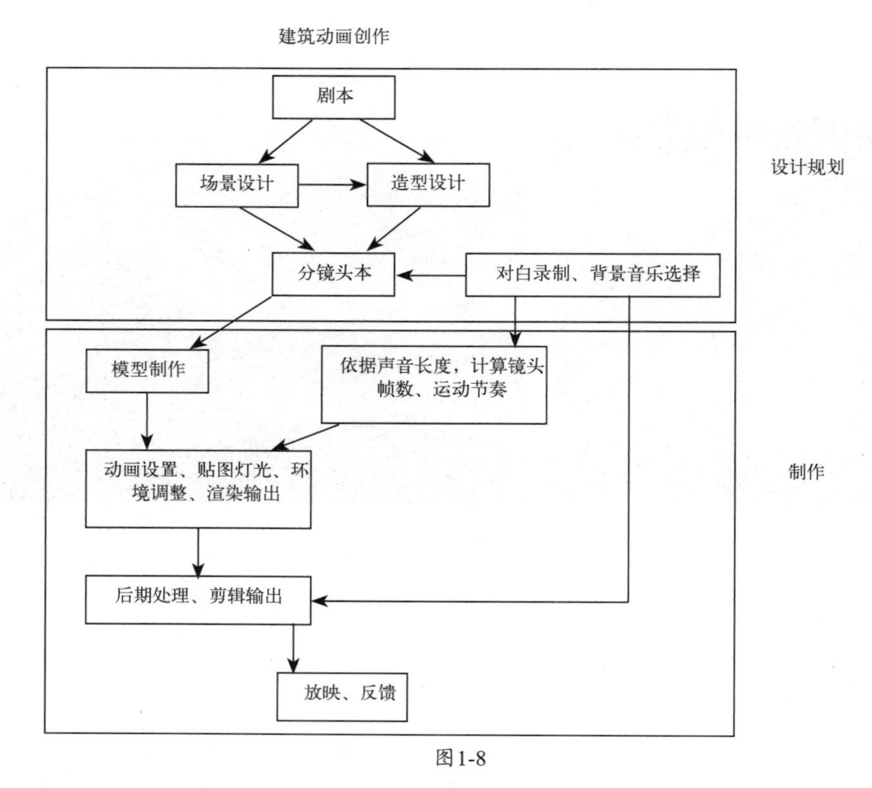

图1-8

1.3.1 设计规划

前期规划设计就是要对具体项目进行分析，在项目制作之前要充分做好分镜头脚本的规划和设计工作，如要确定表现的整体风格，场景细致表现程度，镜头运动的标示、镜头语言的设计运用，每场的时间控制，音乐设定、解说与对白等。前期规划还要确定三维制作与场景实拍的镜头划分，以便在后期制作中进行效果的处理。分镜头脚本是建动画创作的重要部分，它直接决定其最终效果，但在实际操作中却往往被一些创作者省略或忽视。另外分镜头的设计还可以预算出项目的长度和经费开支。当完成分镜头后需要及时与客户沟通，根据客户的需要调整思路，从而避免项目在即将制作完时与客户思路发生冲突从而把损失控制到最低。下面我们来看一下建筑动画的制作流程。

（1）前期设定。在动手制作之前要充分做好分镜头脚本的规划和设计，包括镜头语言的设计，镜头片段的时间控制，音乐设定、解说词与镜头画面的结合等，做到后期制作时心中有数。

（2）平面图的整理与绘制。把要进行三维模型部分的平面图在 AutoCAD 中进行整理、绘制，用清楚、简练的线段绘出建筑的内外部轮廓及必要的周边环境、位置等以备建模时应用。

（3）平面图的导入。在三维模型中导入 AutoCAD 建筑绘制的主墙体线以在三维中生成模型。

（4）三维建模。在三维场景中进行单面建筑模型的生成。

（5）材质、灯光配合真实场景进行多维材质的贴图及灯光、材质烘焙等工作。

（6）动画制作。在三维场景中进行动画的设置与摄像机的控制等。

（7）后期合成与动画输出。把场景与实拍进行合成和特效处理，同时配以音乐及对白进行最后的输出。

1.3.2 建筑动画的制作及系统要求

当前制作建筑动画常用的软件有平面图形处理使用的 Photoshop，平面规划使用的 AutoCAD，立体模型与动画制作使用的 3ds max 及其常用插件，后期合成使用的 Combustion、After Effects、Premiere 等，实时 3D 环境虚拟实境编辑软件 Virtools 等。

要应用这些软件制作建筑动画，对机器配置是有要求的。下面我们就对其最低机器配置进行说明。

（1）软件需求。

1）需要以下 32 位或 64 位操作系统之一：

- Microsoft Windows XP Professional（Service Pack 2 或更高版本）。
- Microsoft Windows Vista（Business、Premium 和 Ultimate）。
- Microsoft Windows XP Professional x64。
- Microsoft Windows Vista 64 bit（Business、Premium和Ultimate）。

2）需要以下浏览器。Microsoft Internet Explorer 6 或更高版本。

3）需要以下补充软件。DirectX 9.0c*（要求）、OpenGL（可选）。

（2）硬件需求。

1）Intel Pentium 4 或更高版本，AMD Athlon 64 或更高版本，AMD Opteron 处理器。

2）1 GB 内存（推荐使用 2 GB）。

3）1 GB 交换空间（推荐使用 2 GB）。

4）Direct3D 10、Direct3D 9 或 OpenGL 功能的显卡，128 MB 内存。

5）三键鼠标和鼠标驱动程序软件。

6）2 GB 硬盘空间。

7）DVD-ROM 光驱。

本章小结

通过本章的学习，我们了解了建筑动画的概念，并且进一步研究了它的特点，明确了它作为建筑表现的优势，并说明了其在实际应用中将大有作为。

思考题

1. 名词解释

（1）建筑动画。

（2）场景漫游。

2. 简答题

（1）建筑动画作为建筑表现的优势有哪些？

（2）建筑动画的功能及应用有哪些？

2

第2章　绘 制 平 面 图

主要内容

本章主要讲解如何为建筑及环境绘制平面图，并介绍如何输出适合3ds max的格式。

重点和难点

掌握绘制平面图的方法，并能按照需要绘制平面图。

学习目标

通过本章的学习了解制作建筑动画的第一步以及其中的制作要求。

2.1　用AutoCAD绘图的相应设置

2.1.1　开启AutoCAD进入其工作环境

双击桌面上的 AutoCAD 图标，开启如图 2-1 所示的 AutoCAD 2010 标准界面。

右击屏幕空白处，在弹出的快捷菜单中选择“选项”命令，打开“选项”对话框，在“显示”窗口中单击“颜色”按钮，进入“图形窗口颜色”对话框，将右侧“颜色”下拉列表中的颜色改成黑色，单击“应用并关闭”按钮退出设置对话框。如图 2-2 ～图 2-4 所示。

图2-1

图2-2

下面进一步调整界面空间，单击屏幕右下方的“初始设置工作空间”按钮，将工作空间设置为“AutoCAD 经典”空间，这样 AutoCAD 恢复到经典版本的空间设置中，如图 2-5 和图 2-6 所示。

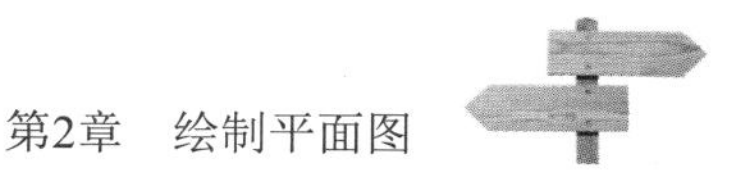

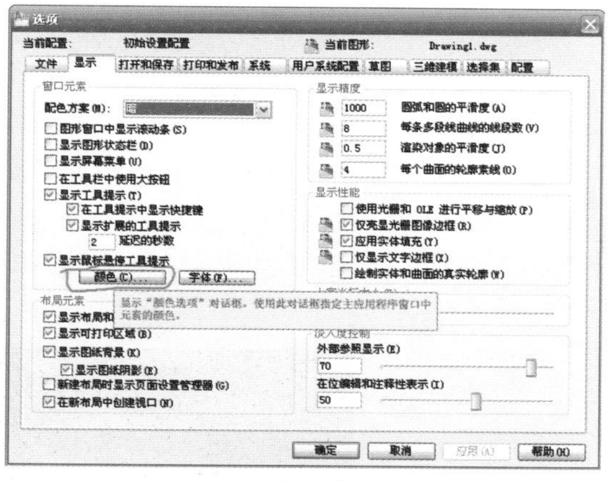

图2-3

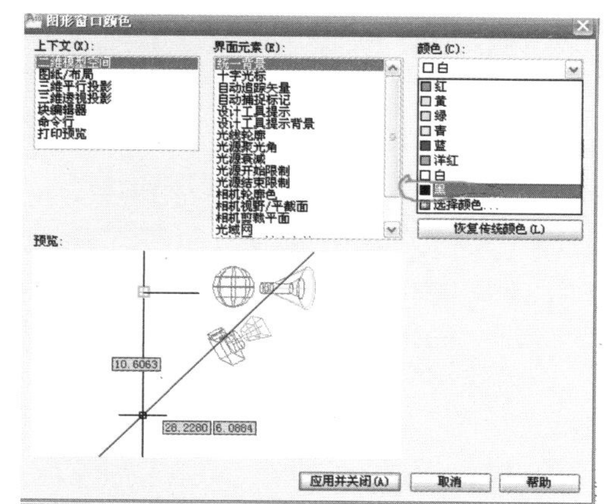

图2-4

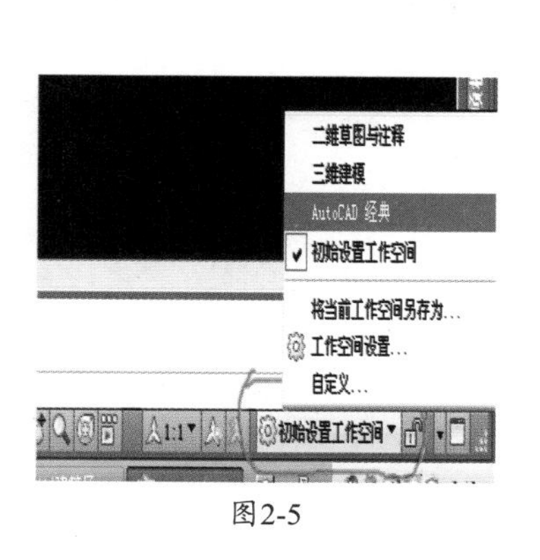

图2-5

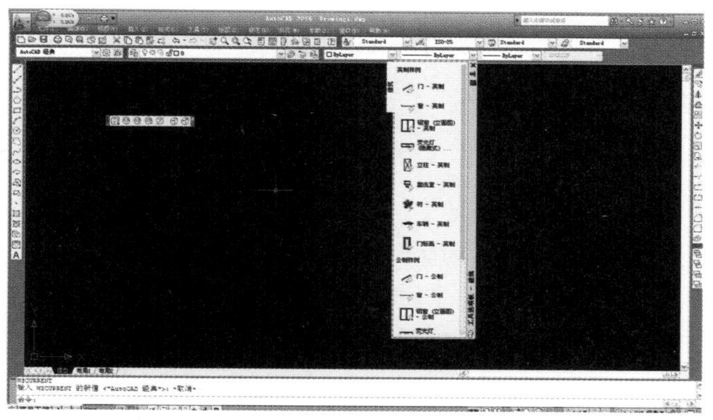

图2-6

2.1.2 图纸及其绘图单位设置

单击“格式”→“单位”选项，如图 2-7 所示，弹出“图形单位”对话框，在“插入时的缩放单位”一栏中选择“毫米”，设置如 2-8 所示。我们将以毫米为单位进行图纸绘制。

打开图纸，如图 2-9 所示，根据图形形状和大小，进行绘图纸大小的设置。在命令行输入 limits(界限) 回车，输入（0，0）回车后再次输入（420，297）回车，就确定了图纸大小。输入 ZOOM 回车后输入 ALL 回车。图纸以全屏方式显示在屏幕的正中间。同时单击屏幕下方的“网格捕捉”按钮、“显示网格”按钮、“对象捕捉”按钮和“动态输入”按钮，这样屏幕上的网点就显示出来了，鼠标在屏幕上移动时可以进行网点的捕捉也可以动态地输入坐标值了。

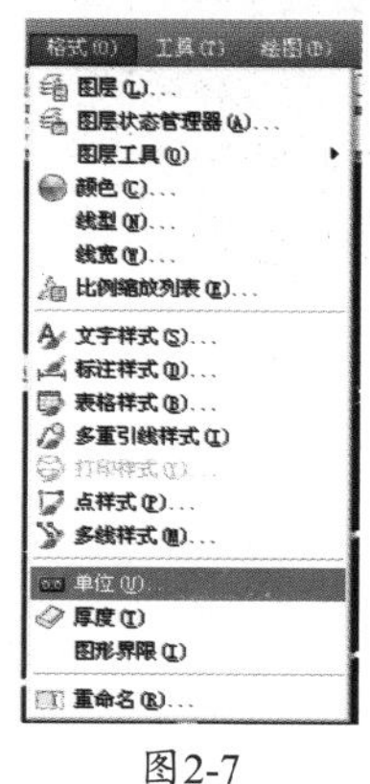

图2-7

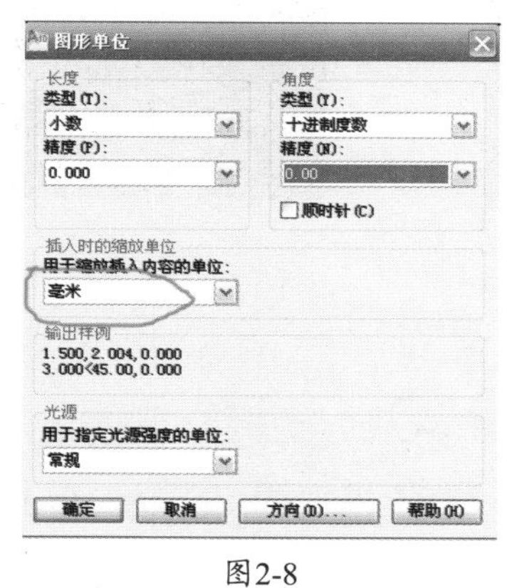

图2-8

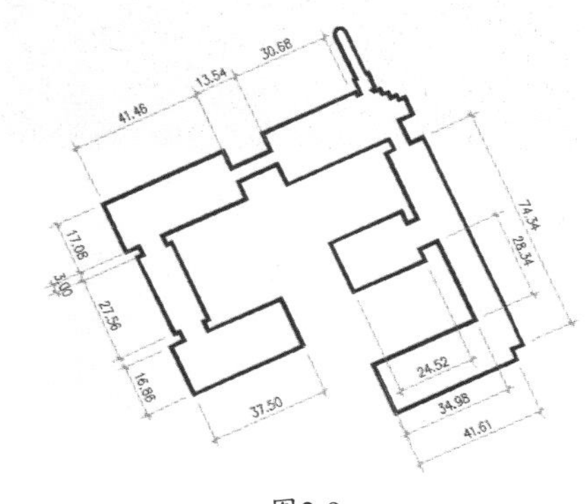

图2-9

2.2 绘制楼型

观看图纸（图 2-9），我们发现图形具有一定的角度，在此忽略角度，如图 2-10 所示，也就是将图形向左旋转至水平。

（1）在命令行输入 L（直线）回车，然后按图纸上的尺寸先确定第一点 (80,80) 回车（第一点可以在左下角任意位置），然后确定下一点，下一点的位置根据图纸上的标注尺寸 37.5 确定。我们开启相对坐标系统，可以运用上一点为坐标原点，以下一点的长度为坐标的根据。操作如下：在如图 2-11 所示方向移动鼠标，然后将鼠标放到提示行上，单击右键切换坐标为“相对”方式，如图 2-12 所示。继续画第二点。

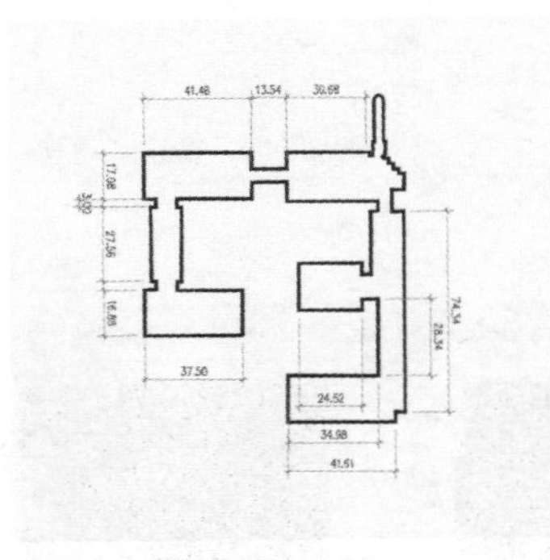

图2-10

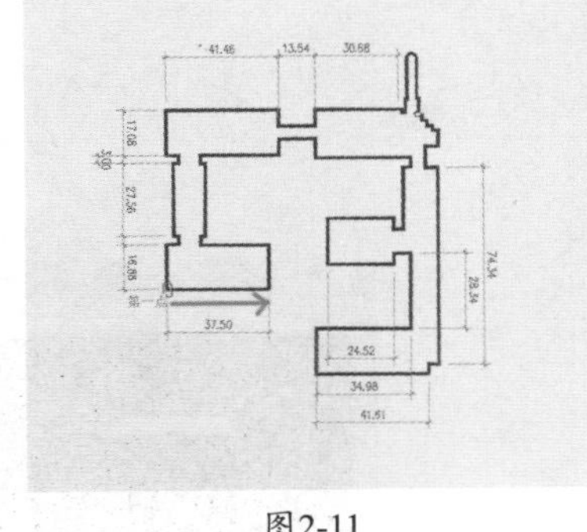

图2-11

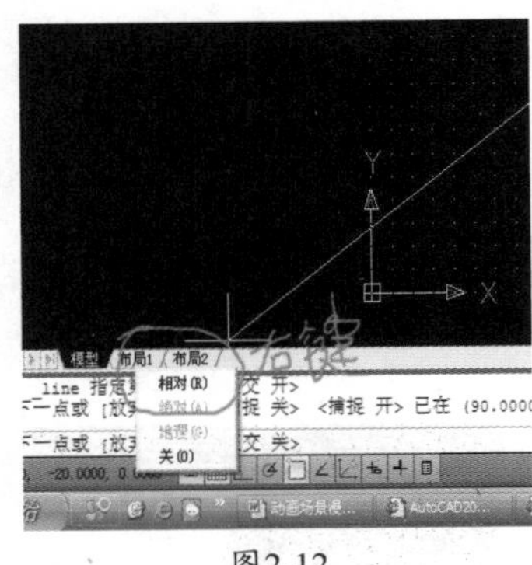

图2-12

由于开启了动态输入，因此移动鼠标后，在键盘上输入 (37.5,0) 回车以确定线段的长度，37.5 为 X 轴的长度，Y 轴为 0，中间用逗号隔开，这是基本坐标输入方法，如图 2-13 所示。

（2）按照图 2-10 所示的图纸要求画下一点，将鼠标向上移动输入以下每一个点并回车。（0，16.86）、（–25.12，0）、（0，3）、（2，0）、（27.56，0）、（-2，0）、（0，3）、（25.12，0）、（0，7.22）、（13.54,0）、（0，–7.22）、（35.2，0）、（0，–3）、（–3，0）、（0，–23.38）、（–3，0）、（0，3）、（–24.54，0）、（0，–17.52）、（25.52，0）、（0，3）、（6.22，0）、（0，–28.34）、（–34.98，0）、（0，–17.1）、（41.64，0）、（0，3.84）、（3.84，0）、（0，74.34）、（–3.84，0）、（0，8.06）、（4.74，0）、（0，6.49）、（–2.15，0）、（0，1.92）、（–2.15，0）、（0，1.92）、（–2.15，0）、（0，1.69）、（1.92，0）、（0，9.81）、（–1.81，0）、（0，15.55）回车结束，部分画线如图 2-14 所示。

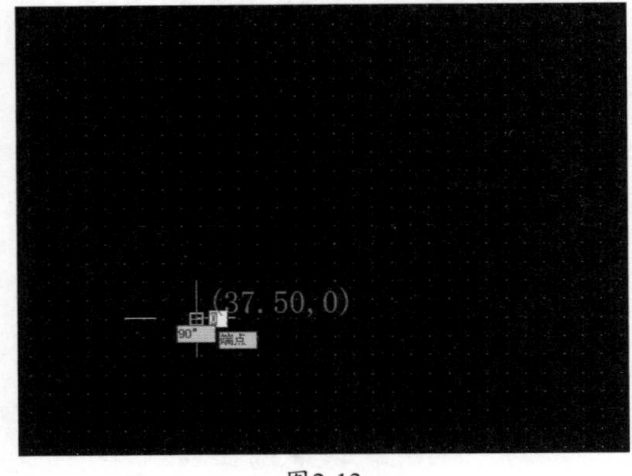

图2-13

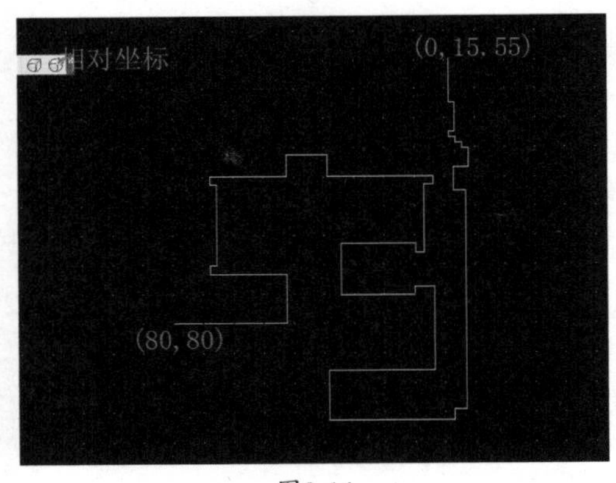

图2-14

再次单击工具栏上的“画线工具”按钮，然后选择或者直接捕捉第一点即（80，80）点，从左侧向上画，注意，一定要使用相对坐标系。

（3）单击（80，80）后移动鼠标向上输入（0，16.86）、（4.39，0）、（0，3）、（-2，0）、（0，27.56）、（2，0）、（0，3）、（–4.6，0）、（0，17.08）、（37.48，0）、（0，–6.08）、（13.36，0）、（0，6.08）、（31.21，0）、（0，–2.63）、（2.56，0）、（0，10.32）、（2.84，0）、（0，15.55）回车结束，效果如图 2-15 所示。

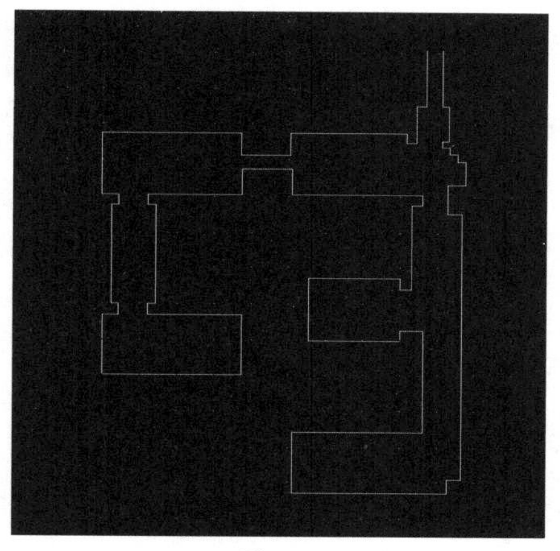

图2-15

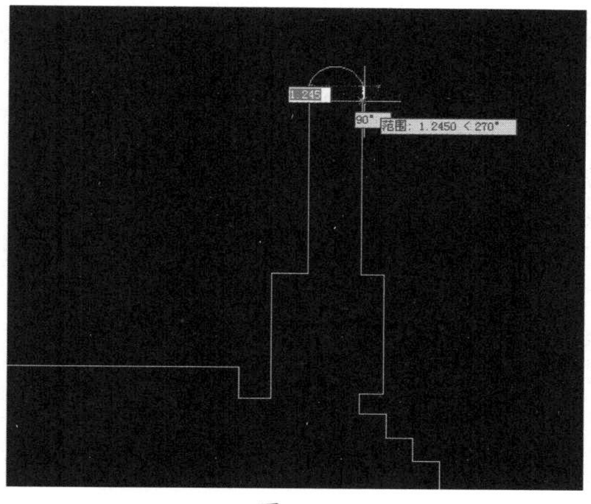

图2-16

现在还差半个圆弧，选择工具栏中的“画弧工具”按钮，移动鼠标到显示端口捕捉端点，捕捉到两个端点后拖动鼠标画出圆弧，如图2-16所示。回车完成楼形平面图。

（4）选择全部图形，制作成一个完整的块，以便整体导入三维软件中。

（5）在命令行输入B回车，如图2-17所示。在开启的“块定义”对话框的“名称”栏中输入“楼型1”，选择“在屏幕上指定”基点选项，以确定块的中心点，如图2-18所示。确定后关闭对话框。

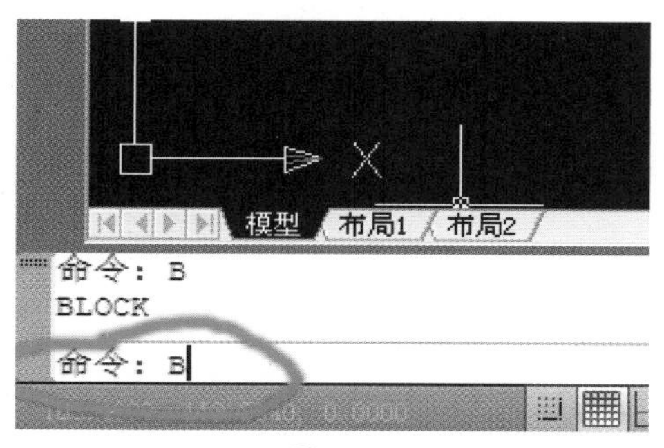

图2-17

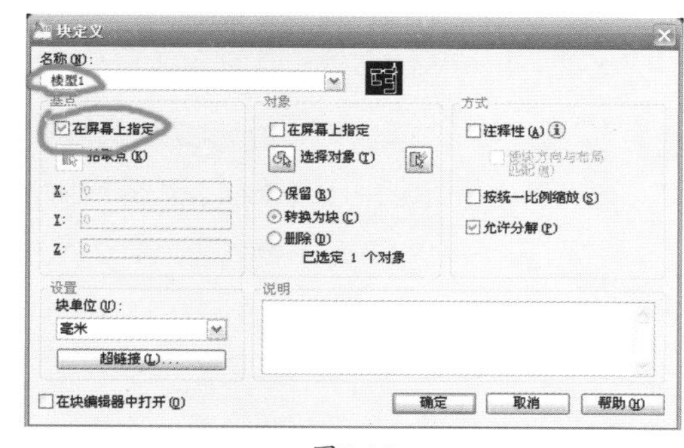

图2-18

选择图形，发现整体都选择上了，如图2-19所示。在选择的图形上右击，如图2-20所示，在弹出的快捷菜单中选择“旋转”选项，转动鼠标将图形旋转至如图2-9所示的角度，完成楼型1的绘制，如图2-21所示。

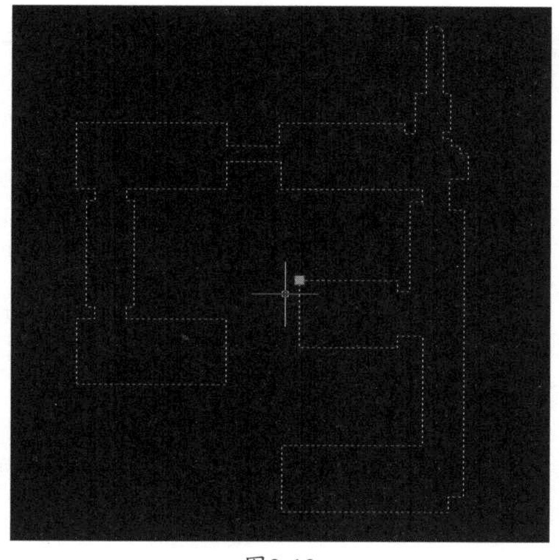

图2-19

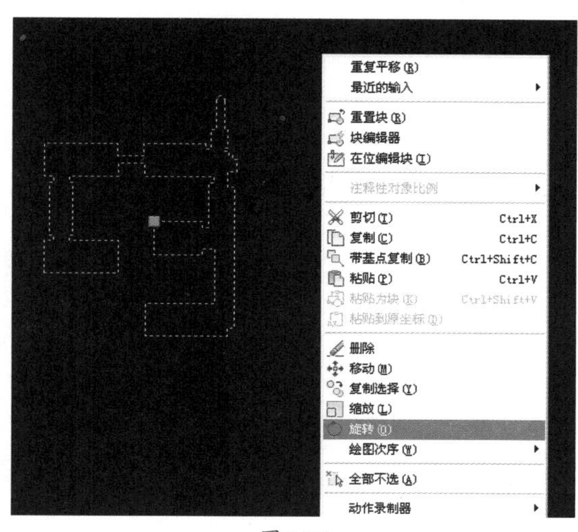

图2-20

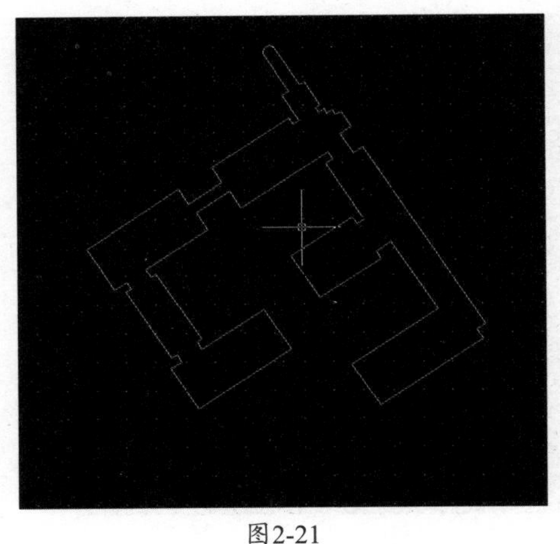

图2-21

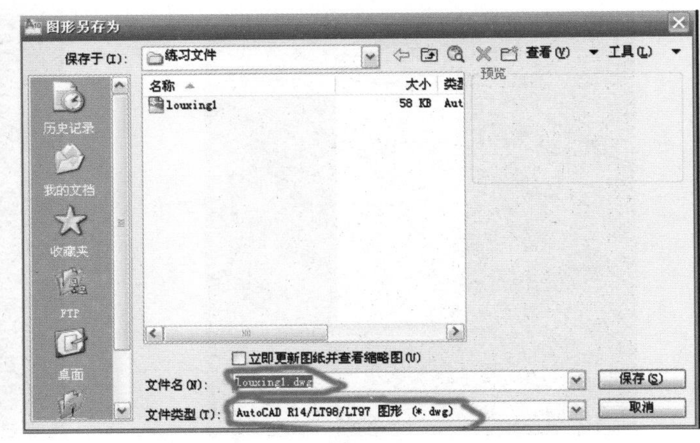

图2-22

我们需要把图形导入到三维软件中作为建模的依据，这里就不进行尺寸标注了，把文件存储为 louxing1.dwg 备用。存储路径及格式如图 2-22 所示。

通过此方法将建立众多的楼群平面图以及环境设施平面图，在此我们将做好的楼群图 121212.dwg 放在本书的配套光盘“练习文件”文件夹中。

本章小结

通过本章的学习，我们了解了使用 AutoCAD 绘制平面建筑图的方法，以及基本制作流程，以示意图的方式带领大家制作完成了一个简单的平面图并且为导入三维软件做好了准备。

思考题

1．怎样进行 CAD 的自定义创建纸张（图纸）并进行单位设置。
2．如何快速地捕捉下一个绘图点，怎样使用相对坐标。

3

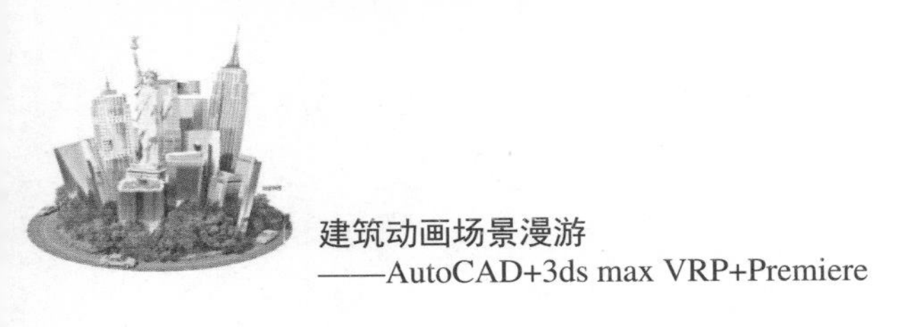

第3章 在3ds max中创建三维模型

主要内容

本章从基础建模讲起，讲解赋予模型以材质、创建灯光等相应流程，为制作动画做好准备。

重点和难点

制作建筑动画不同于创建单体静帧模型，有着对模型、材质、灯光特殊的要求，这是本章的难点。

学习目标

通过本章的学习了解制作建筑动画中的重要部分场景的创建，有了好的场景就等于成功了一半。

3.1 平面图的导入

3.1.1 单位设置

将在 AutoCAD 中绘制的平面图导入到 3ds max 中，进行模型的制作。双击 3ds max 2011 图标，打开 3ds max 软件，界面如图 3-1 所示。

在制作模型前先设置单位，3ds max 中有很多种单位，如 Inch(英寸)、Feet(英尺)、Millimeter(毫米)、Centimeter(厘米) 等，因为一般图纸上的单位是毫米，所以在软件中也要相应的把单位设置成毫米。设置方法如下。

选择 Customize → Units Setup(自定义→单位设置) 命令，在弹出的对话框中修改单位为毫米，单击 OK 按钮，如图 3-2 所示。

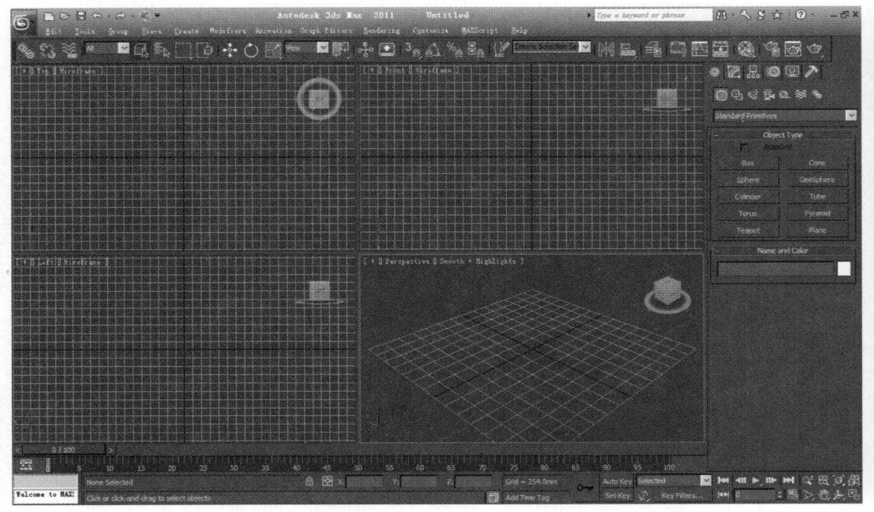

图3-1

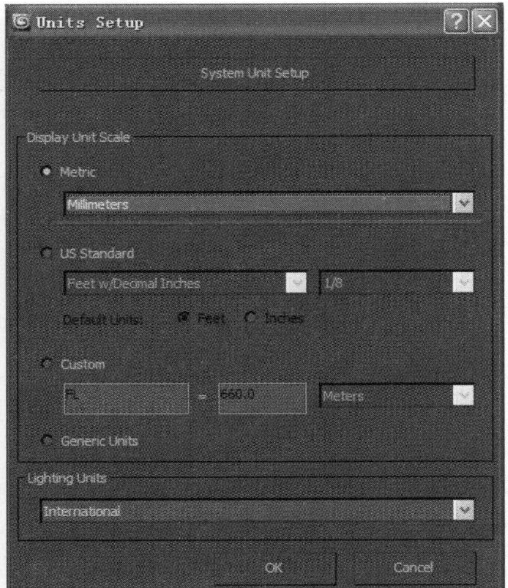

图3-2

3.1.2 平面图的导入

单位设置好后，导入制作好的 CAD 平面图，根据平面图的尺寸大小、方位制作模型。选择菜单栏 File → Import（文件导入）命令，在 3ds max 2011 中 File 文件菜单换成了 MAX 的图标，如图 3-3 所示。

选择导入文件类型为 DWG 格式，双击要导入的文件，或者单击要导入的文件，然后单击“打开”按钮，打开 CAD 文件 121212.DWG，如图 3-4 所示。

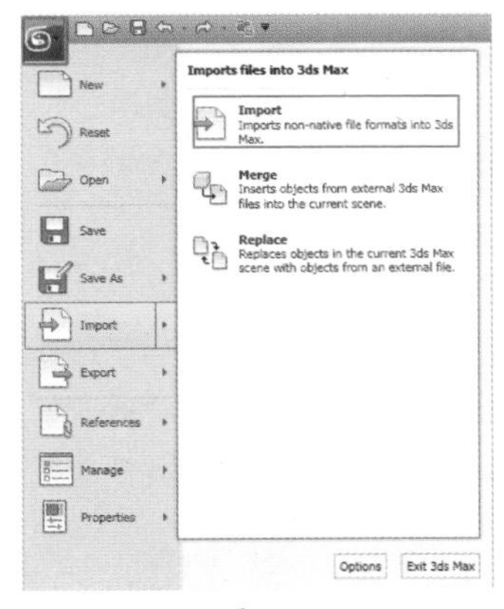

图3-3

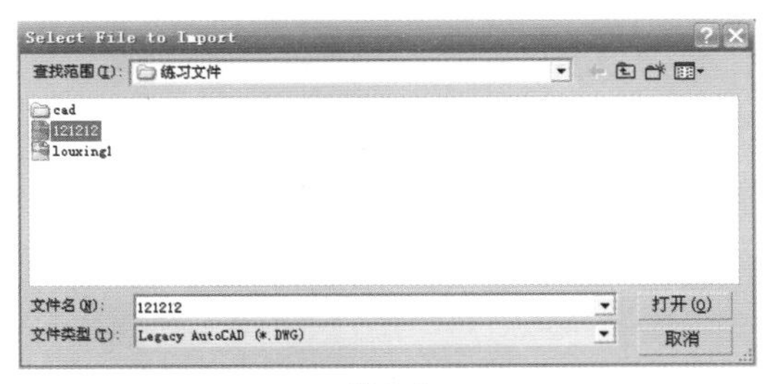

图3-4

在弹出的对话框中选择默认设置，如图 3-5 和图 3-6 所示。

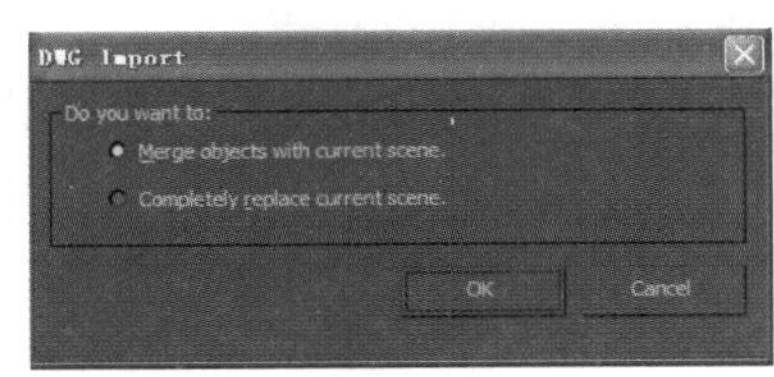

图3-5

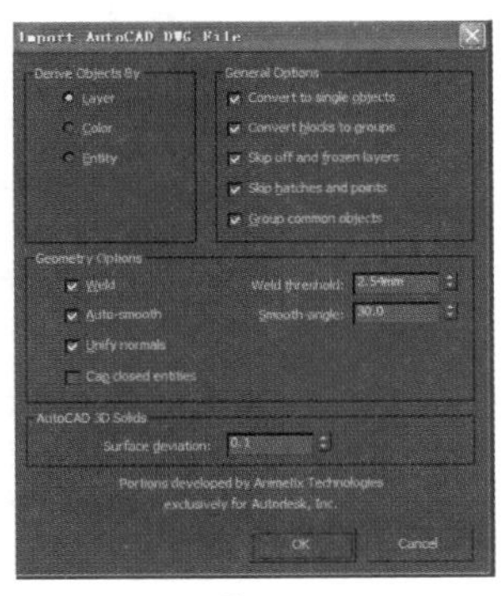

图 3-6

导入 CAD 文件后，场景中就会出现在 CAD 中绘制的二维平面图，白色的线条是绘制好的墙壁，是可编辑的样条线图形，如图 3-7 所示。

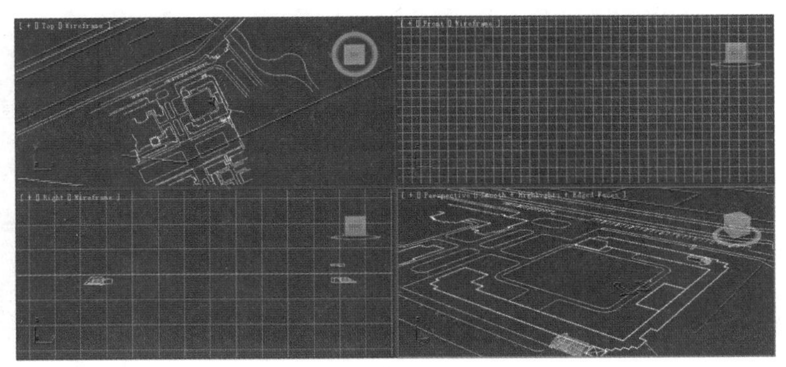

图3-7

3.2 制作建筑动画漫游的要求

制作建筑漫游动画对模型、材质、灯光、摄影机都有一定的要求，下面说明制作过程中应该注意的事项。

3.2.1 建筑动画漫游对模型的要求

建筑漫游中模型的制作要在不影响美观的条件下尽可能地精简模型的片段数。在模型需要精雕细琢的地方，根据需要，线的段数会细密、增多，在不需要精细制作的地方就可以减少布线。比如制作一面墙，墙体本身就是一个极简单的模型，不需要进行刻画，可以尽量减少布线。这是因为模型的面数越少，计算机运算得越快；相反，面数越多，线越多，计算机运算得就越慢。当然，在一些重要的、精彩的、需要给特写的地方，模型就需要制作得精细一些。

如果根据固定的图纸制作模型，就要考虑实际楼体的比例问题，一定要按照图纸给出的比例制作模型。具体要求有以下几条。

1. 减面原则

删除看不见的面，这是低面数建模中最常见的。在制作一个比较复杂场景的漫游动画时，由于东西太多机器出现运转速度过慢的现象，这就需要删除一些暂时用不到的面或者模型，只保留目前需要的部分，这样就可以减少机器的内存消耗，提高机器的运转速度。如图 3-8 所示，这个场景只要能看到正面那部分就可以，亭子的其他角度不需要看到，为了节省内存，就可以把目前不需要的部分先删除，如图 3-9 所示。

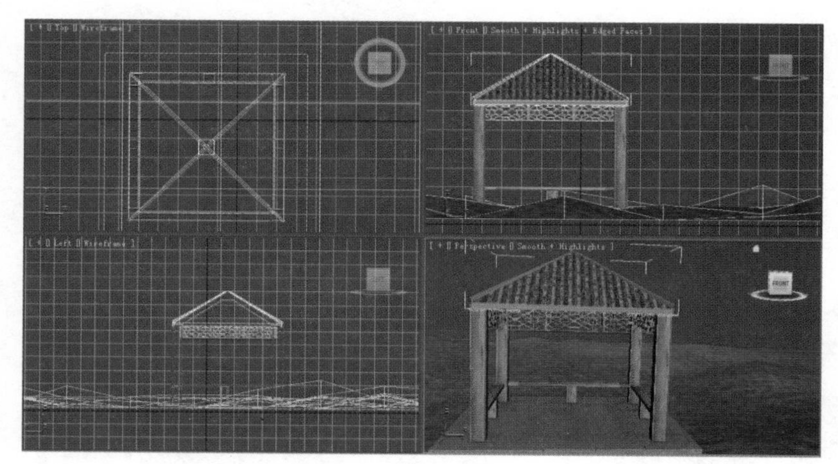

图3-8

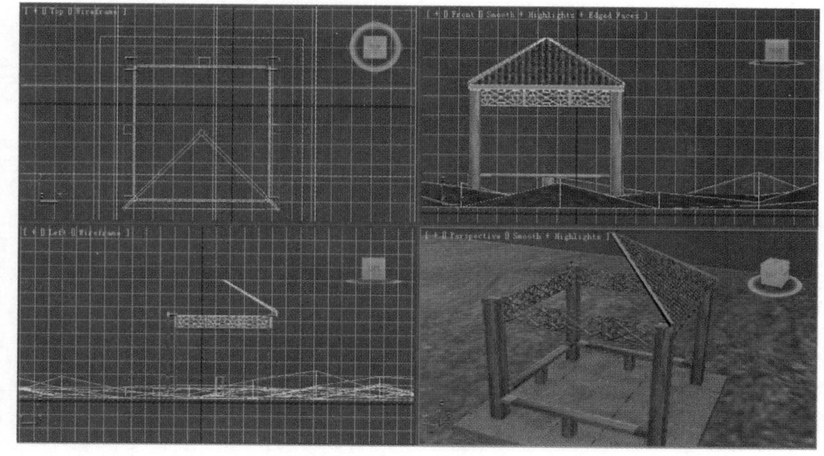

图3-9

2. 合并原则

有时一个场景中会有很多个对象，为了方便制作，我们要将多个对象合并成一个对象，以方便导入到其他三维软件或游戏软件中，可以用布尔运算的方法进行合并，以便于对场景的控制和管理。

在创建面板中单击 Compound Objects 选项，然后单击 Boolean 按钮，在弹出的 Pick Boolean 参数面板中选择 Pick Operand B 按钮，然后选择要合并的物体，即得到我们想要的效果。如图 3-10 所示。

图3-10

布尔运算有以下 3 种类型：

(1) 并运算。即两个物体合并成一个物体，去掉重叠的部分，同时将两个物体的交接网格线连接起来，去掉多余的面。

(2) 交运算。即两个物体相重叠的部分保留下来，其余部分去掉。

(3) 差运算。即第一个物体减去与第二个物体相交的部分，同时除掉第二个物体，在这种情况下，首先选择第一个物体。

这里使用并运算合并，把场景中的三块石头合并为一体，先选择其中一块，然后单击 Boolean 按钮，在弹出的 Pick Boolean 面板中单击参数面板上的 Pick Operand B 按钮，然后在场景中拾取其他石块，如图 3-11 所示。

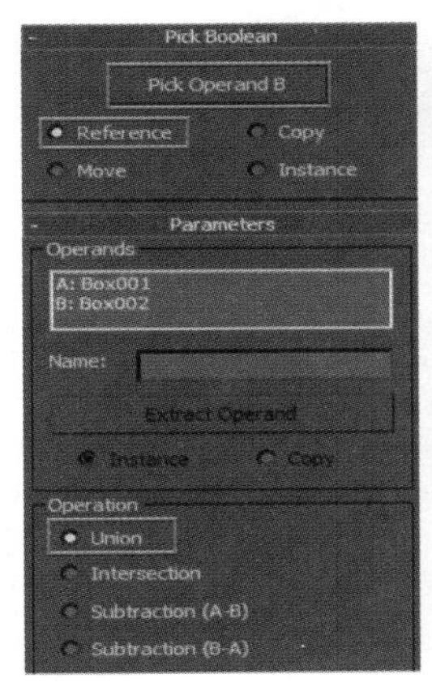

图3-11

3. 拆分原则

如果做一个较大的山地，山地在没有拆分时，所有地面数据都会载入内存，这样会加重内存的运算负担，如果将大地形进行适当的切割拆分，将摄像机看得见的部分载入内存中，这样会加快机器的运算速度。

使用 Detach（分离）来分割大地模型。选择大地模型右击，将其转换成多边形物体，在右侧修改面板中选择面次物体级别，在顶视图框选中地面需要拆分的部分，如图 3-12 所示。在右侧修改面板中单击 Detach 按钮，把选中的地面分离出来，如图 3-13 和图 3-14 所示。

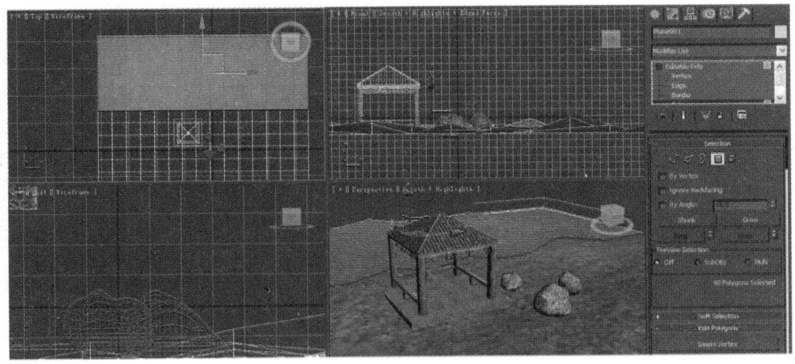

图3-12

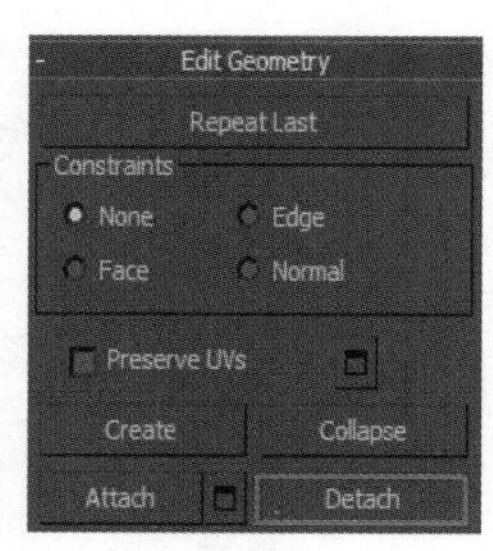

图3-13

图3-14

4. 细分原则

有时模型表面需要进行光滑处理，所以要对模型进行细分，模型细分的好处是在保证视觉品质的条件下，尽量使用最少的面达到最佳的效果。在修改面板中选择 MeshSmooth 修改器，在弹出的 Subdivision Amount 面板中调节参数，如图 3-15 和图 3-16 所示。

图3-15

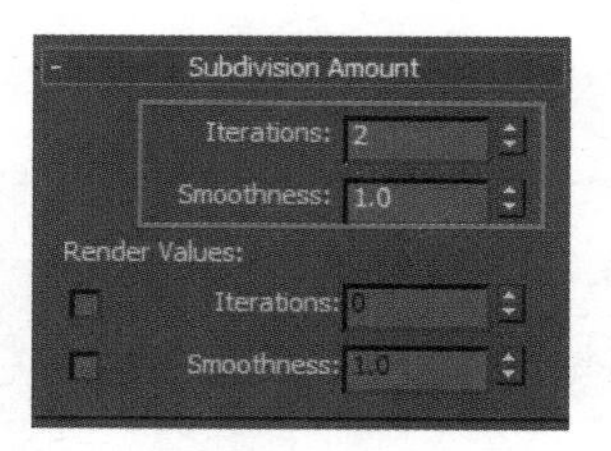

图3-16

细分前后的效果对比，如图 3-17 所示。

注意：模型的线段和面数越多，细分也就越精细。

5. 几何体的转换

我们在制作模型时，首先要把几何模型转换成可编辑模式，MAX 中提供的转换模式有 4 种，分别是 Mesh、Poly、Patch、NurBS，其中 Mesh 是网格模式，Poly 是多边形模式，Patch 是面片模式，NurBS 为曲面模式，其中 Mesh 和 Poly 这两种模式最为相似，如果我们为了和后续的一些游戏软件相匹配，在转换几何体时一般选用 Mesh 和 Patch 这两种模式，一般情况下转换成标准的 Mesh 模式即可。

6. 网格功能

MAX 的网格功能非常强大和实用，可以利用这些网格功能进行平面绘图尺寸的定位，配合网格捕捉精确地绘制平面图。按住 Shift 键右击，在弹出的快捷菜单中选择 Grid and Snap Settings（网格与捕捉设置），如图 3-18 所示。Grid Spacing 是网格间距，图中网格的每一格的大小为 100mm，利用网格捕捉工具可以容易地定义二维线条的长度。例如画一条 10m 的线条，单位设置为毫米，将网格间距设置为 100，视图中每一格的间距就是 100mm，再利用网格捕捉工具从起始点到终点的距离为 100 格，就画好一条 10m 的线条。

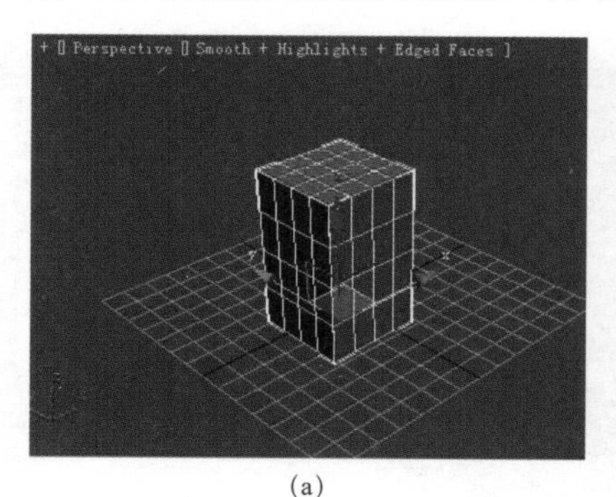

(a)

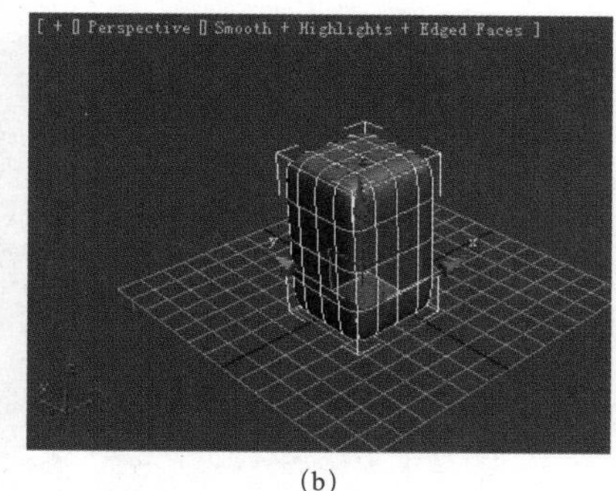

(b)

图3-17

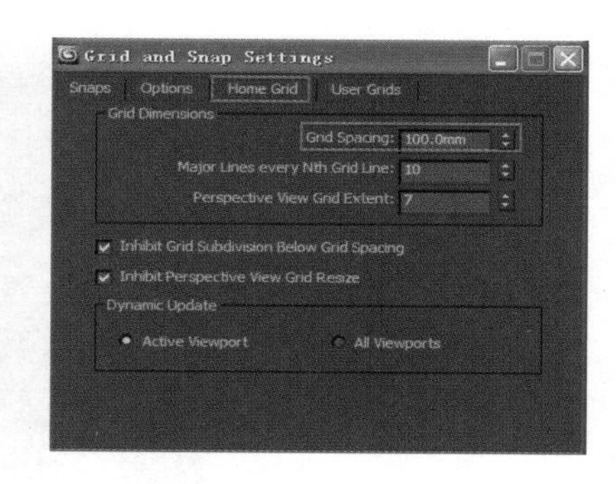

图3-18

3.2.2 建筑动画漫游对材质、灯光的要求

在制作建筑漫游动画时，材质和灯光起着非常关键的作用，甚至会影响整个动画的效果，制作过程也是比较复杂的。材质和灯光是相互作用、相互影响的，材质做得再好如果没有合适的灯光烘托，也显现不出材质的最佳效果。不同种类的灯光照射到物体上会产生不同的效果，同一灯光的不同属性照在同一物体上也会产生不同的效果，灯光的颜色、强度、距离的调节是非常关键的，不同材质也会影响灯光照射在物体上的效果。

3ds max 中材质的属性都具有模拟真实世界的特点，要想使动画场景显得更加真实，就要把材质的属性调节得更加真实，比如控制好反射和折射的参数，每一种材质的属性都有其固定的参数，要准确地控制好这些参数。

建筑漫游动画的灯光控制和静态的效果图是不同的，效果图的视角相对比较单一，表现起来简单一些，建筑漫游动画由于是对整个场景的动态展现，需要从不同角度进行调整和展示，对灯光的要求比较复杂。室内和室外场景的灯光有着明显的差别，室外一般都是模拟自然状态下的光线，“天光”和渲染器参数调整结合使用，室内一般采用点光源。光源目标点距离远近的调节对照射在物体上的效果也有着很大的影响。具体来讲有以下几点要求。

（1）灯光。

在 3ds max 中有 7 种灯光类型，包括聚光灯、自由聚光灯、平行光、自由平行光、电光源、天光、区域光。其中天光和区域光是其他一些游戏软件所不支持的，制作的场景要导入到其他三维软件中，应尽量避免使用这两种光。

（2）材质。

3ds max 提供了很多种材质类型，但在建筑漫游动画中最常用的有这几种类型。Standard 标准材质、Blend 混合材质、Composite 合成材质、Multi/sub-object 多重 / 子维材质、Shell Material 壳材质、Lightmap Shader。

可以输出的材质的基本数据有：2-sided 双面材质、Face Map 面映射模式、Ambient Color 环境色、Duffuse Color 漫射色、Specular Color 高光色、Specular Level 高光等级、Glossiness 光泽度、Self-illumination 自发光、Opacity 不透明度。

（3）贴图。

1）贴图图片选择的格式。图片的格式有很多种，但是贴图所用到的图片格式最常用的有：GPG、BMP、TGA、PNG、PCX、TIF、DDS 等。

2）贴图的尺寸。

在 3ds max 中，对于贴图尺寸是有一定要求的，按要求贴图的尺寸应设置成 2^n，即 128×128、256×256、512×512 或 1024×1024 等规格。

3）透明贴图。

制作透明贴图时，要注意贴图的比例，要按照图形大小进行裁切，不能留有多余的边，否则贴在模型上会把多余的边也贴上，如图 3-19 所示。

4）UVW 贴图坐标。UVW 贴图坐标是很常用的一个修改器，给物体施加贴图后，贴图没有展开，就可以使用这个修改器展平贴图，如图 3-20 所示。

(a)　　(b)

图3-19

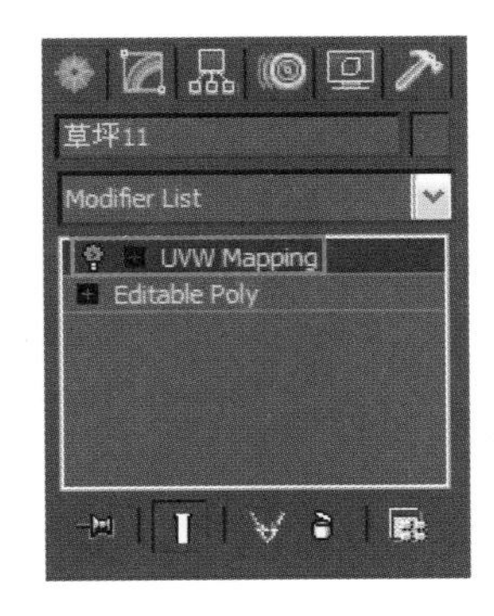

图3-20

5）3ds max 中可以输出的材质贴图模式有 Diffuse Map 漫反射贴图、Opacity Map 不透明贴图、Bump Maps 凹凸贴图、Reflection Maps 反射贴图。

3.2.3 建筑动画漫游对摄像的要求

在建筑漫游动画中，要想把作品完美地展现出来，除了要在建模、材质、灯光上下工夫，摄像的作用也是极其重要的，也就是怎样展现作品，从什么角度来展现会更好。突出作品的优势、亮点，镜头衔接流畅自然，完美展现作品的同时给人一种美的享受，仿佛徜徉其中，这是摄像需要做到的。

在摄像之前，我们要有一个分镜头的设计，也就是一个整体的策划，包括镜头的次序（先表现哪里后表现哪里，要考虑好这样表现的意义所在），哪里给特写，哪里用全景，怎样表现会更好地突出建筑的特点等，切忌一根线游到底。应用摄像机应该注意以下问题。3ds max 中的摄像机分为两种，一种是有目标点的摄影机，另一种是自由摄影机。这些虚拟的摄影机也有不同的、可调节的焦距，此外还能够模拟景深和运动模糊的特效，可根据需要进行设置。

（1）一些游戏软件不支持摄影机的动画，但却支持一些摄影机资料，如 FOV、Near Clipping Planes、Far Clipping Planes。

（2）在给摄影机做路径动画时，注意一定要选中摄影机，不要选择目标点。

3.3 建立小区楼体及其他设施模型

3.3.1 建立小区楼体模型

1. 导入 CAD 平面图

双击 3ds max 2011 图标，打开软件，选择“File（文件）”→“Import（文件导入）”命令，如图 3-21 所示。

导入文件的类型为 DWG 格式，双击要导入的文件，打开 121212.DWG 文件，如图 3-22 所示，场景中出现了 CAD 中绘制的二维平面图，白色的线条是绘制好的墙壁，是可编辑的样条线图形。

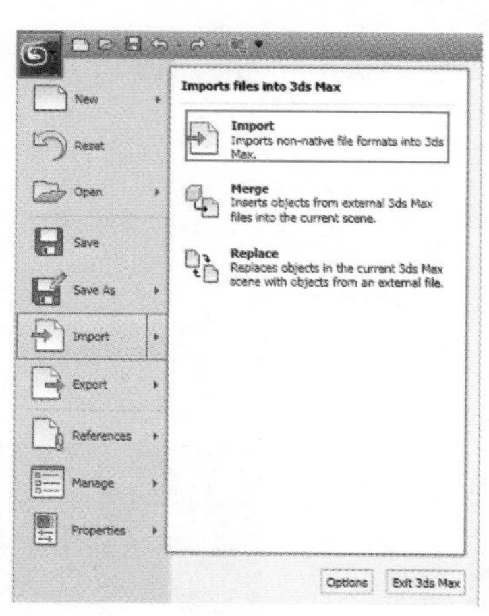

图3-21

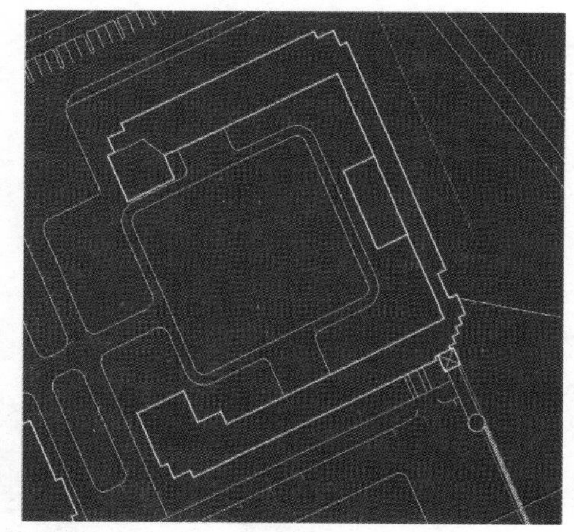
图3-22

2. 建立模型

先设置尺寸单位，选择“Customize（自定义）”→“Units setup(单位设置)”命令，在 Metric 单位栏中，单击右侧的小方块按钮会出现可选择单位的下拉菜单，分别有米、厘米、毫米、千米等单位，修改单位为毫米，单击 OK 按钮，如图 3-23 所示。

设置好单位后，右侧属性面板的参数值后面就会出现毫米单位，这就说明单位已经设置成功，如图 3-24 所示。

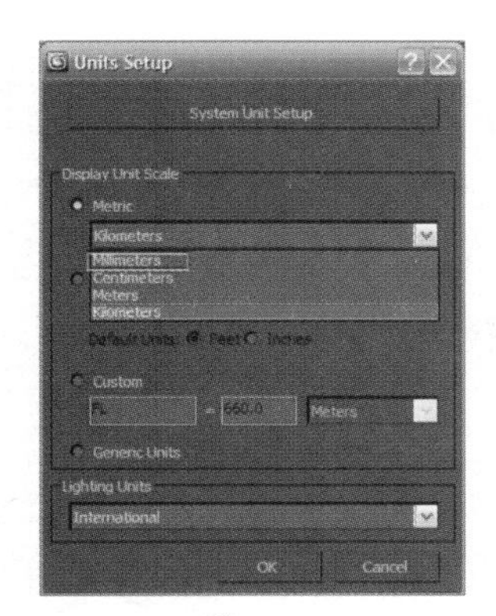

图3-23

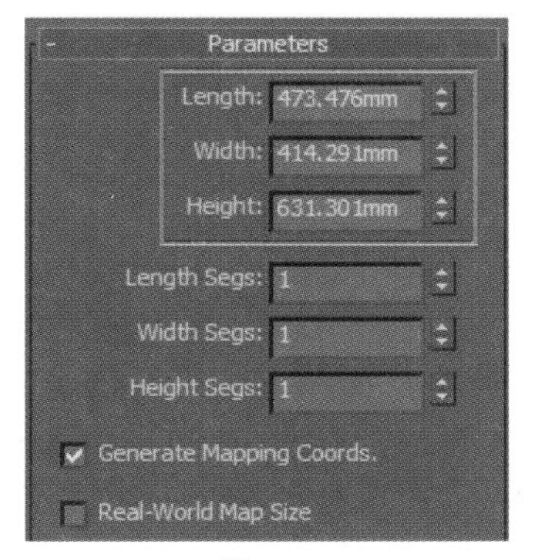

图3-24

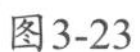

制作室外建筑漫游的楼房模型，首先要分析楼房的构造特点，楼房主体的形状和特点，一般建筑动画的内部都是空的，主要看外观的整体和细节。要在不影响模型整体质量的情况下尽量精简模型面数，以减少机器的负荷。

从图3-25所示的平面图可以看出，这幢楼为半包围结构，整体呈C字形，先从楼的主体部分开始。

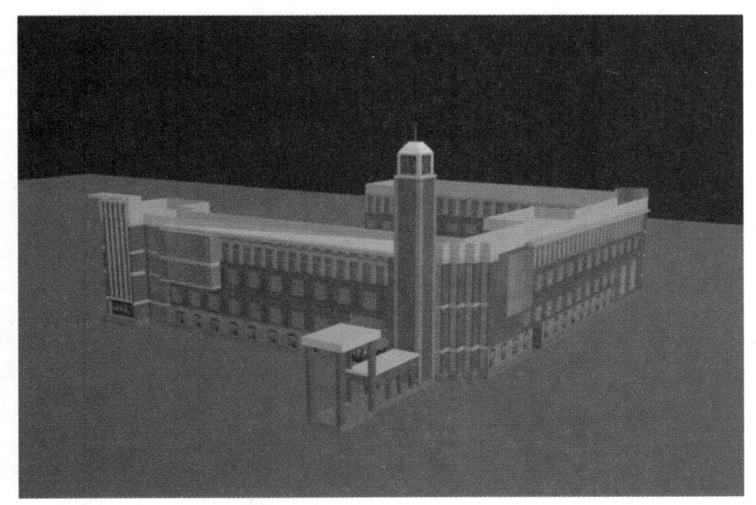

图3-25

（1）在导入的CAD平面图中选择Top顶视图，按快捷键Alt+W把Top顶视图切换到大视图，如图3-26所示。

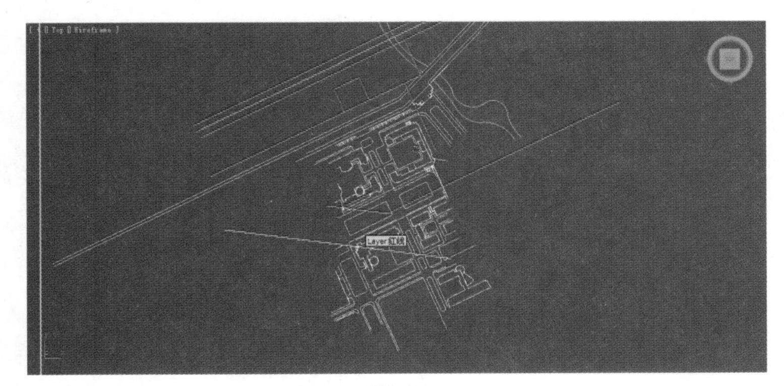

图3-26

（2）在“创建”面板中单击Start New Shape按钮，选择样条曲线Line，如图3-27所示，样条曲线按照图的线框边缘进行绘制，单击Line按钮，把鼠标移动到图3-28所示的顶视图位置，在白色线框上单击，松开鼠标，移动鼠标就会出现一条跟随鼠标的牵连的线，把鼠标放到平面图转折的位置再次单击，按照这个方法依次画完白色线框。

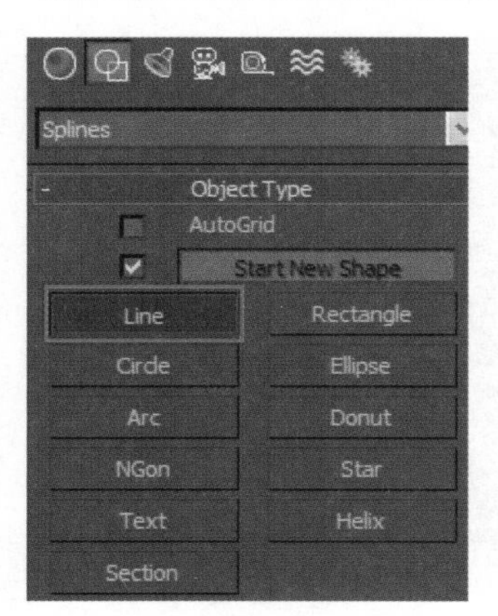

图3-27

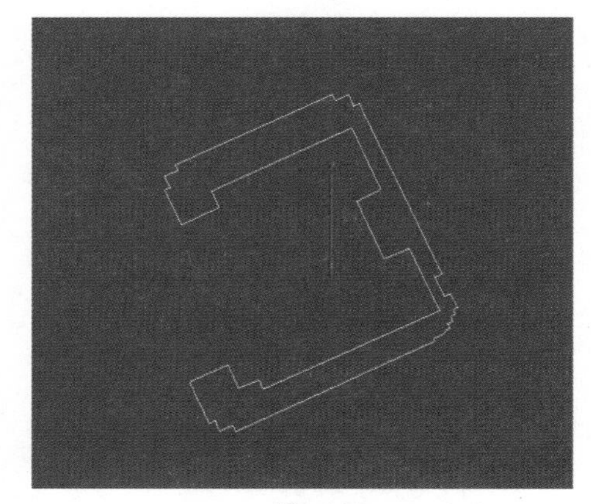

图3-28

（3）选择画好的白色线框以外的线框，右击，在弹出的快捷菜单中选择 Hide Selection 命令，这样就可以把不需要的线框隐藏掉，选择 Unhide All 命令可以显示隐藏的线框。

（4）选择刚画好的 Spline 线条，进入修改面板，单击“修改”面板中的 Outline 按钮，在后面输入数值 0.1，目的是让墙面呈闭合实体。这样在挤压时就会产生墙壁的厚度，如图 3-29 所示。

（5）按住 Alt+W 键可随时切换到大视图。接下来用“挤压”修改器把它变成三维立体模型，选择白色样条曲线，进入修改面板，在 Modifier List（修改器列表）中选择 Extrude（挤压）命令，如图 3-30 所示。

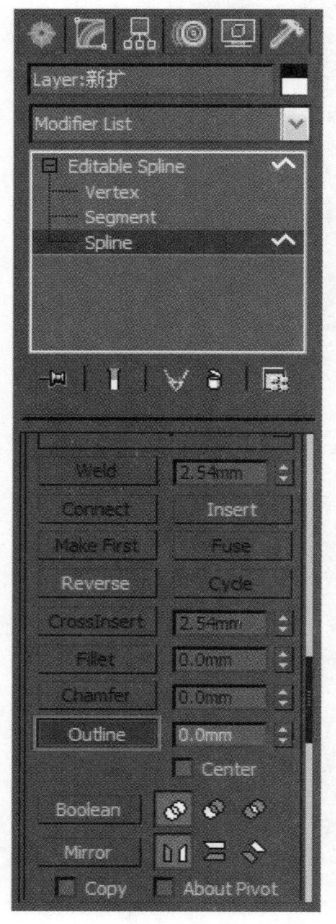

图3-29

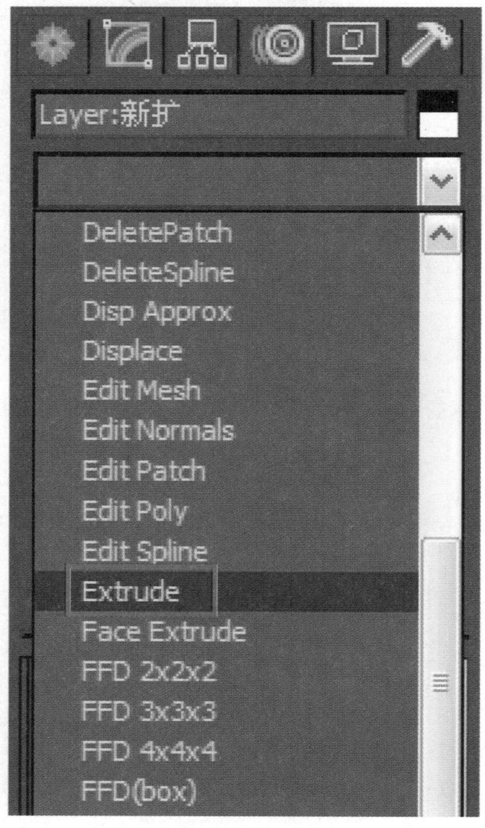

图3-30

调节 Amount 的参数，给墙体一个高度，根据图纸的实际尺寸进行高度调整。在名称框中输入“主楼体”，为模型命名，如图 3-31 所示。

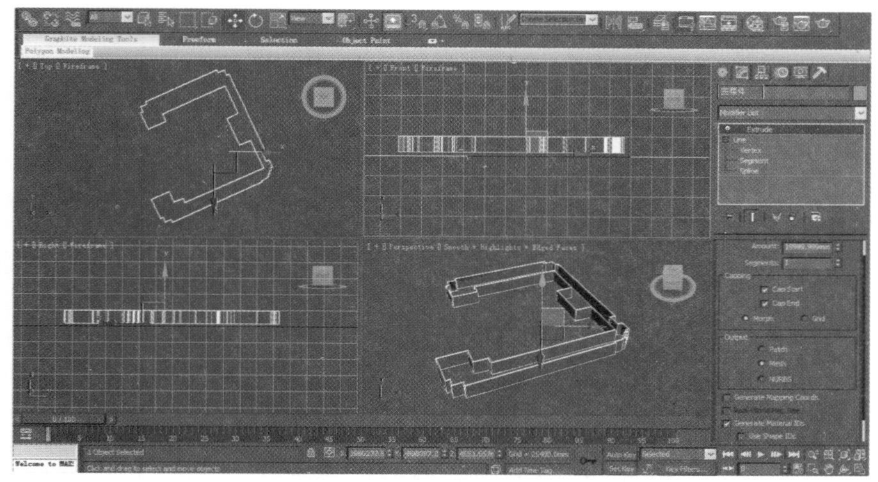

图3-31

（6）在建模时就要用线分割出楼层。选择楼体，右击，在弹出的快捷菜单中选择 Convert to → Convert to Editable Poly 命令，如图 3-32 所示。

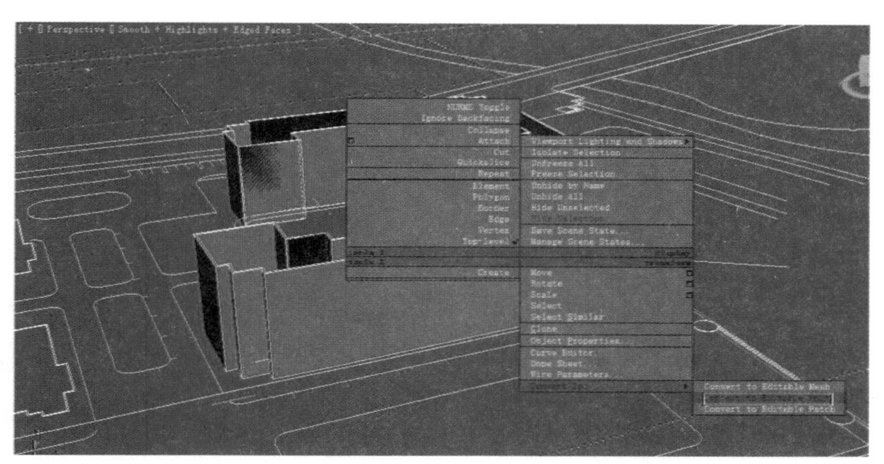

图3-32

在“修改”面板中展开 Editable Ploy，选择 Edge（边缘）命令，也可以单击红色线框三角，选择模型的一条纵线，再单击 Ring（环绕）按钮，如图 3-33 所示。

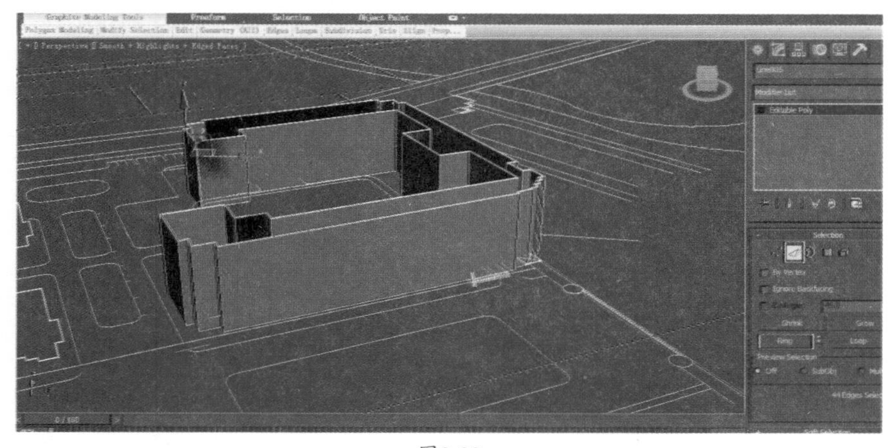

图3-33

（7）单击“修改”面板中的 Connect 按钮，再单击后面的小方块按钮，视图中会出现参数菜单，调整 Connect Edges 后面的参数为 3，单击绿色对勾，如图 3-34 所示。这样，楼层就分好了。

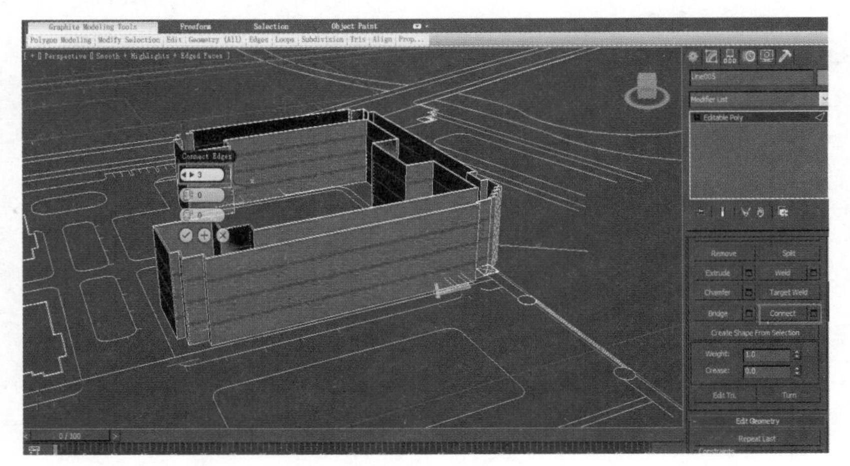

图3-34

（8）选择如图 3-35 所示的两条红色的边，单击修改面板中的 Connect 按钮，就会增加一条线，如图 3-36 所示。

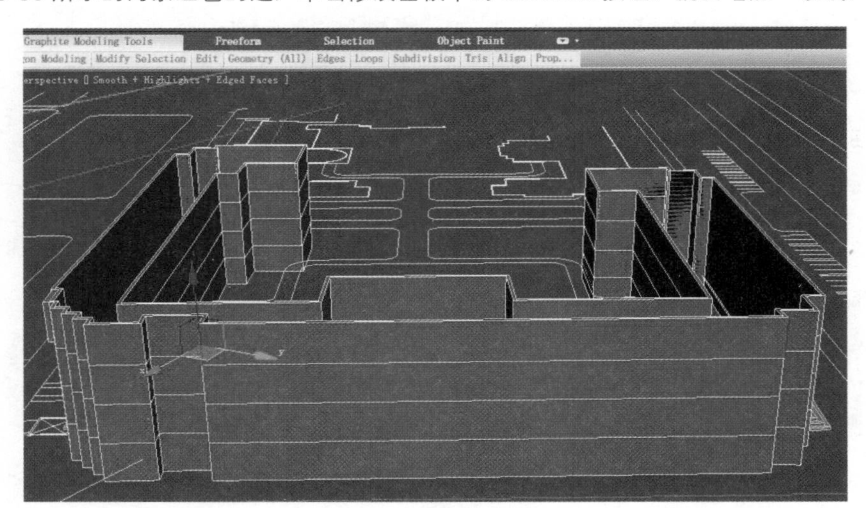

图3-35

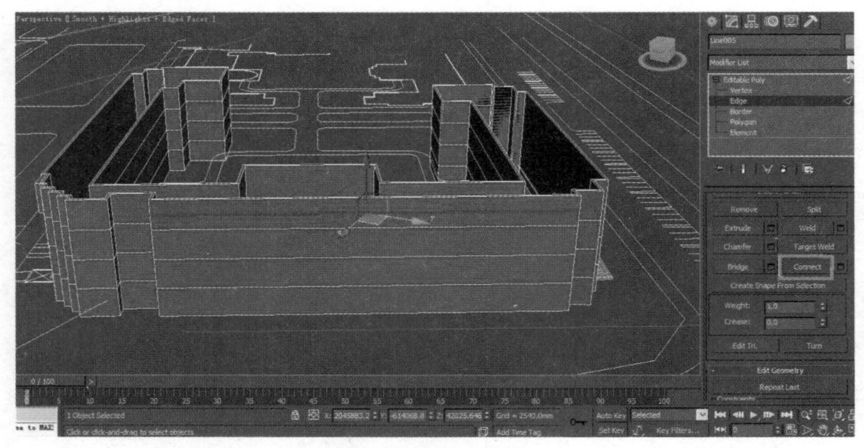

图3-36

（9）在前视图中调整这条线的位置，把它垂直向上拖拽到如图 3-37 所示的位置。

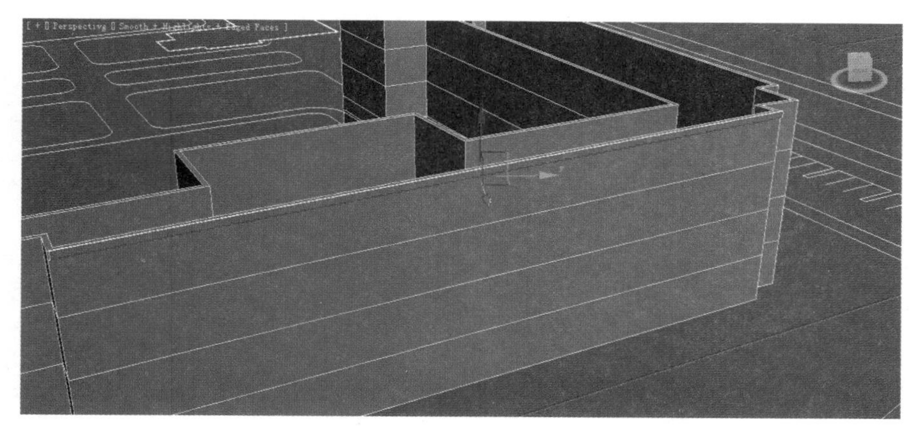

图3-37

（10）选择楼体，单击“修改”面板中的 Polygon 或者红色方块，如图 3-38 所示，进入面的编辑模式。

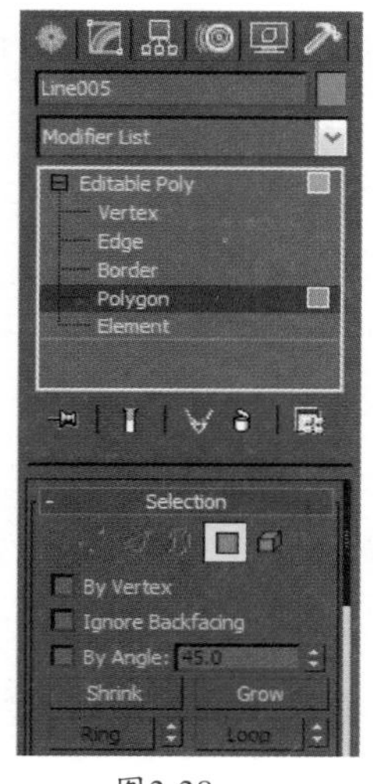

图3-38

图3-39

（11）选择模型上新添加的面，如图 3-39 所示，用 Extrude（挤压）命令，在右侧的修改面板中单击 Exture（Extrude）按钮右侧的方形按钮，在弹出的菜单中单击黑色的三角调节挤压的厚度，把这个面挤压出来，然后点击绿色对勾，完成挤压效果，如图 3-40 ～图 3-42 所示。

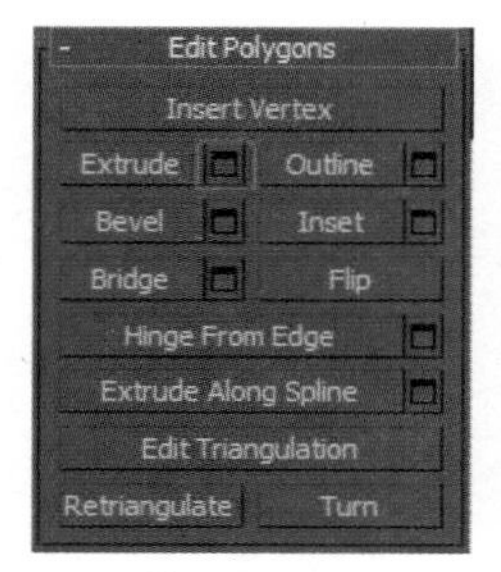

图3-40

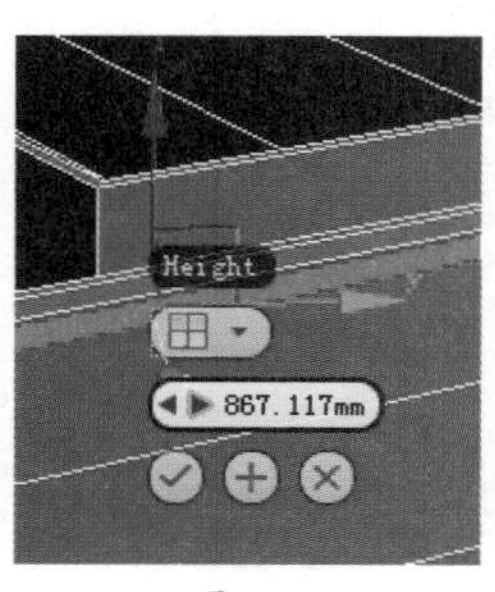

图3-41

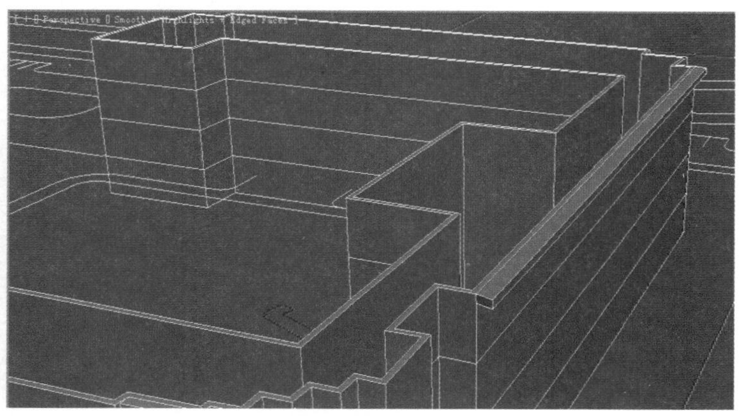

图3-42

（12）现在给这栋楼封顶，选择 Editablepoly → Polygon 命令如图 3-43 所示。然后单击模型最顶上的面，这样最顶上的面就会全部选中，如图 3-44 所示。

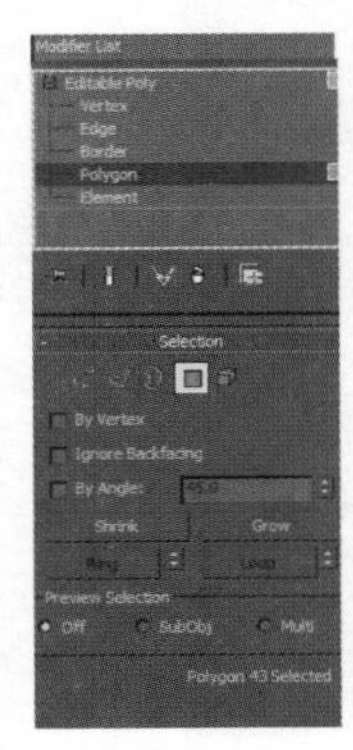

图3-43

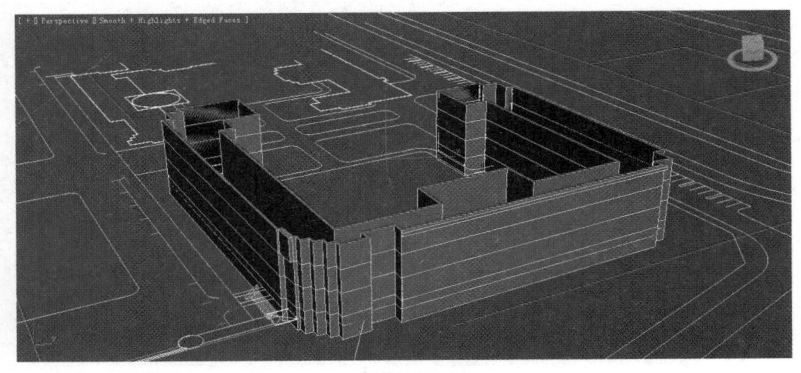

图3-44

单击右侧“修改”面板中的 Extrude（挤压）命令按钮右侧的方块按钮，在弹出的快捷菜单中调整数值，挤压出一层，如图 3-45 所示。

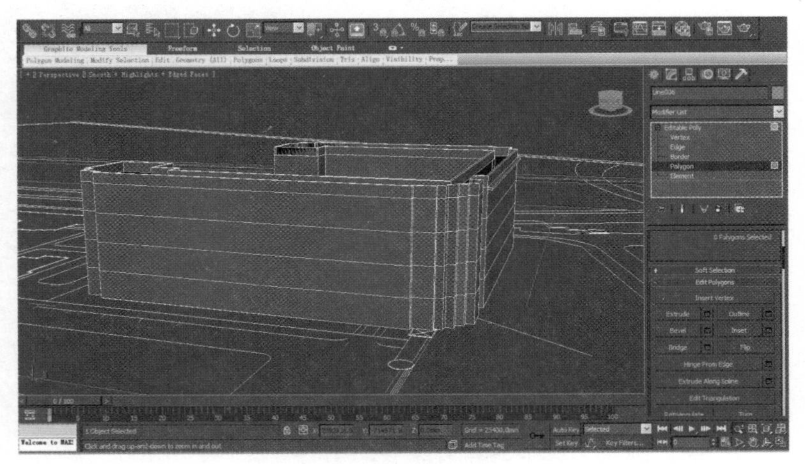

图3-45

（13）选择“修改”面板中的 Polygon（面），或者红色方块，将图 3-46 所示的模型内侧红线以下的面全部选中，按 Delete 键删除这些面，然后选择修改面板中的 Editeblapoly → Border 命令（边缘），选择图中所画的红线，这样整个一圈边缘就全被选中了，然后按住 Alt+P 键，整个顶部就会被封起来，如图 3-47 所示。

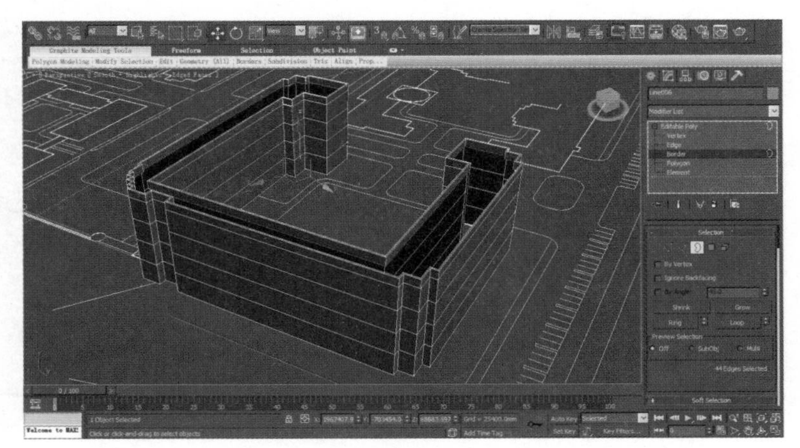

图3-46

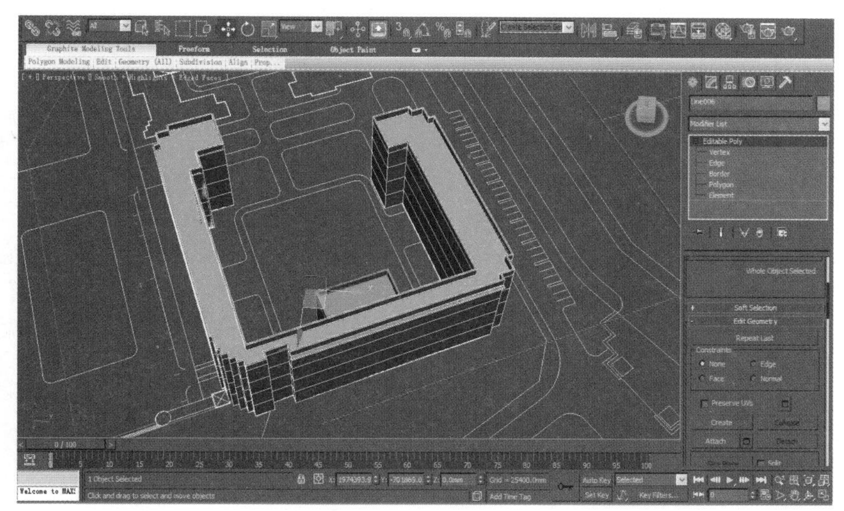

图3-47

（14）选择如图 3-48 所示的面。

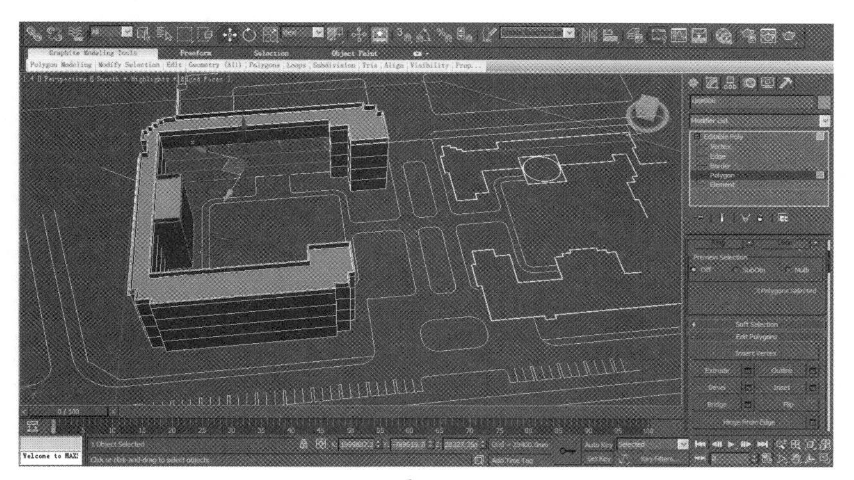

图3-48

然后选择“修改”面板中的“挤压”按钮，调节参数，直到和旁边的墙壁对齐，如图 3-49 所示。

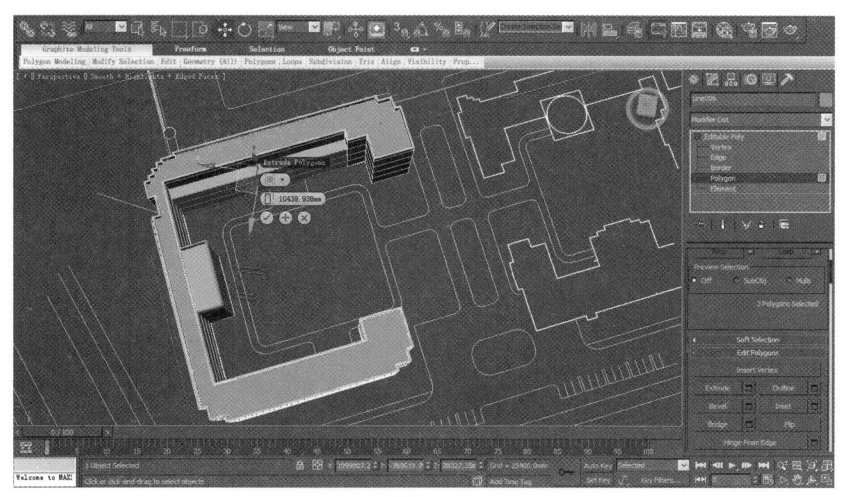

图3-49

（15）回到修改面板，选择 Editable Poly → Edge（边），如图 3-50 所示。选择图 3-51 所示的线段，然后单击右侧“修改”面板 Connect 右侧的方块按钮，如图 3-52 和图 3-53 所示。

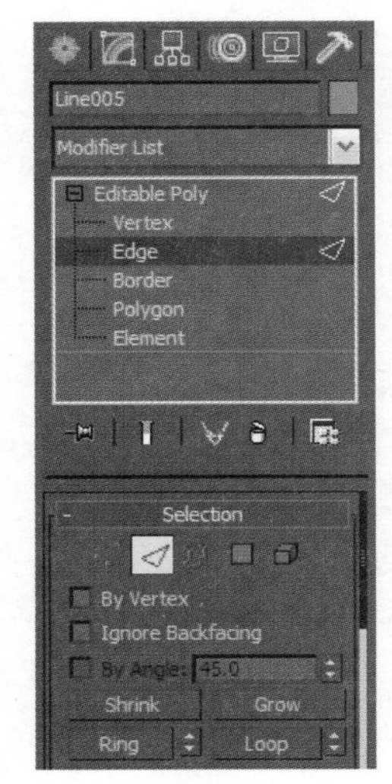

图3-50

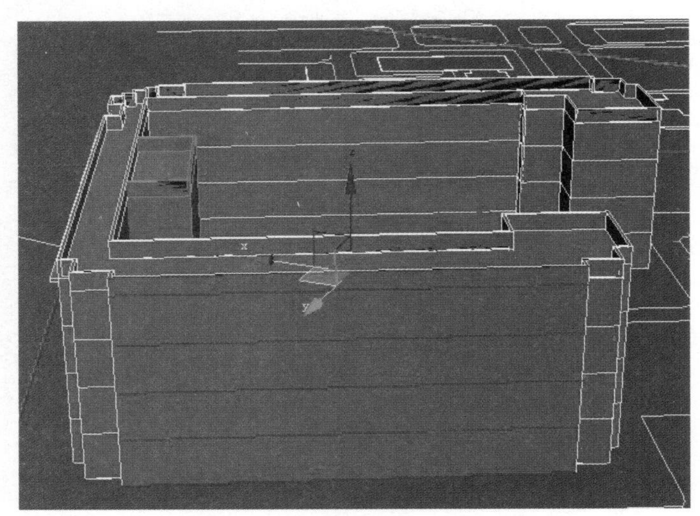

图3-51

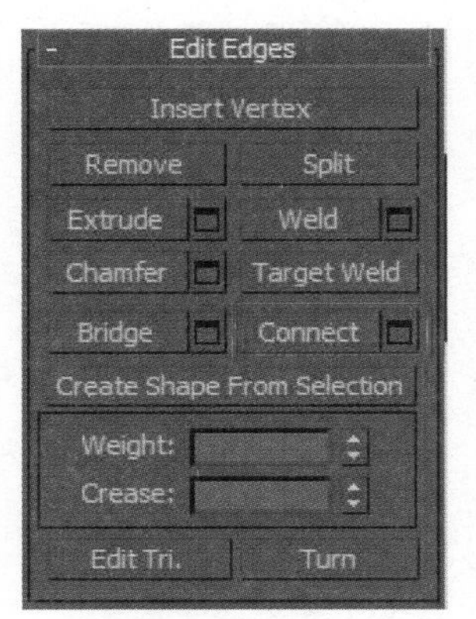

图3-52

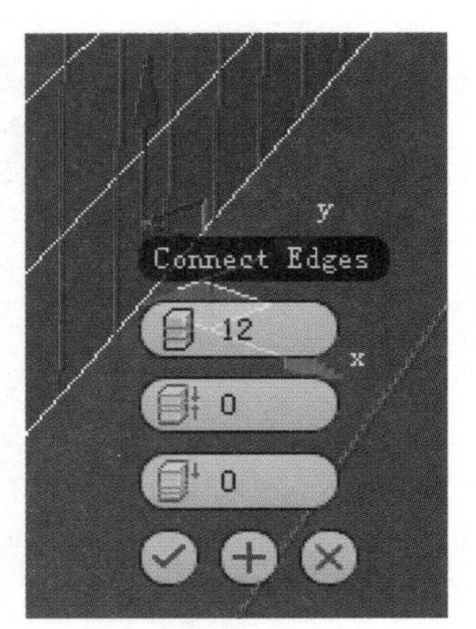

图3-53

将线的数值调整为 12，单击绿色对钩，完成参数设置，如图 3-54 所示。

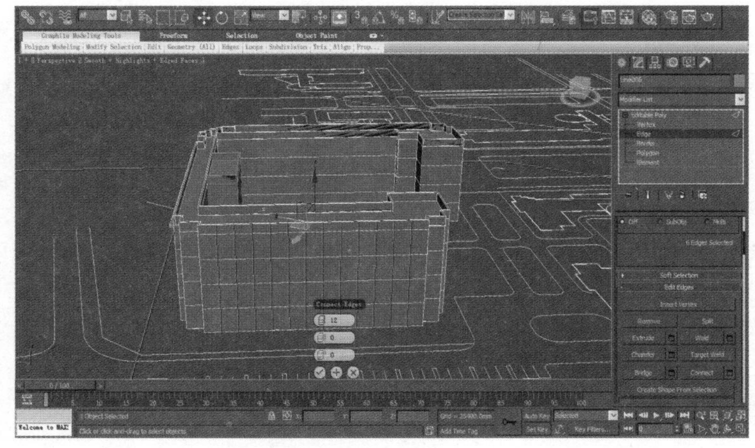

图3-54

（16）选择如图 3-55 所示的面，然后单击“修改”面板中 Bevel 后面的方块按钮，修改数值如图 3-56 和图 3-57 所示。

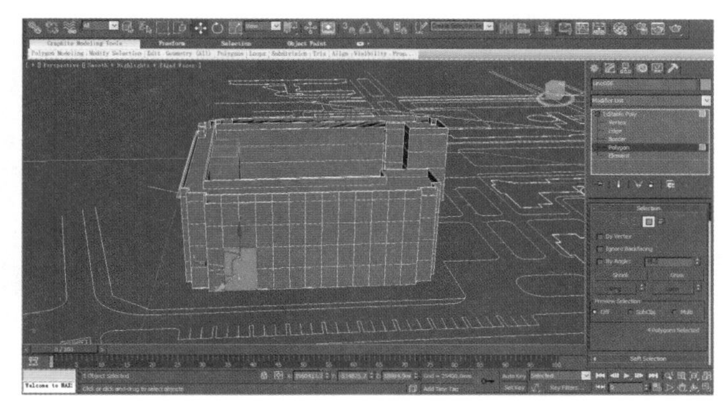

图3-55

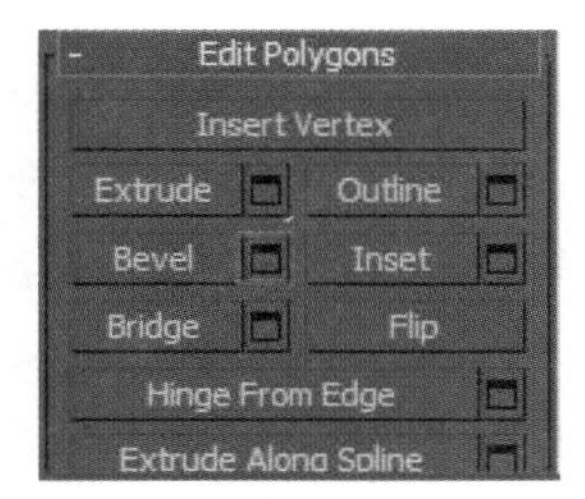

图3-56

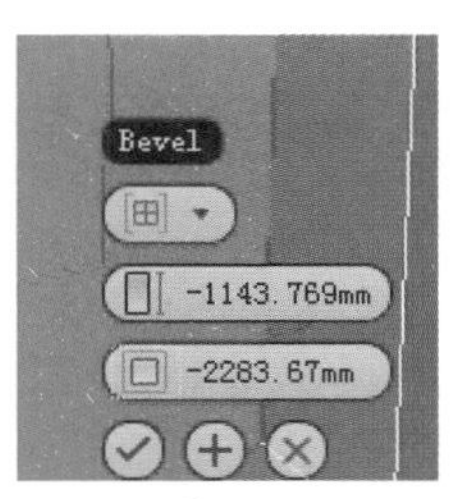

图3-57

得到如图 3-58 和图 3-59 所示的效果。

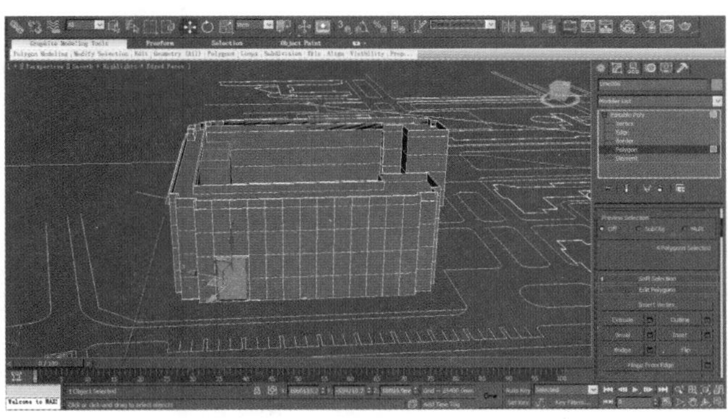

图3-58

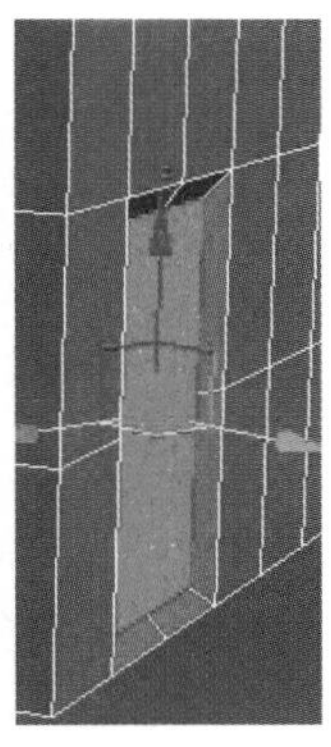

图3-59

（17）选择如图 3-60 所示的线段，然后单击 Chamfer 后面的方块按钮，如图 3-61 所示。调整参数如图 3-62 所示。单击绿色对钩，完成参数的设置。选择如图 3-63 所示的面。

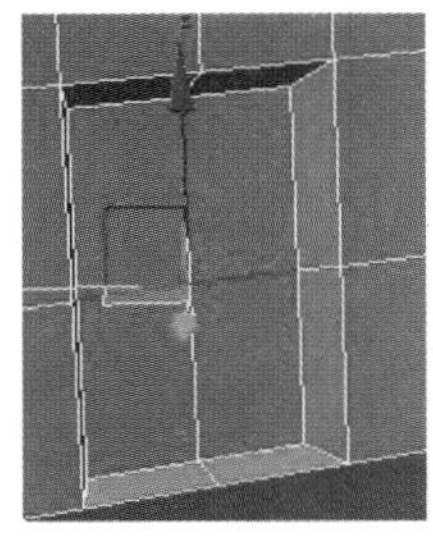

图3-60

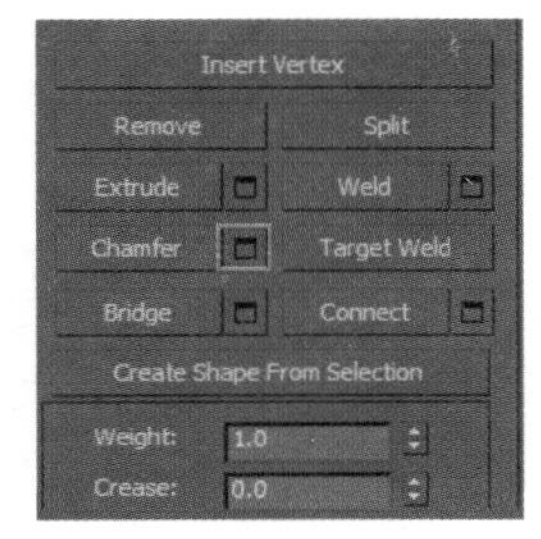

图3-61

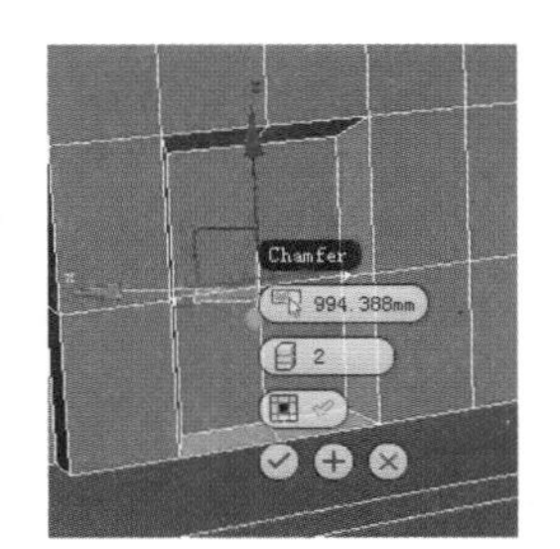

图3-62

回到“修改”面板，单击 Extrude 按钮右侧的方块按钮，在弹出的菜单中调整参数，挤压两线之间的面，单击绿色对钩，完成操作，如图 3-64 和图 3-65 所示。

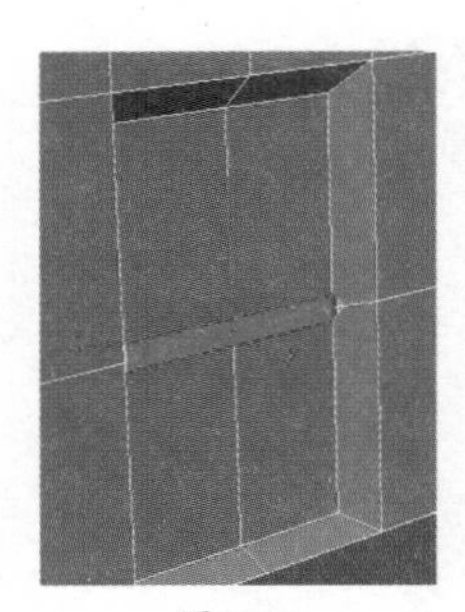

图3-63

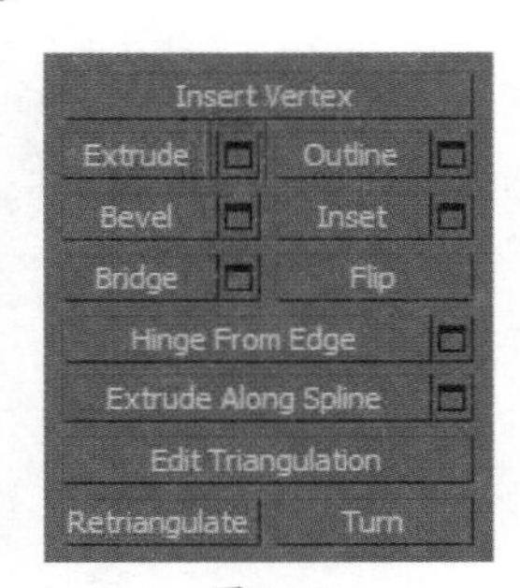

图3-64

图3-65

（18）选择软件界面右下角的旋转视图工具，把模型调整到如图 3-66 所示的角度。选择 Cut（切割）按钮，如图 3-67 所示，在如图 3-68 所示的位置切割两条线。选中两线中间的面，用挤压命令调整参数向里挤压，如图 3-69 所示，最后删除红色的面，如图 3-70 所示。

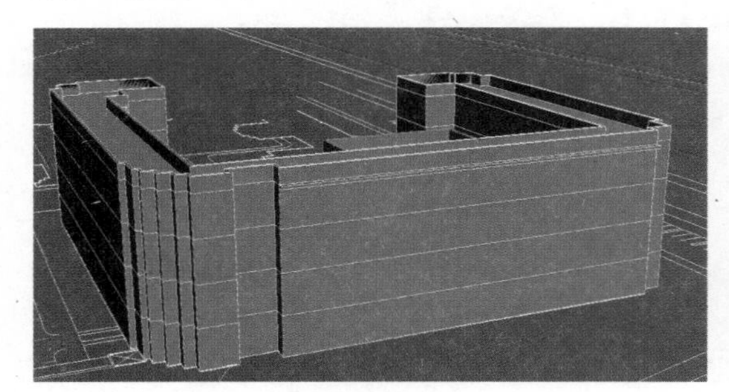

图3-66

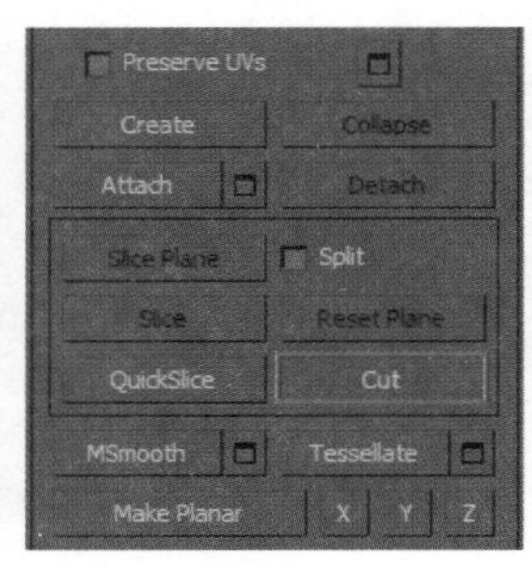

图3-67

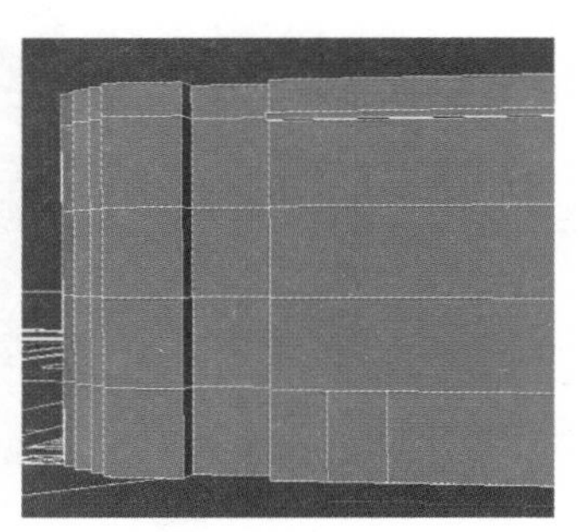

图3-68

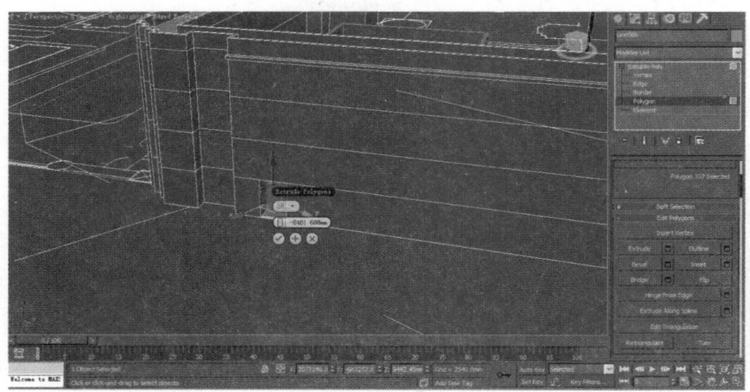

图3-69

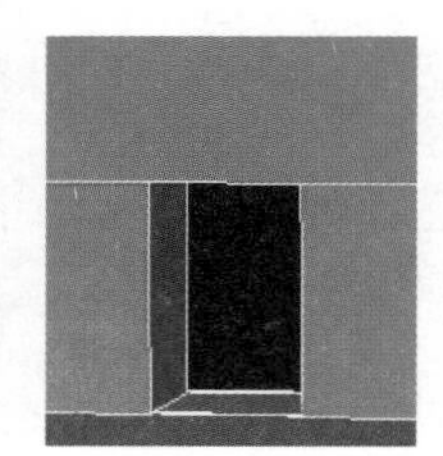

图3-70

主楼体做好了，接下来就按照上面的方法完成钟楼、亭子和台阶，最后得到整个模型，如图 3-71 所示。

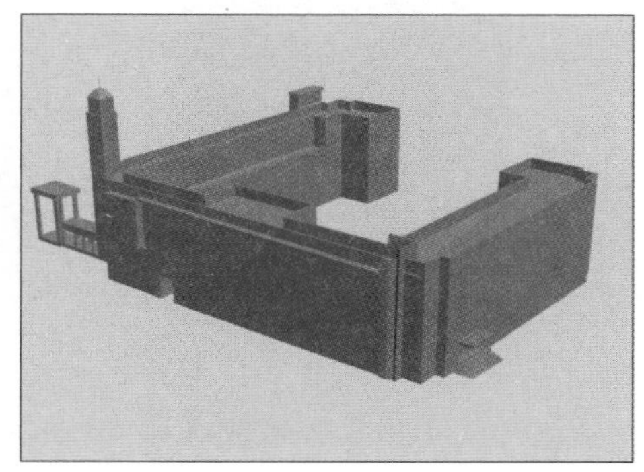

图3-71

（19）平面图中的其他模型都按照同样的方法进行制作，把制作完成的模型保存好。然后选择制作好的模型，右击，在弹出的快捷菜单中选择 Hill selection（隐藏选择的物体）命令，将制作好的模型暂时隐藏，用前面讲的方法建立其他楼房的模型。

3.3.2 赋予模型以材质

对于建筑漫游来讲，材质不宜做得太复杂，否则会在制作和渲染上耽误很多时间，最方便快捷又出效果的方法就是用贴图。做好贴图的取材和尺寸等前期准备工作会为制作整个动画节省时间和精力，并且会取得很好的效果，如图 3-72 所示。

下面以这个建筑为例讲解如何给模型施加贴图和材质，如图 3-73 所示。

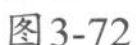

图3-72

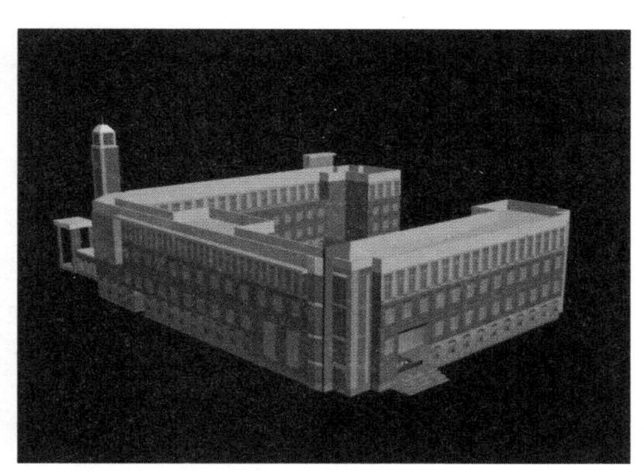

图3-73

1. 给模型指定材质 ID

在施加材质之前根据前面提到的要求要把这个模型转换为 Editablemesh。

打开做好的模型，给模型指定材质 ID，这是很关键的一步，因为模型是一个整体，所以要把不同地方的材质分开选择，根据楼房不同的材质分出 ID 号，每个 ID 号都对应一个材质，便于以后施加多维子材质。在一个物体上有多重材质的情况下，用多维子材质是很方便控制的。先拿这个楼房其中的一面为例，如图 3-74 所示，先观察一下这个楼房有几种不同的材质，根据每层不同的材质把他们分为几个 ID 号。

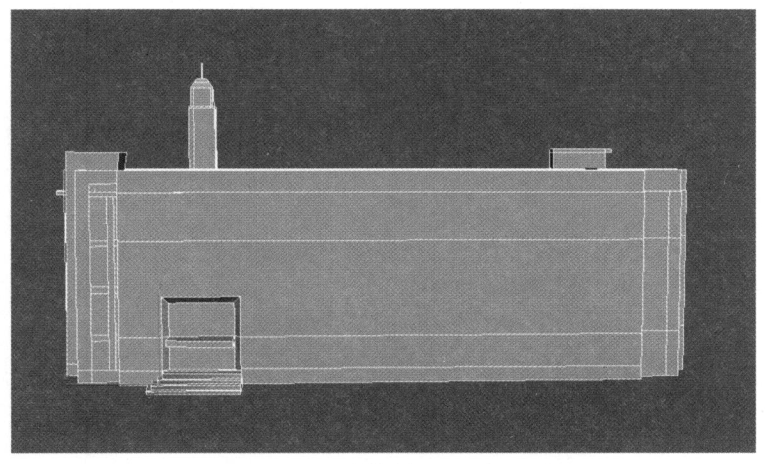

图3-74

具体做法是：首先选择模型，单击进入“修改”面板，选择 Ploypon（面），然后把模型全部选中，并设置 ID 号为 1，如图 3-75 所示。

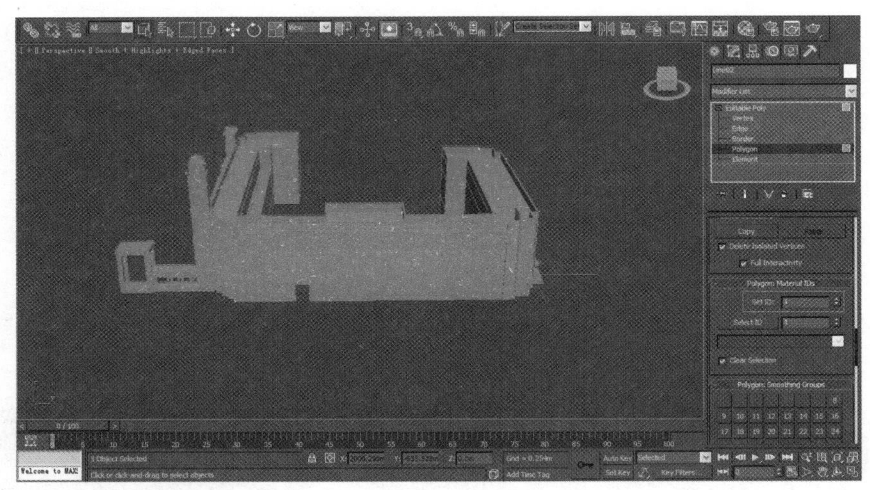

图3-75

取消选择，再选择如图 3-76 所示的面，给这个面设置 ID 号为 2。

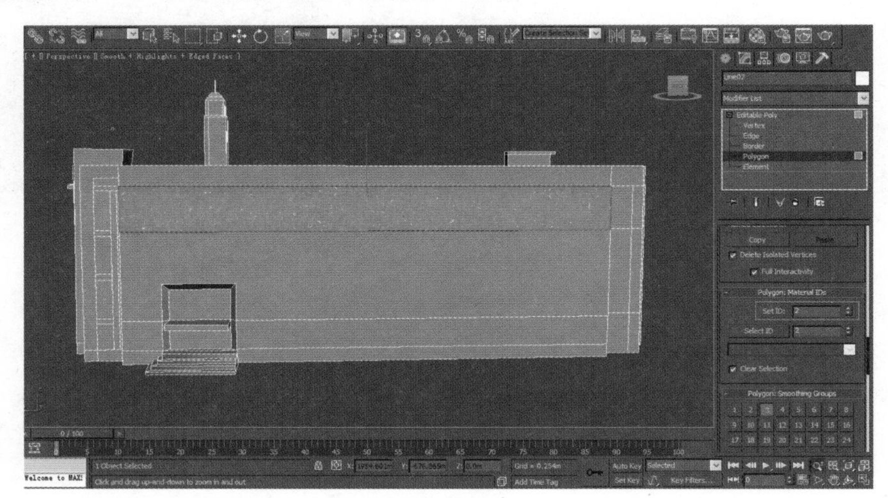

图3-76

接下来给其他面分别设置 ID 号，如图 3-77 ～图 3-84 所示。

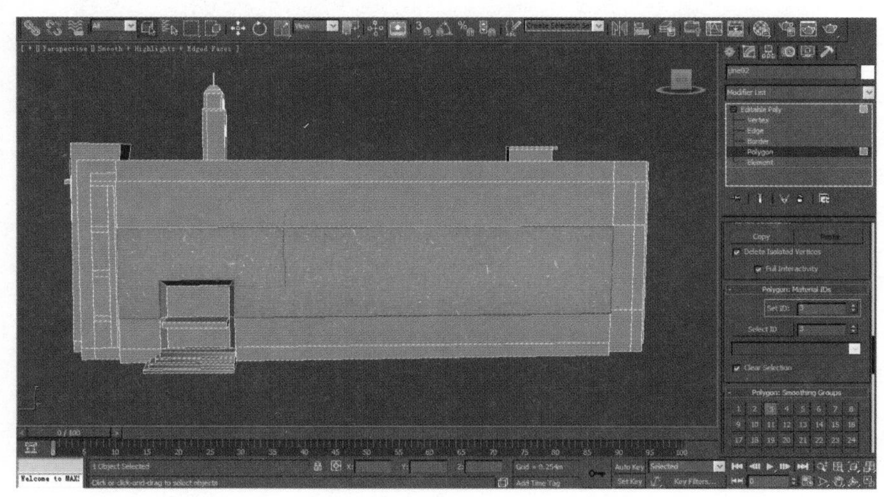

图3-77

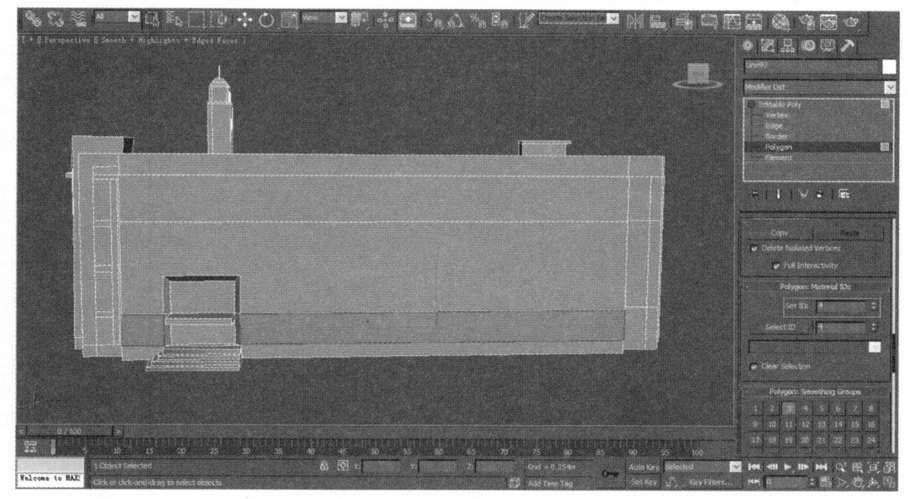

图3-78

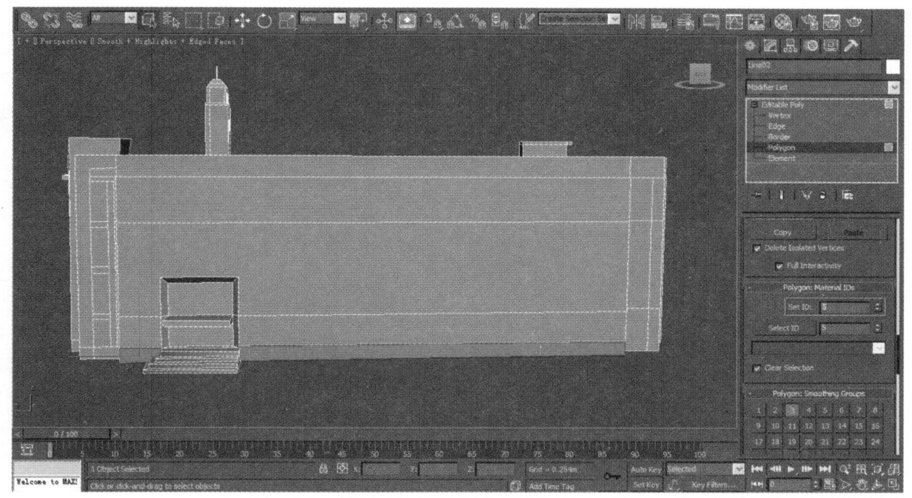

图3-79

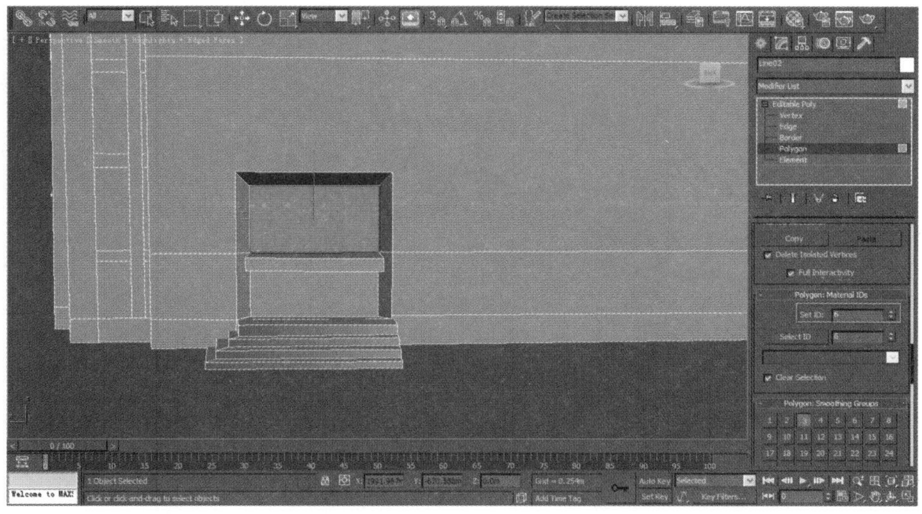

图3-80

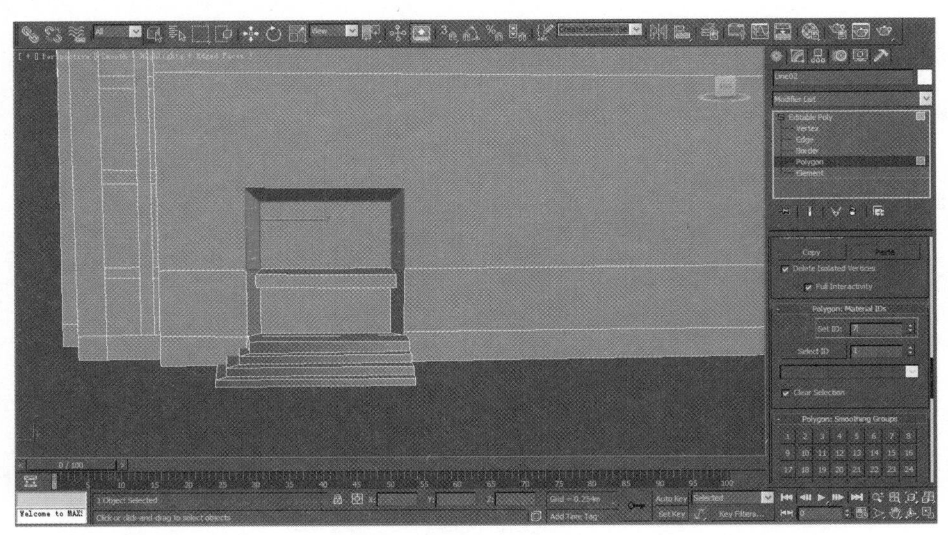

图3-81

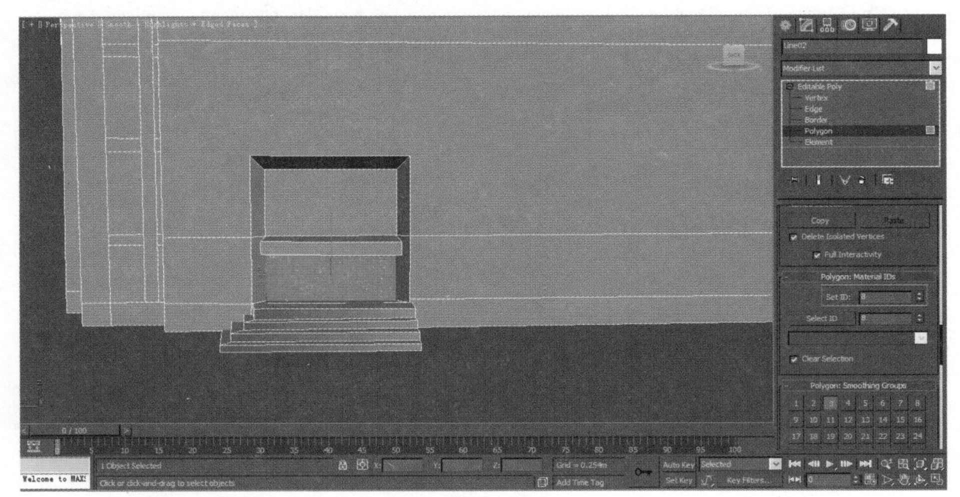

图3-82

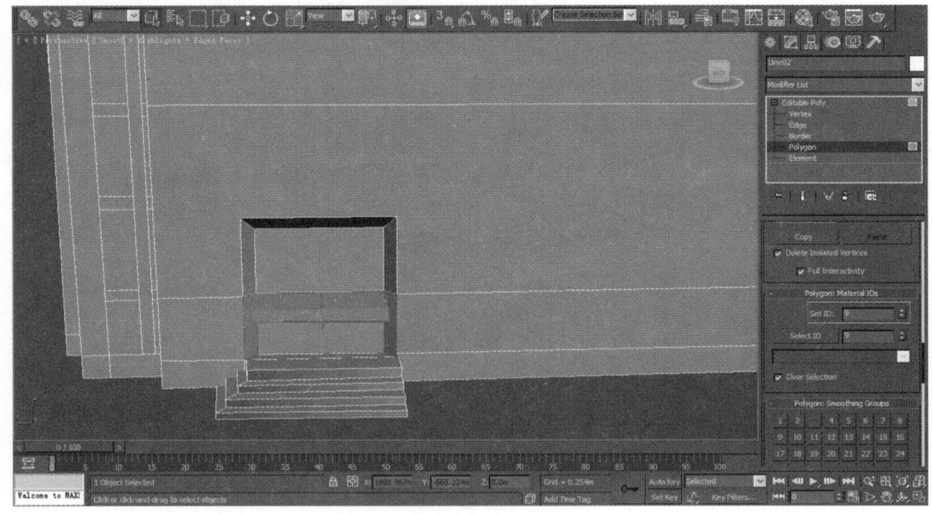

图3-83

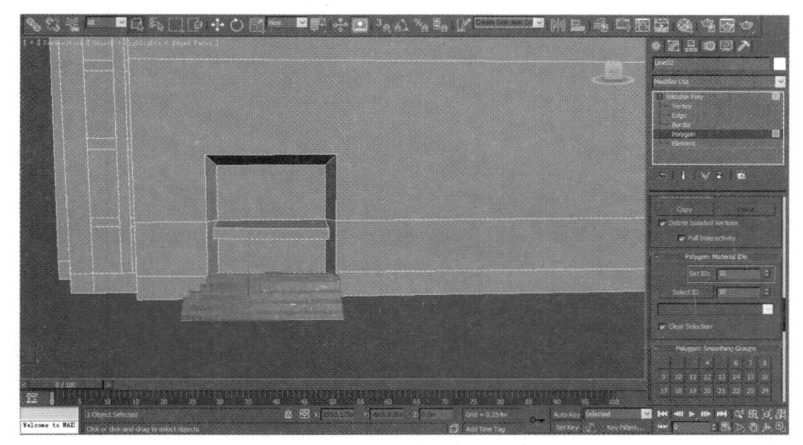

图3-84

楼房顶部的材质相同，并且没有分割和纹理，在设置 ID 号时可以全部选中设置一个 ID 号。在选择的面较多时，一定要注意仔细检查是否有遗漏的面，要反复从各个角度检查，确保全部都选中，如图 3-85 所示。

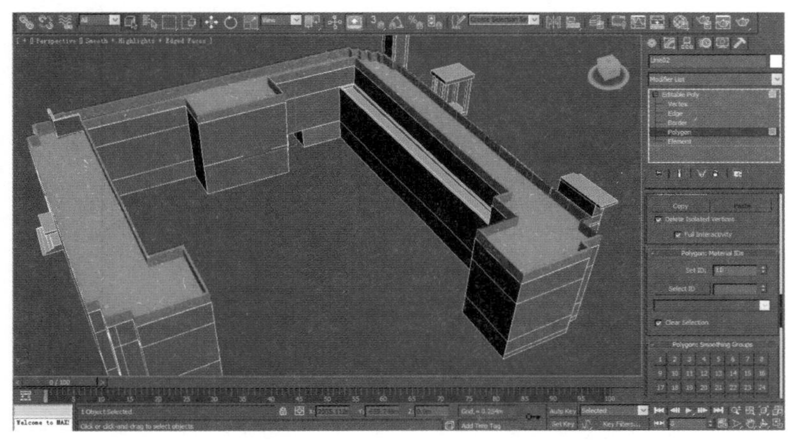

图3-85

设置好 ID 号后，要检查以下设置情况，先取消面的选择，在 SelectID 后面输入一个刚才设置的号码，如 11，再单击 SelectID 时，这个面会自动被选择上。这说明设置的 ID 号码是正确的。如图 3-86 所示。

注意：本次设了 12 个 ID 号。

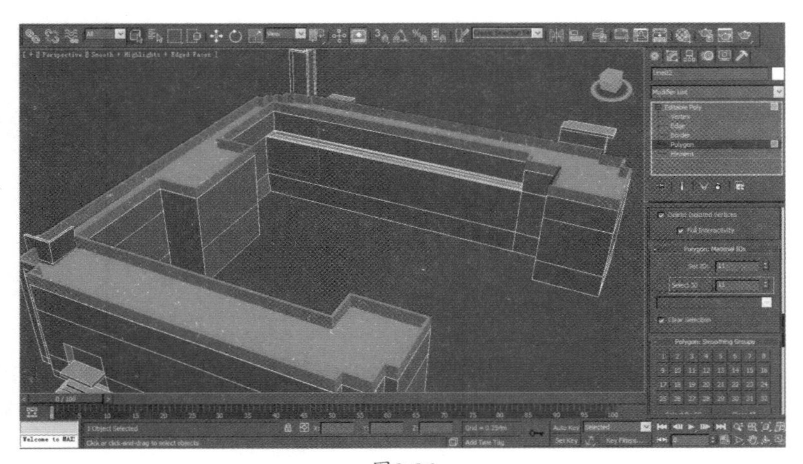

图3-86

2. 贴图

选择工具条上的材质按钮，或者直接按快捷键 M 键，弹出“材质”对话框，如图 3-87 所示，然后单击 Standard 按钮，弹出“材质”菜单，双击 Multi → sub-object，给这个材质球添加多维子材质，如图 3-88 所示，弹出的多维子材质面板如图 3-89 所示。

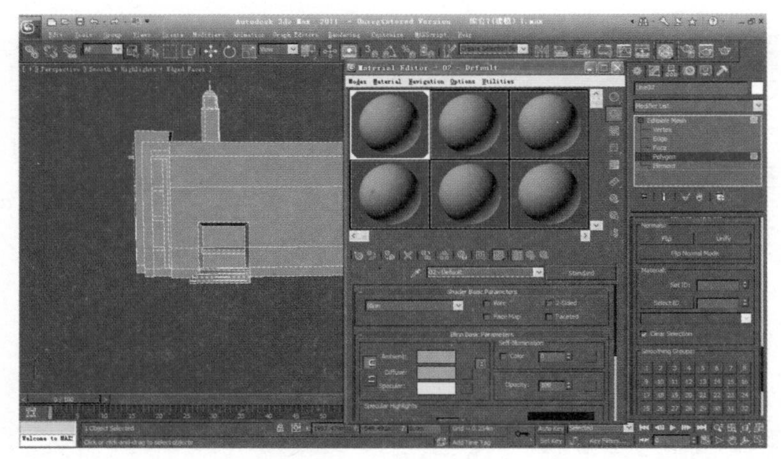

图3-87

图3-88

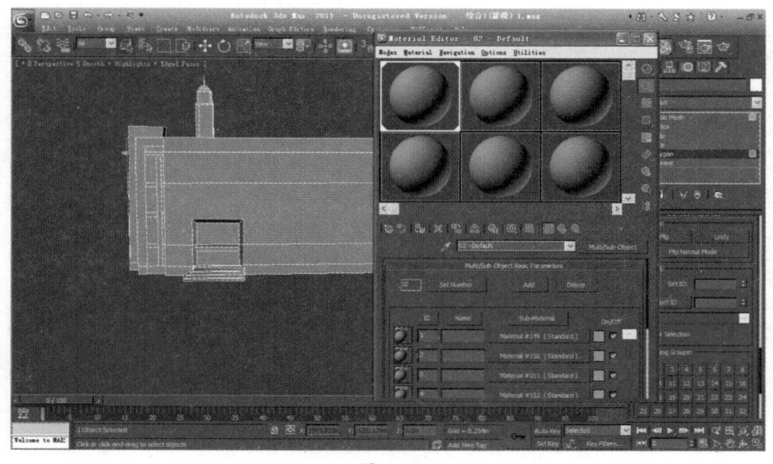

图3-89

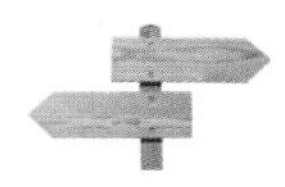

这里的 ID 就是刚设置好的材质 ID 号，向下拖拽可以看到 ID 号只有 10 个，但设置的材质 ID 却有 12 个，可以增加 ID，单击上方的 ADD 按钮，每点一下就增加一个 ID。如图 3-90 所示。

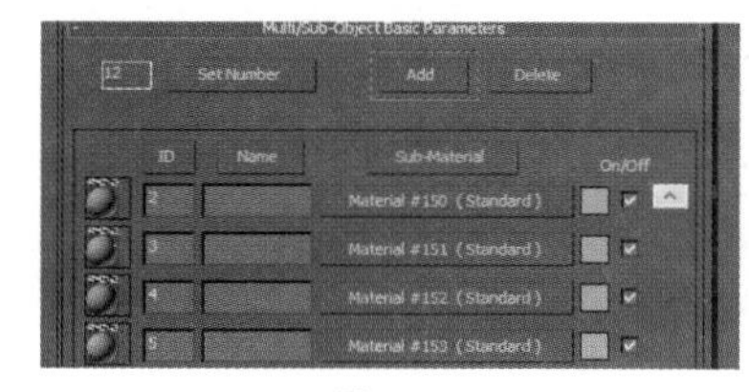

图3-90

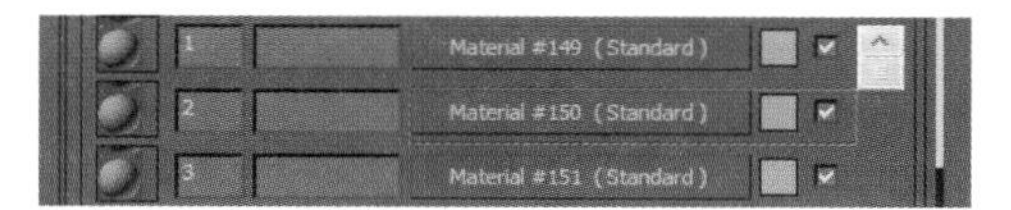

图3-91

单击 2 号 ID 后面的按钮，开始编辑 2 号材质，如图 3-91 所示。进入“材质”编辑器面板，如图 3-92 所示，单击打开 Map 展卷栏，编辑贴图。单击 Diffuse Color（漫反射）后面的 None 按钮，如图 3-93 所示，弹出一个对话框。

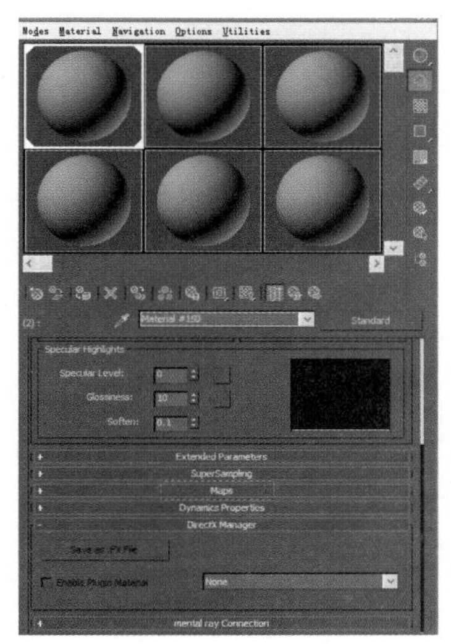

图3-92

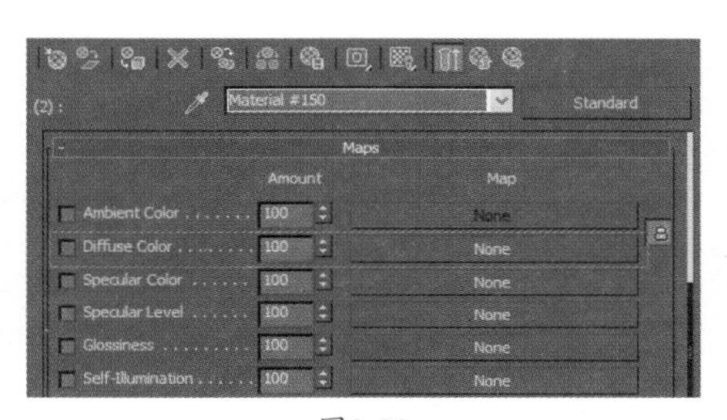

图3-93

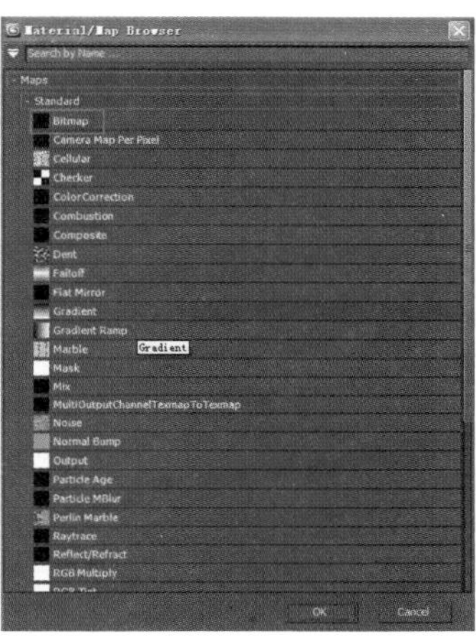

图3-94

双击 Bitmap（位图）贴图按钮，弹出“选择贴图”对话框，找到需要的贴图并打开，如图 3-94 和图 3-95 所示。这样就把贴图加到材质球上了，如图 3-96 所示。

图3-95

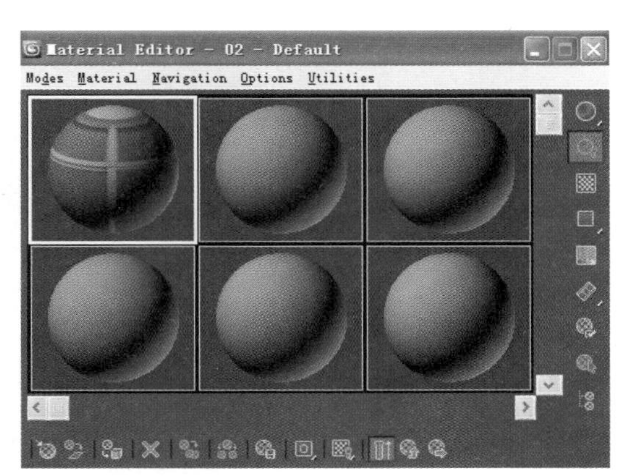

图3-96

选择一个新的材质球，在修改面板的 Select ID 处输入 2，然后单击 Select ID，如图 3-97 所示，使 2 号材质处于被选中状态，单击“施加材质”按钮，这样贴图就成功地贴在了模型表面，如图 3-98 所示。

图3-97

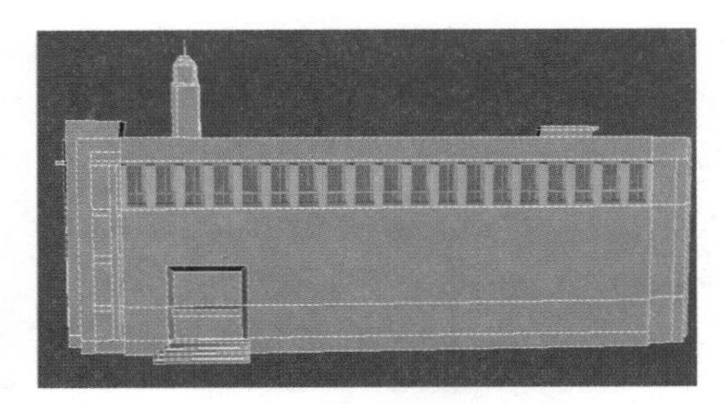

图3-98

如果贴图贴得不太理想，可以调节它们的坐标参数，如图 3-99 所示。

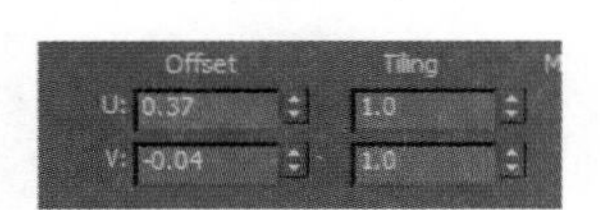

图3-99

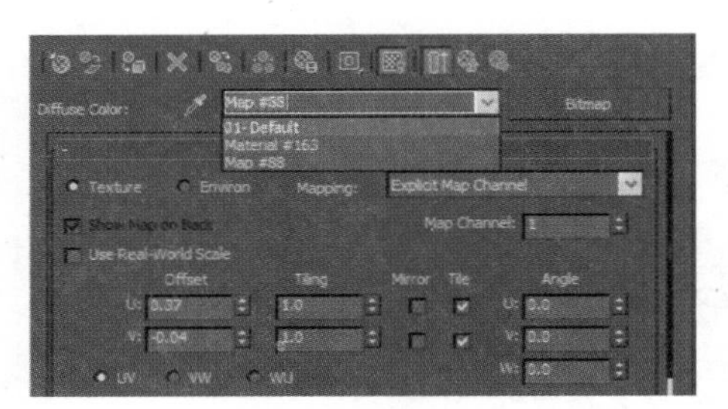

图3-100

接下来分别给其他 ID 号贴图。先返回多维子材质，如图 3-100 所示，选择下拉菜单中的 01-Default，重新进入多维子材质界面。

给 3 号 ID 加贴图，方法同上，如果视图中不显示贴图，可以单击如图 3-101 所示的按钮。同样方法，将 12 个子材质一一添加完毕。

注意：12 号 ID，也就是楼房的顶端不用贴图，可以给它一个合适的颜色，单击 Diffuse 后面的色块，调整颜色，如图 3-102 和图 3-103 所示。

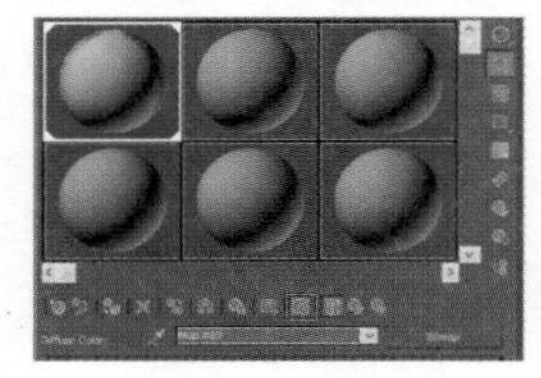

图3-101

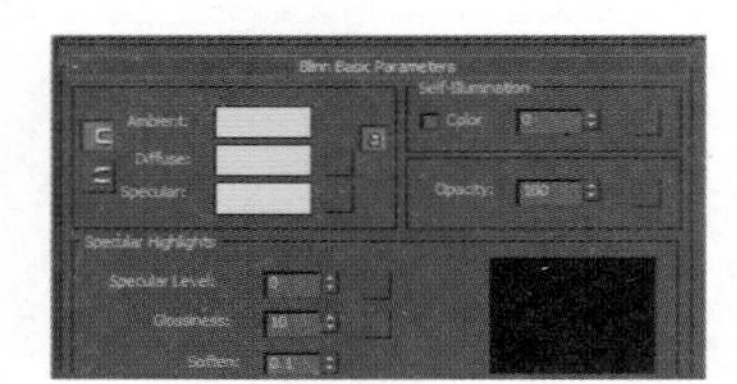

图3-102

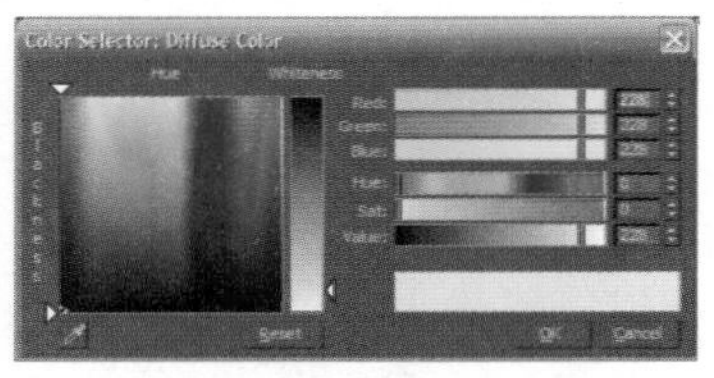

图3-103

最后，完成的作品如图 3-104 所示。

图3-104

根据上述方法，制作出 CAD 整体图上的其他几个楼房模型，如图 3-105 和图 3-106 所示。

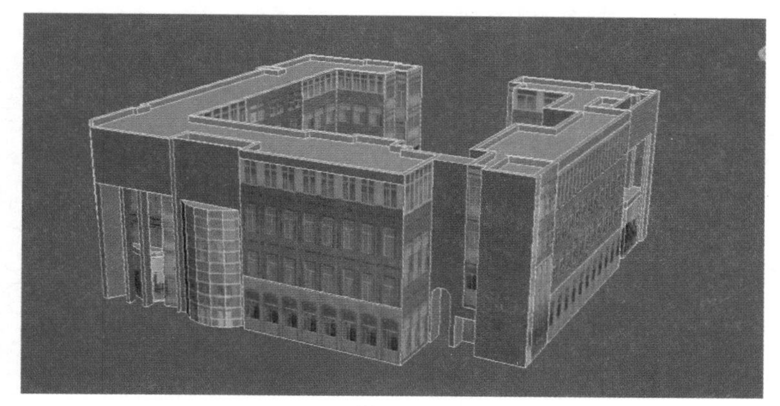

图3-105

图3-106

3.3.3 其他设施模型

1. 制作路缘石

制作好楼房模型后，开始制作路面和路缘石。

（1）导入 CAD 平面图，按照平面图给出的位置制作路面，黄色线圈起来的地方做成草坪或者一些绿植，黄色线以外的地方做成路面，如图 3-107 所示。

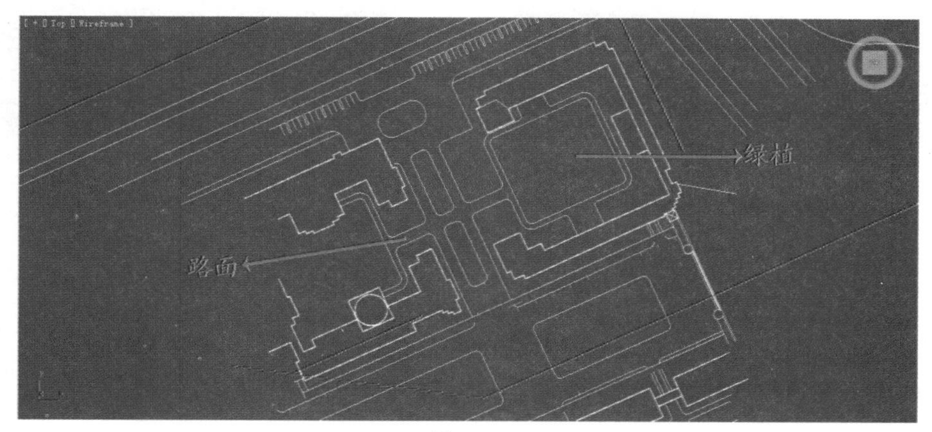

图3-107

（2）现在先制作地平面，进入“创建”面板，单击“创建几何体”按钮，单击 Plan 按钮，在 Top 顶视图按住鼠标左键拖动，创建一个 Plan 面，将面调整到楼房模型的底部，如图 3-108 ～图 3-110 所示。

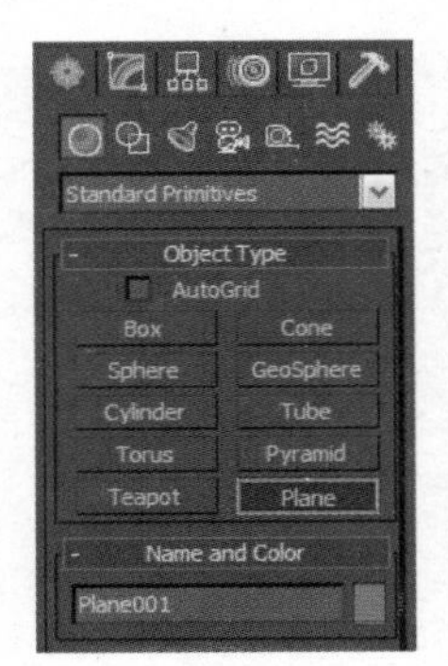

图3-108

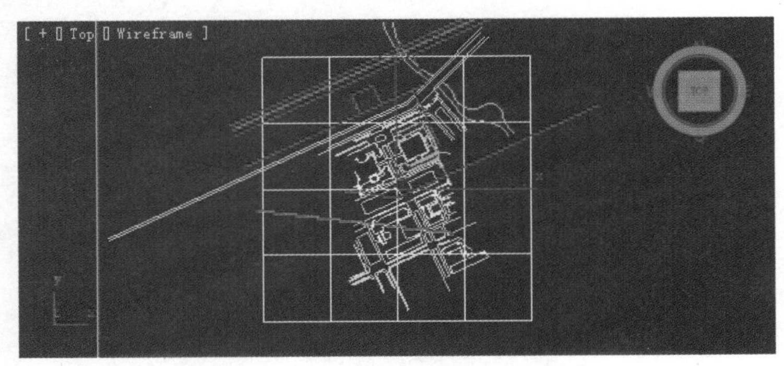
图 3-109

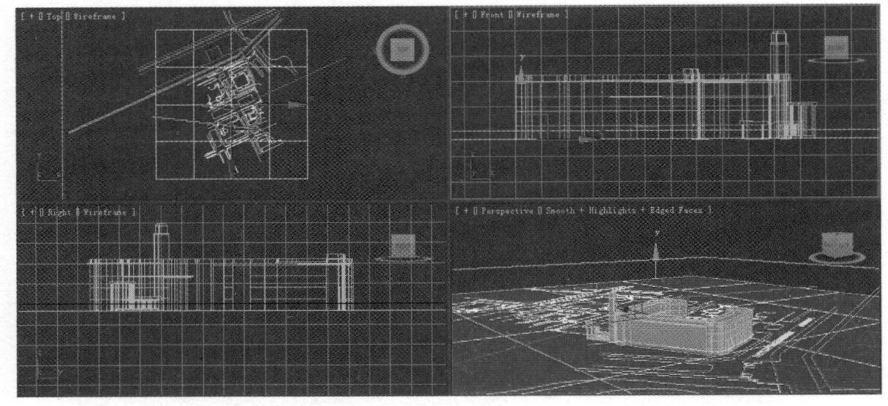
图3-110

（3）制作路缘石。这里采用快照复制的方法，用这种方法可以很快复制出很多相同的物体，如图 3-111 和图 3-112 所示。

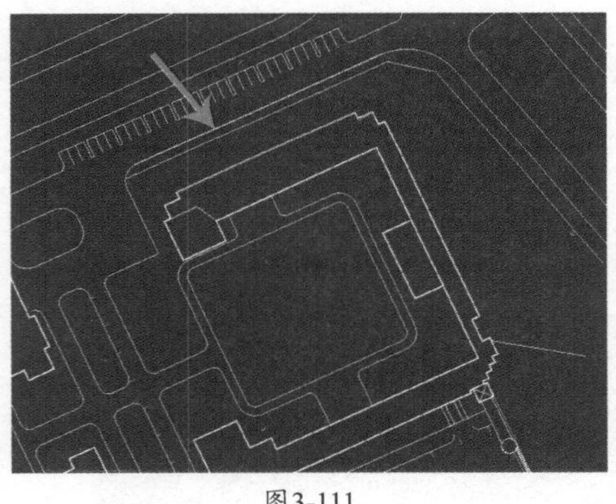
图3-111

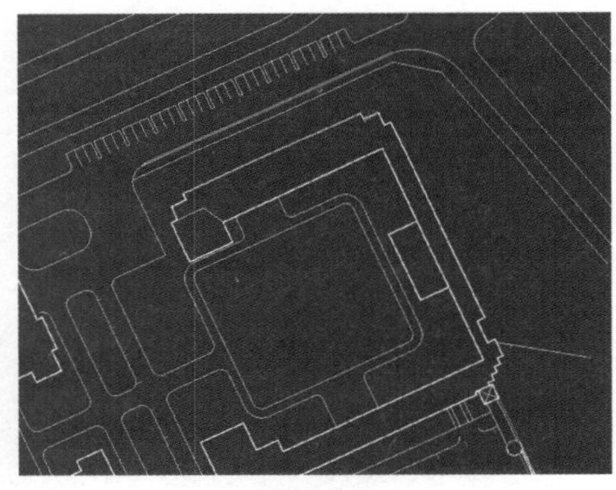
图3-112

切换到 Top 顶视图，我们要沿着红色箭头所指的这条黄色的轮廓线制作路缘石，这条线比较长，所以要分开做，首先用 Line 样条线沿着如图 3-111 和图 3-112 所示的红色线绘制出一条路径。

单击“创建”面板的“图形”按钮，单击 Line 按钮，在顶视图中按照红色线的位置绘制一条线当路径，如图 3-113 所示。

（4）回到“创建”面板，单击“创建几何体”按钮，单击 Box 按钮，在顶视图创建一个长方体，参数设置如图 3-114 和图 3-115 所示。

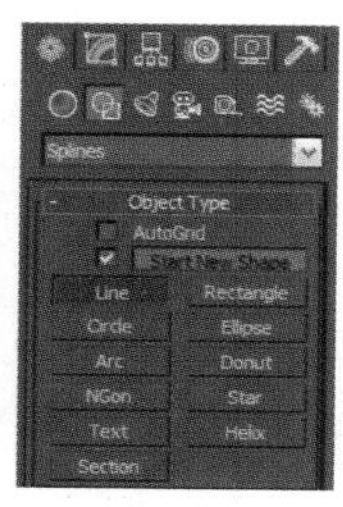

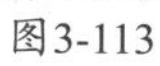

图3-113

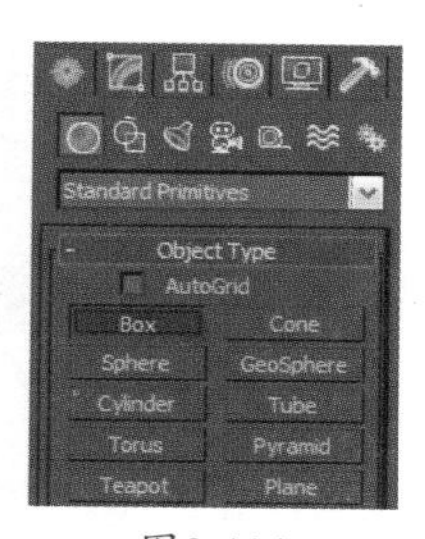

图3-114

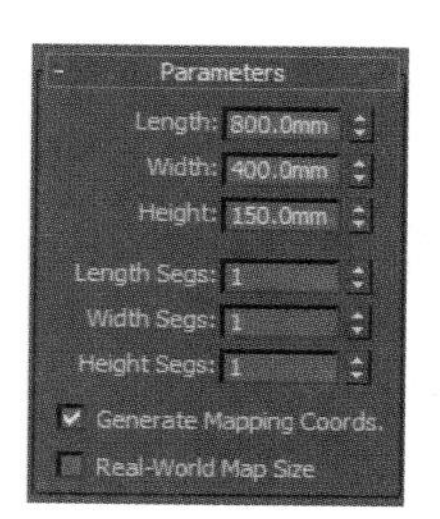

图3-115

（5）用旋转工具旋转长方体，使它与刚画出的线条平行，在其他视图中调整它的位置，使它要贴紧在地平面上，如图 3-116 所示。使用鼠标的中间滑轮或者界面右下角的“放大或缩小视图”按钮，可以放大或缩小视图。

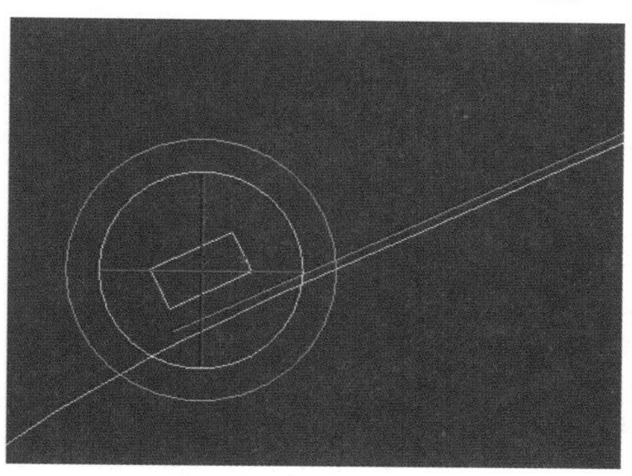

图3-116

（6）使长方体处于选中状态，选择 Animation → Constrains → Path constrains 命令，这时光标和长方体之间会产生一条虚线，把鼠标移动到画好的线上，单击，使长方体链接到路径上，长方体沿着路径移动的动画就产生了，可以单击右下角的“播放”按钮，进行预览，如图 3-117 和图 3-118 所示。

现在制作快照复制。选择长方体，单击 Tools（工具）→ Snapshot 命令，在弹出的对话框中设置参数，单击 OK 按钮，一排整齐的路缘石模型就做出来了，如图 3-119 ～图 3-121 所示。

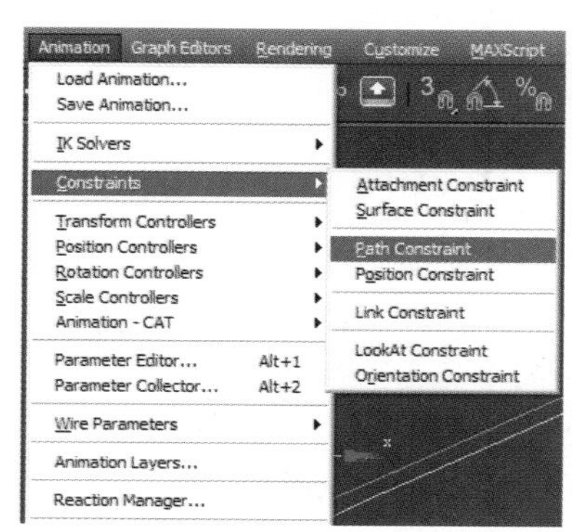

图3-117

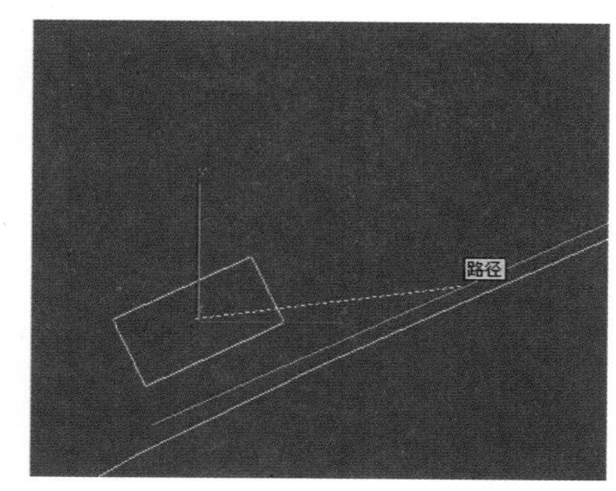

图3-118

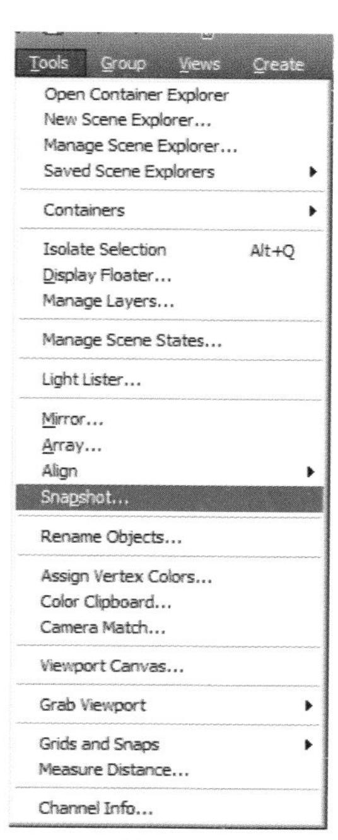

图3-119

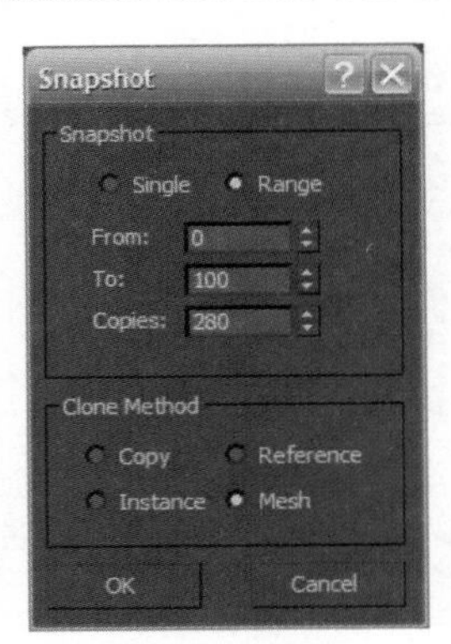

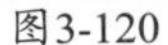
图3-120

图3-121

（7）接下来制作和这条直线连接的左侧圆角部分，采用同样的方法，先用 Line 按照圆角的弧度绘制出一条样条线用来做路径，在画弧线时要注意，如果弧线不够圆滑是因为节点不够多。回到“修改”面板，使画好的弧线处于选中状态，将右侧“修改”面板 Step 后面的参数调整为 100，这样就形成了一个圆滑的弧线，如图 3-122 ～图 3-124 所示。

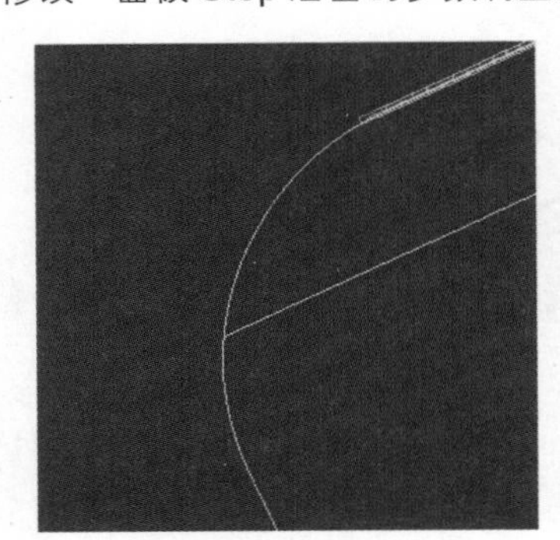
图3-122

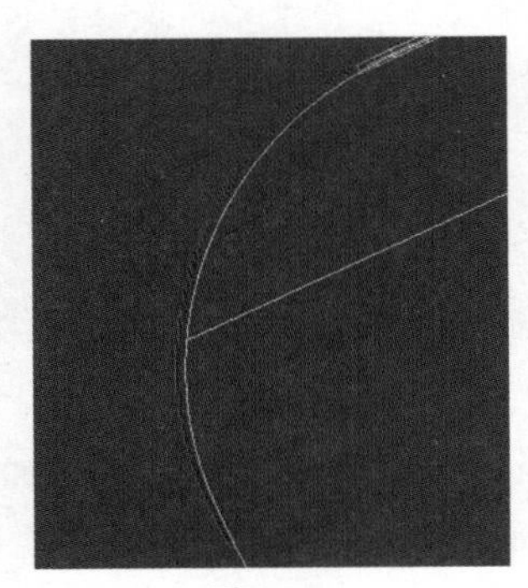
图3-123

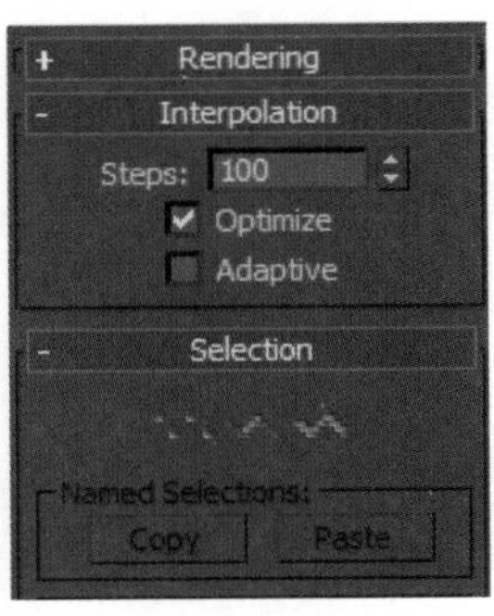

图3-124

（8）用 BOX 制作一个长、宽、高分别为 800mm、400mm、150mm 的长方体，根据场景模型大小适当调整长方体的大小。选择这个长方体，单击菜单栏的 Animation → Conmtrains → Path Constraint 命令，如图 3-125 所示。把长方体链接到刚画好的弧线上。

（9）单击播放按钮，发现长方体虽然沿着弧线运动，但方向却随着路径改变，物体的方向也要随着路径改变，选择长方体，单击右侧的图标，进入“运动”面板，勾选 Follow 项，如图 3-126 所示。

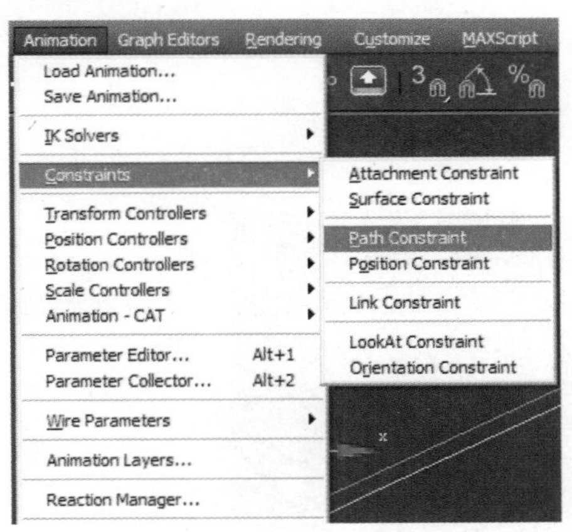

图3-125

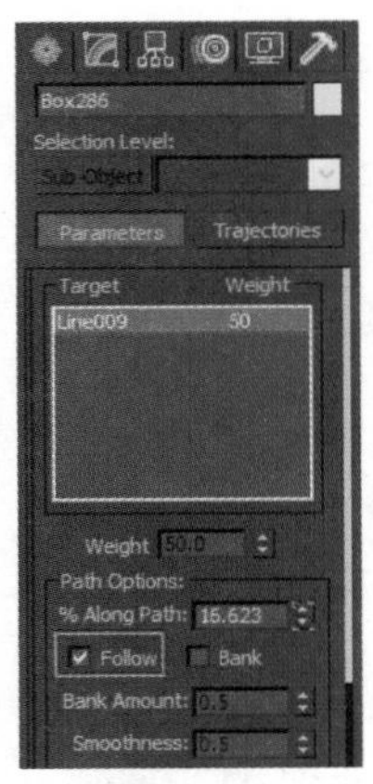

图3-126

（10）选择长方体，单击 Tools → Snapshot 命令，在弹出的对话框中设置如图 3-127 所示的参数，单击 OK 按钮。

（11）顶视图效果如图 3-128 所示。

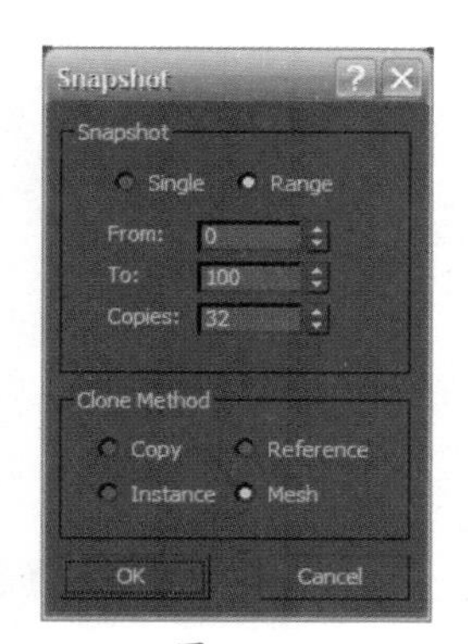

图3-127

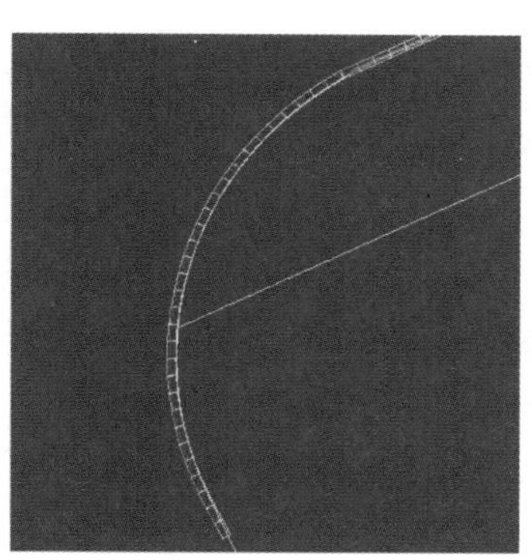
图3-128

为了更清楚、方便地观看效果，可以设置一个摄影机。进入“创建”面板，单击“摄影机”按钮，选择目标点摄影机。在Top顶视图创建摄影机，并在顶视图和前视图调整它的位置，如图3-129～图3-131所示。

图3-129

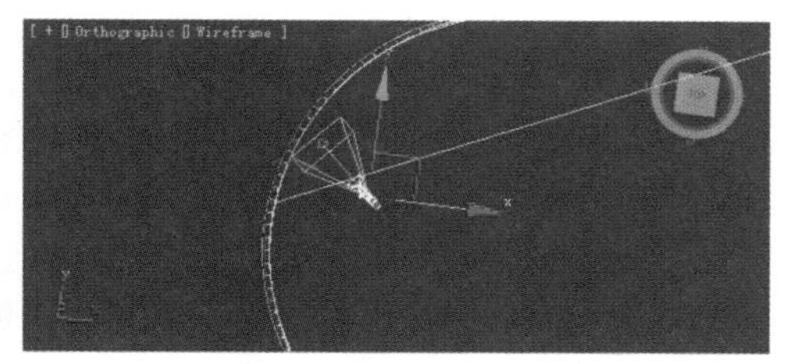
图3-130

（12）在透视图中单击左上角的Perspective命令，在弹出的菜单中选择Cameras01，如图3-132和图3-133所示。摄影机的位置可根据需要随意调整。

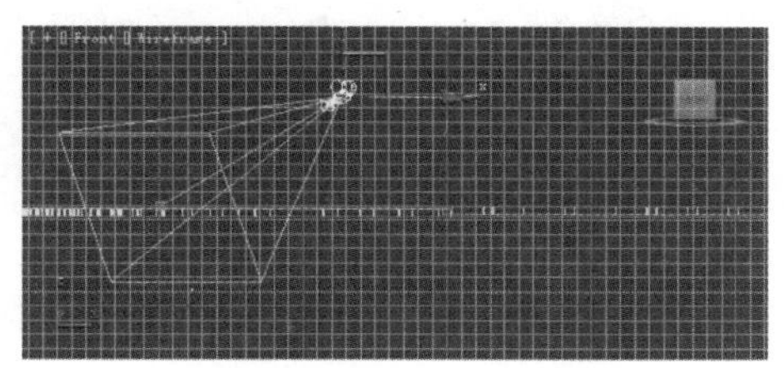
图3-131

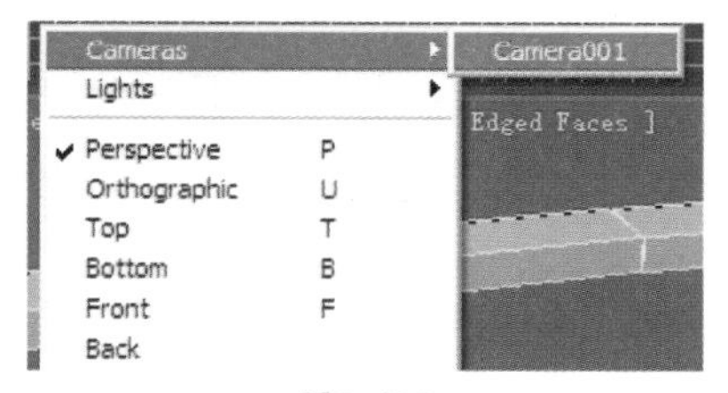

图3-132

（13）给路缘石施加材质。单击工具栏上的“材质编辑器”按钮，在弹出的“材质编辑器”面板中选择一个新的材质球，然后单击Diffuse（漫反射）后面的灰色方块，调整颜色值参数，单击OK按钮。利用这个方法继续制作其他部分的路缘石，如图3-134所示。

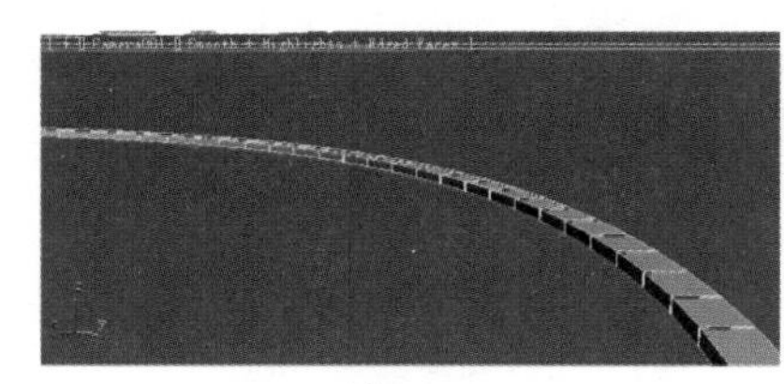
图3-133

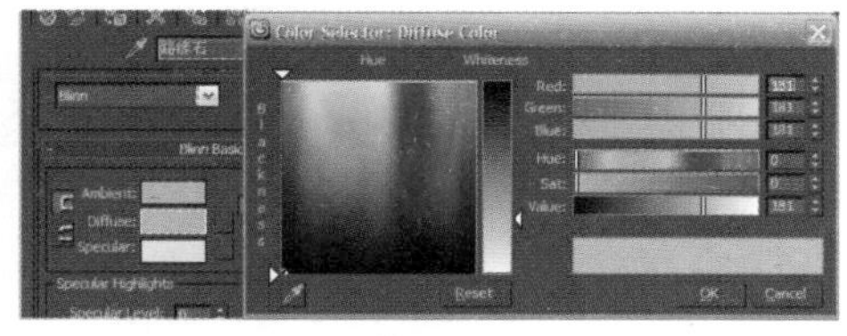
图3-134

建筑漫游动画中除了建筑物还有一些其他设施，如垃圾箱、标牌、路灯、凉亭等，下面就以这些模型为例讲解模型的制作方法。

2. 垃圾箱的制作

（1）用Box制作出中间的支柱，参数如图3-135和图3-136所示。

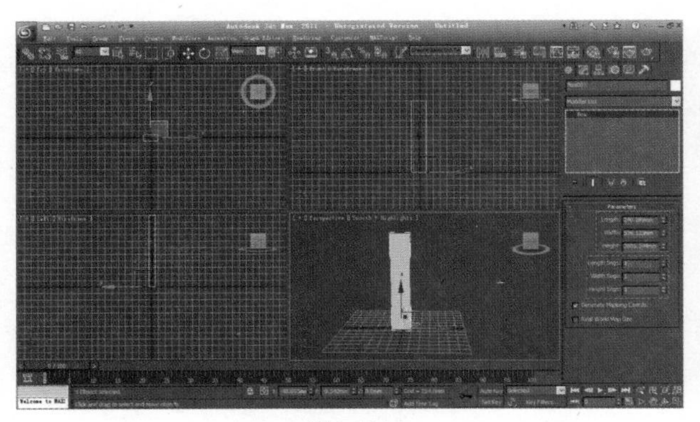

图3-135

图3-136

（2）再用 Box 和 Cone 做出底和支架，参数随需要的比例调整，如图 3-137 所示。

（3）选择扩展几何体。

选择倒角立方体，如图 3-138 所示，做出一个倒角方形，如图 3-139 所示。

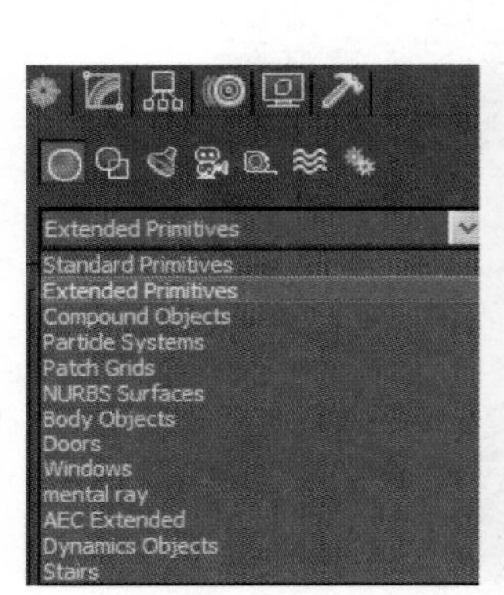

图3-137

图 3-138

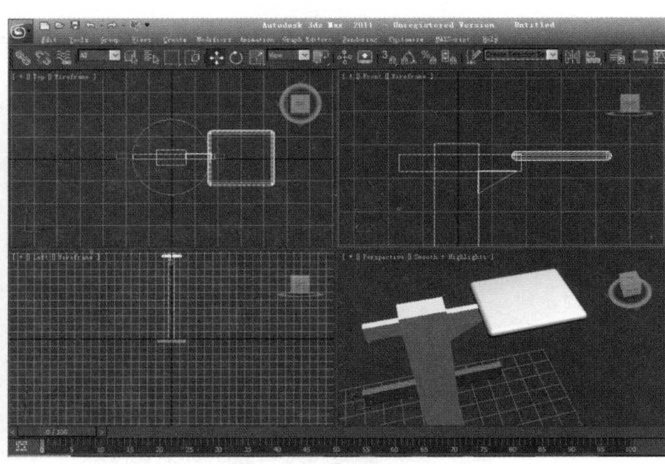

图3-139

（4）选中这个方形，按住 Shift 键，沿着 Y 轴垂直向上拖拽鼠标，松开鼠标后弹出 Clone Options 对话框，单击 OK 按钮。这样就复制出了一个方形，如图 3-140 所示。

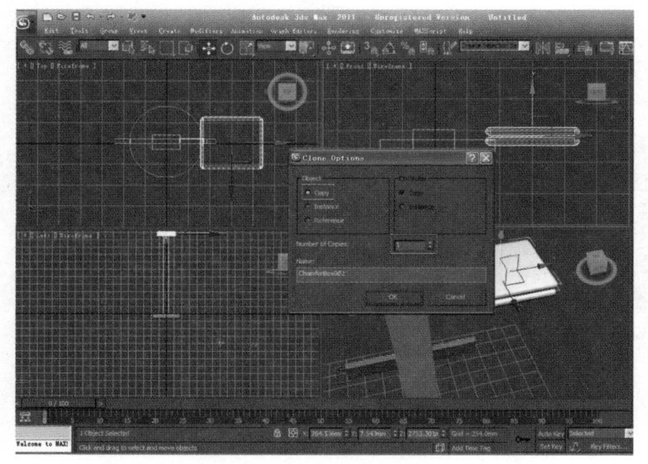

图3-140

（5）把这个复制的方形用缩放工具缩小，如图 3-141 所示。

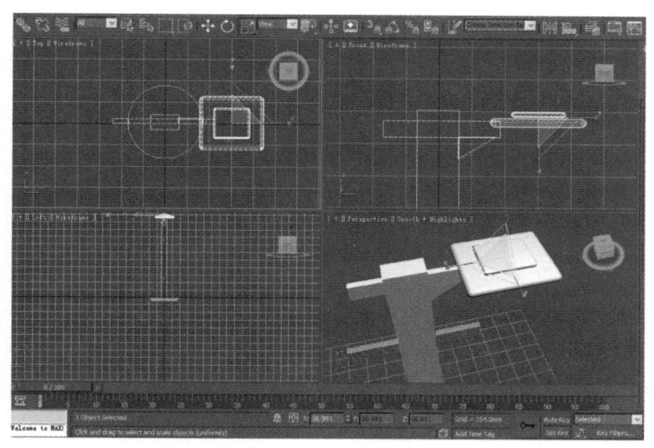

图3-141

（6）再把这个方形按照同样的方法复制一个，如图 3-142 所示。

（7）在顶视图用 Box 绘制一个立方体，如图 3-143 所示。

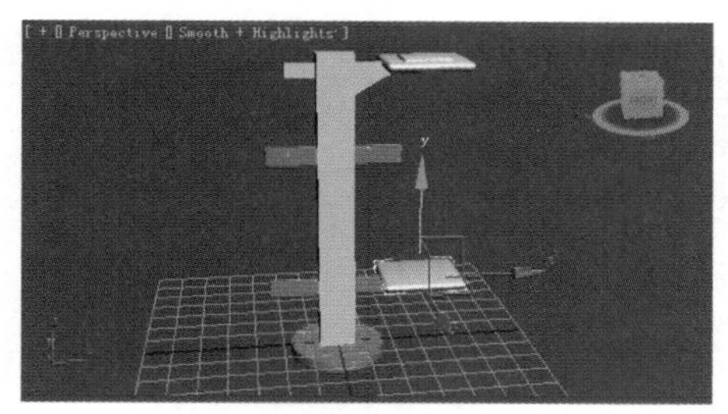

图3-142

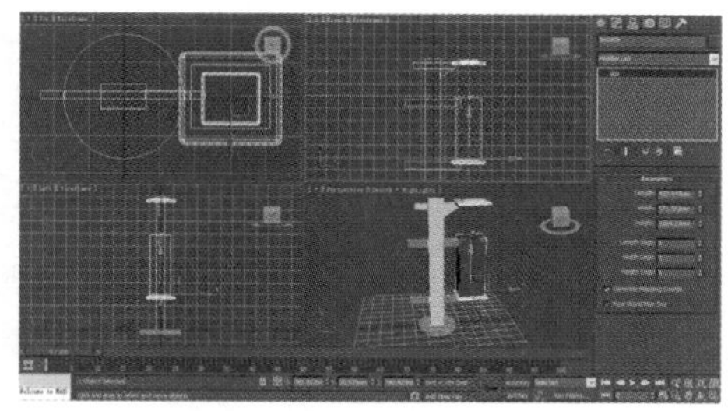

图 3-143

（8）选择这个立方体，右击，把它转换成网格物体，然后选择如图 3-144 所示的 4 条边，在“修改”面板中单击 Chamfer 工具，调节参数，如图 3-145 所示。

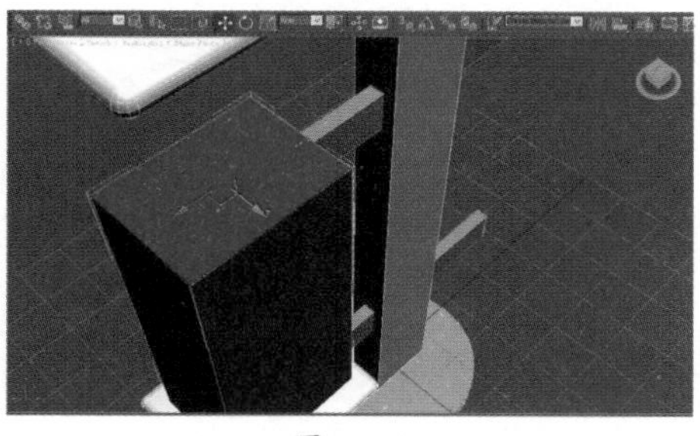

图3-144

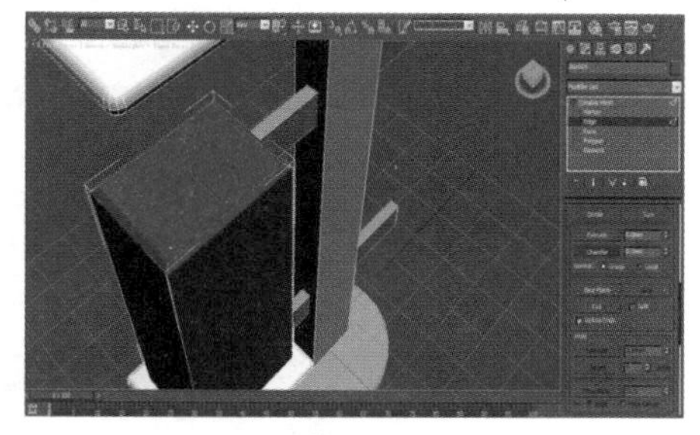

图3-145

（9）选择如图 3-146 所示的面，用 Extrude（挤压）命令向下挤压，再用工具栏中的缩放工具缩小，如图 3-146 所示。

（10）不要取消选择，单击 Bevel 工具，把鼠标放到选中的面上，然后按住鼠标左键向下拖拽，如图 3-147 所示。

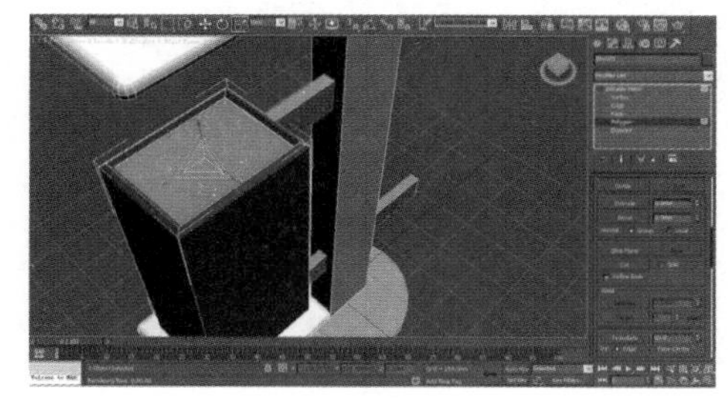

图3-146

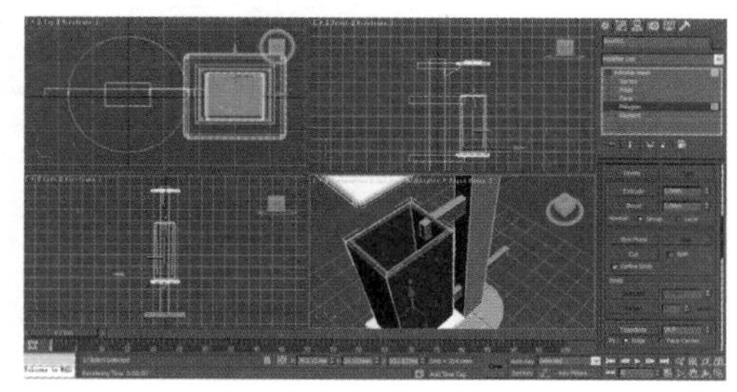

图3-147

把视图切换到前视图，选择其中的一个物体，选择“修改”面板中的 Attach（结合），依次单击其他物体，这样所有物体都结合到一起了，如图 3-148 所示。

（11）切换到前视图，在右侧面板中选择“边”，选中如图 3-149 所示的边，也可以用框选的方法来选择，单击 Connect 命令增加一条竖线，如图 3-150 所示。

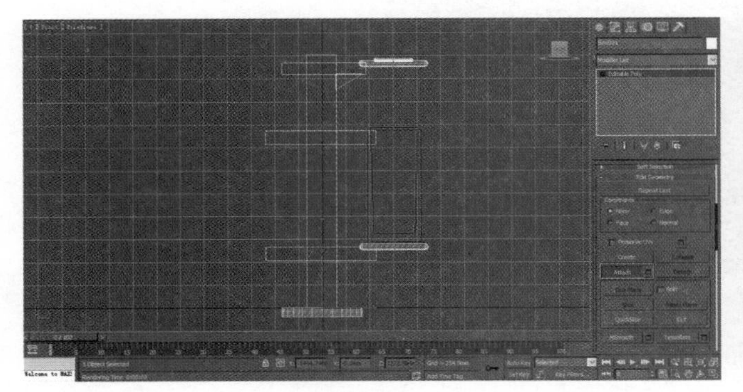

图3-148

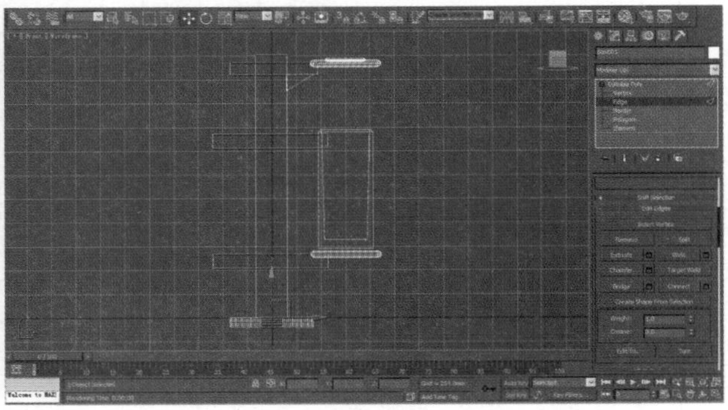

图3-149

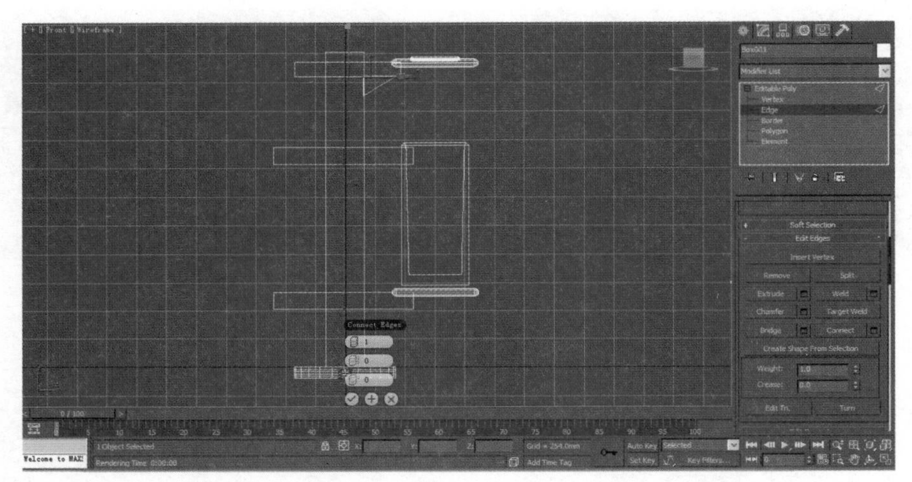

图3-150

（12）进入点编辑层级，选择如图 3-151 所示的点，按 Del 键删除。退出层级编辑模式，选择模型，单击工具栏上的“镜像” 按钮，弹出如图 3-152 所示的参数对话框。

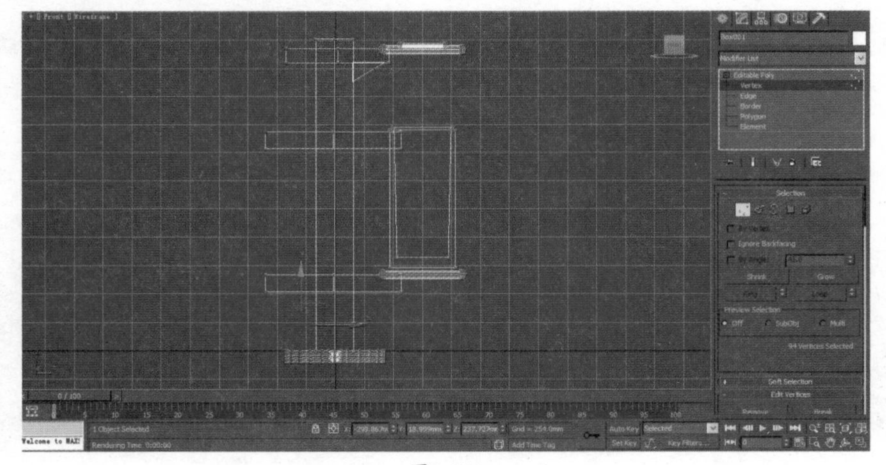

图3-151

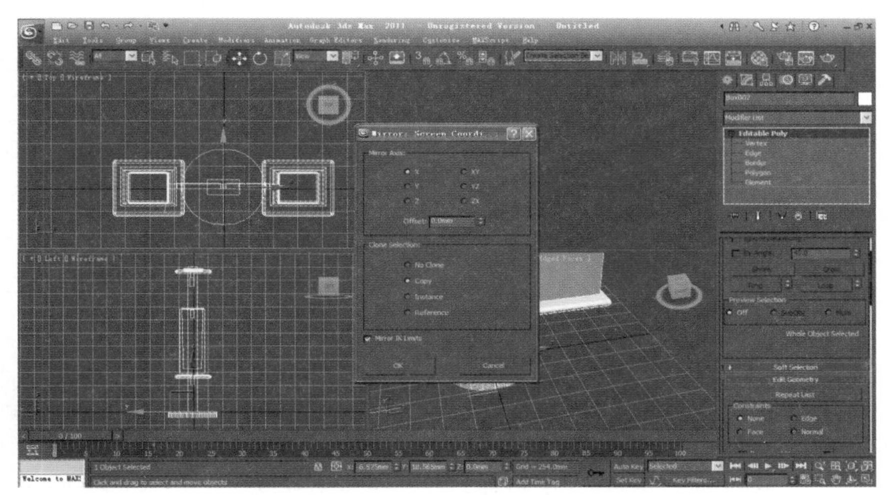

图3-152

单击 OK 按钮，效果如图 3-153 所示，垃圾箱的模型就做好了。

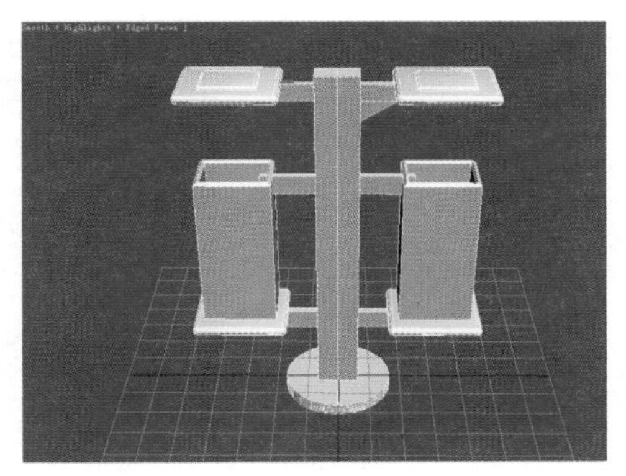

图 3-153

3. 制作路牌

（1）在前视图用 Line 画一个矩形，在画的时候一直按住 Shift 键可以画直线。如图 3-154 所示。

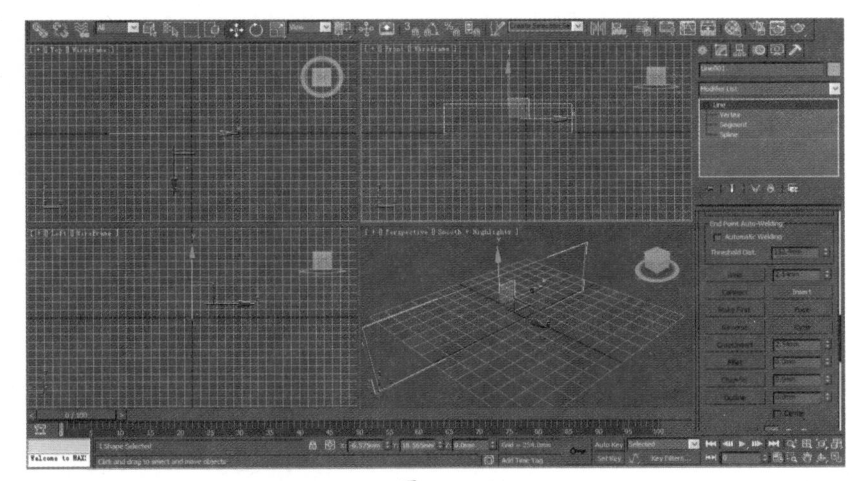

图3-154

（2）进入“层级”面板，选择点，选择右侧的两个端点，然后选择 Chamfer 命令，把后面的参数调到最大，得到如图 3-155 所示的效果。

（3）退出层级，选择线条，在修改器列表中选择 Extrude（挤压）命令。调整 Amount 参数值，如图 3-156 和图 3-157 所示。

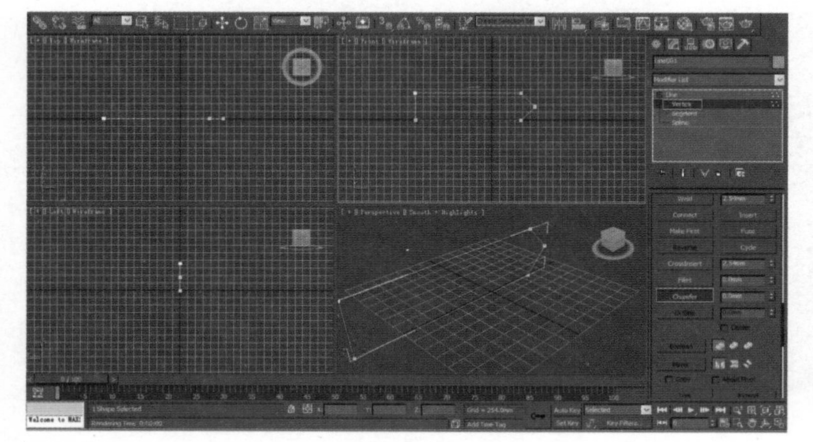

图3-155

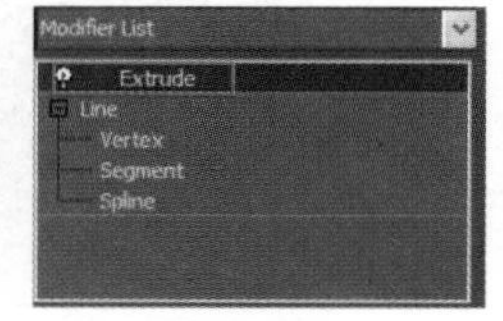

图3-156

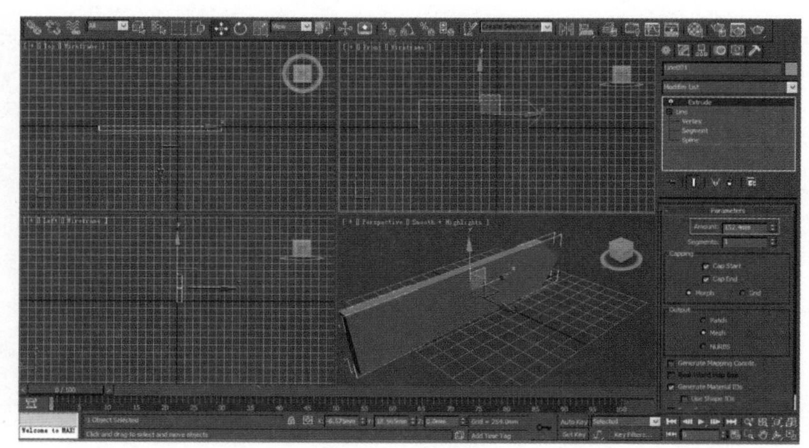

图3-157

（4）选择挤压出的物体，右击，将其转换成 Editable Mesh（网格），如图 3-158 所示。

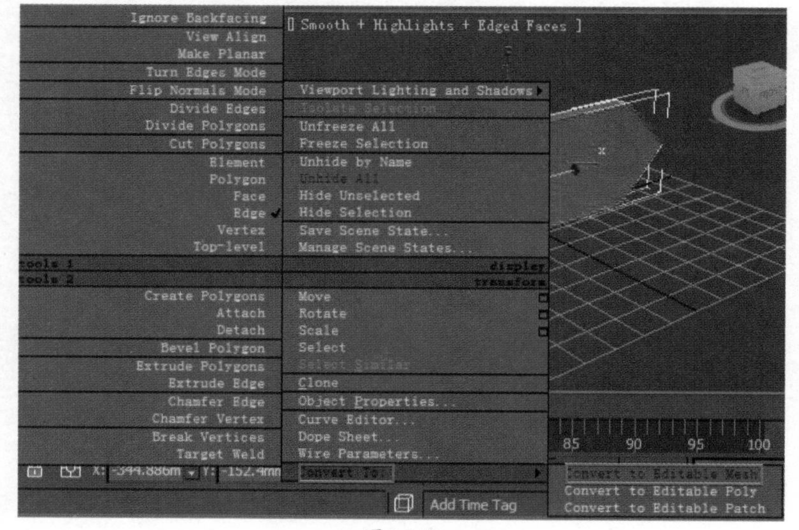

图3-158

（5）选择如图 3-159 所示的边，单击 Chamfer 命令，调节参数，增加一圈边，如图 3-160 所示。

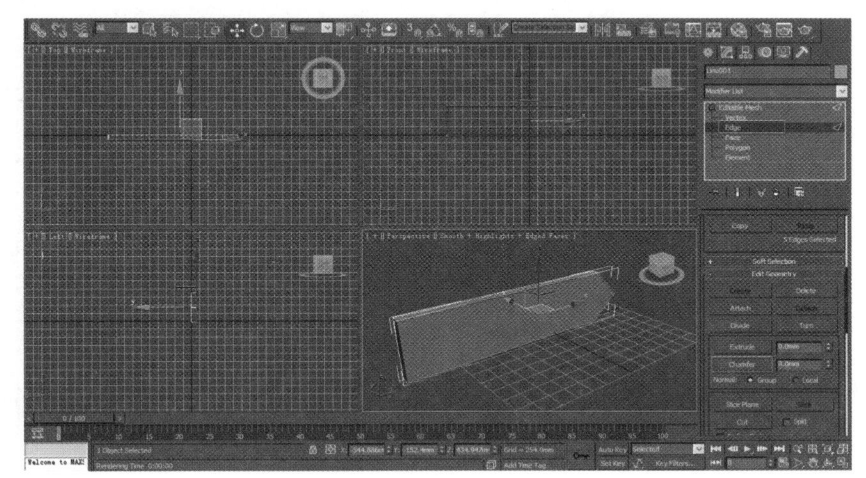

图3-159

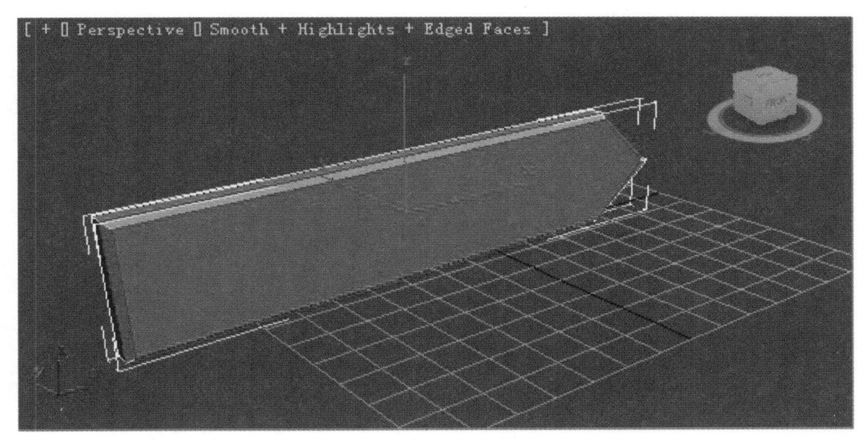

图3-160

（6）选择中间的面，单击 Bevel 命令，把鼠标放到选择的面上，拖拽鼠标，做成如图 3-161 所示的效果。

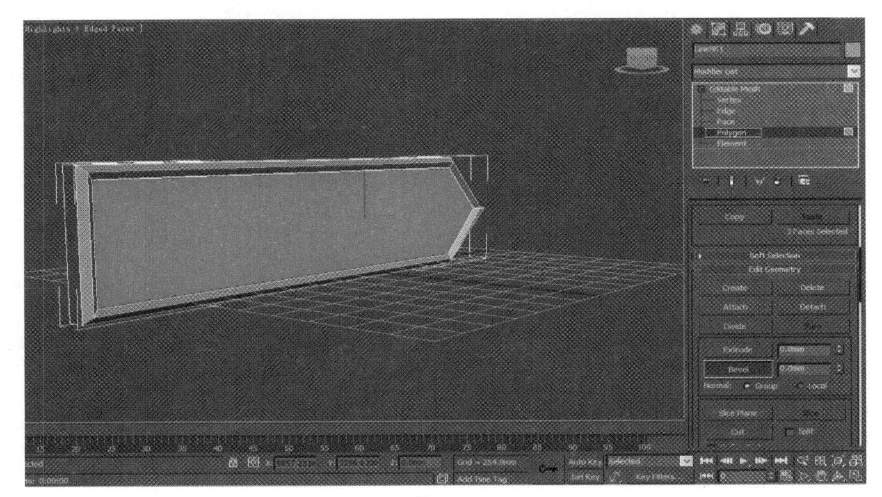

图3-161

（7）在顶视图画一个圆柱体，调整大小，如图 3-162 所示，并把圆柱体转换成可编辑的网格。

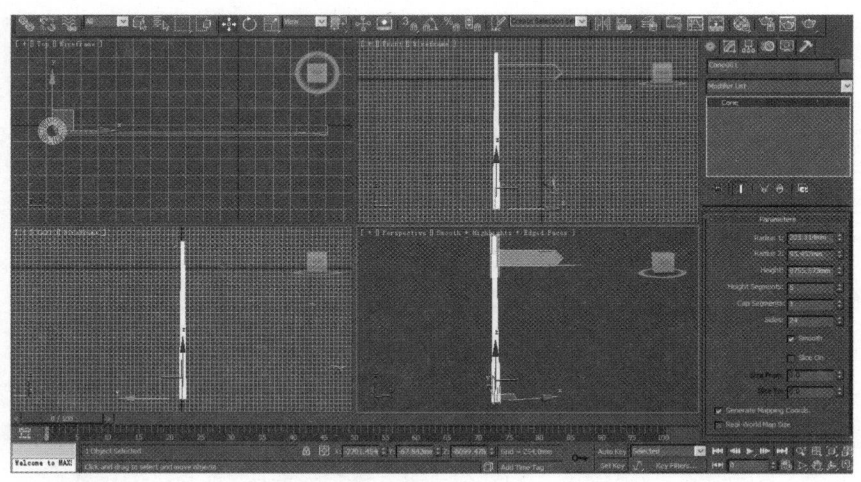

图3-162

（8）选择制作好的箭头物体，按住 Shift 键进行复制，同时按住鼠标左键沿着 Z 轴向下拖拽，然后松开鼠标和键盘，弹出 Clone Options 对话框，设置如图 3-163 所示。单击 OK 按钮，得到如图 3-164 所示的效果。

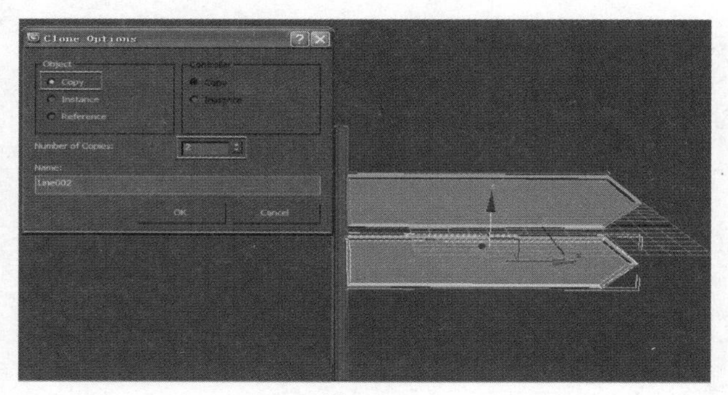

图3-163

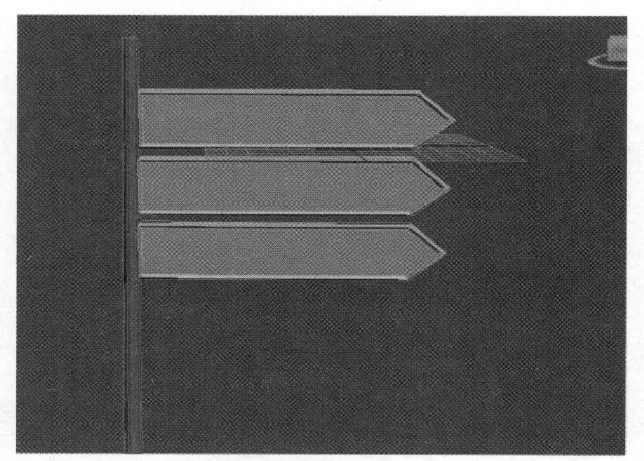

图3-164

（9）选择如图 3-164 所示中最上面的箭头物体，单击右侧面板的“层级面板”按钮，选择如图 3-165 所示的按钮，把中心点移到箭头的尾部，选择工具栏中的旋转工具，按住 Shift 键，把鼠标放到中间的黄色线上，按住鼠标左键，向左侧拖拽，同时按住 Shift 键，旋转出一定的角度后，松开 Shift 键和鼠标，如图 3-166 所示，单击 OK 按钮。把箭头移动到合适的位置，按照以上的方法移动旋转其他箭头，如图 3-167 所示。

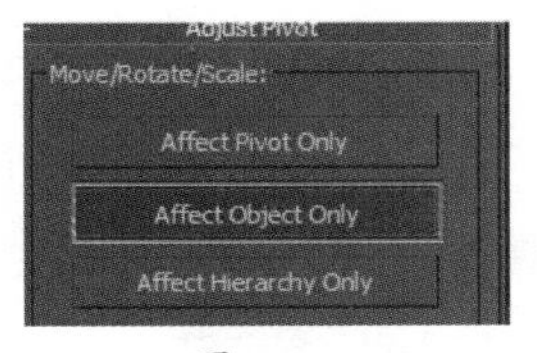

图3-165

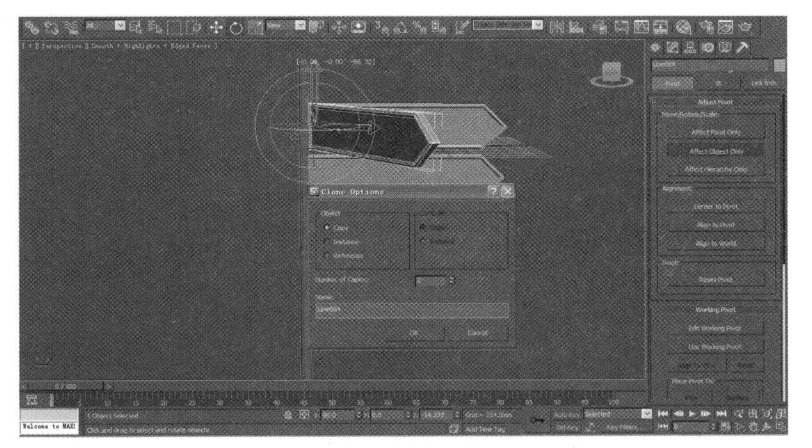

图 3-166

（10）选择柱体，如图 3-168 所示，单击工具栏上的“材质编辑器”按钮，打开材质编辑器，选择一个新的材质球，命名为路标柱，如图 3-169 所示。调整 Diffuse 漫反射的颜色为黑色，如图 3-170 所示。选择路牌柱，单击“施加材质”按钮，把调整好的材质施加给模型物体，效果如图 3-171 所示。

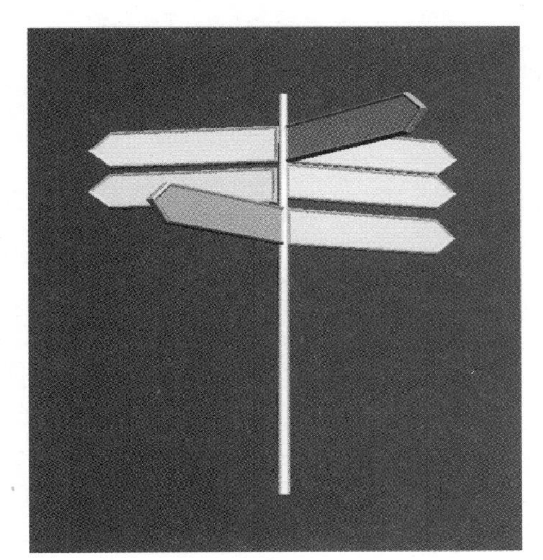

图3-167

图3-168

图3-169

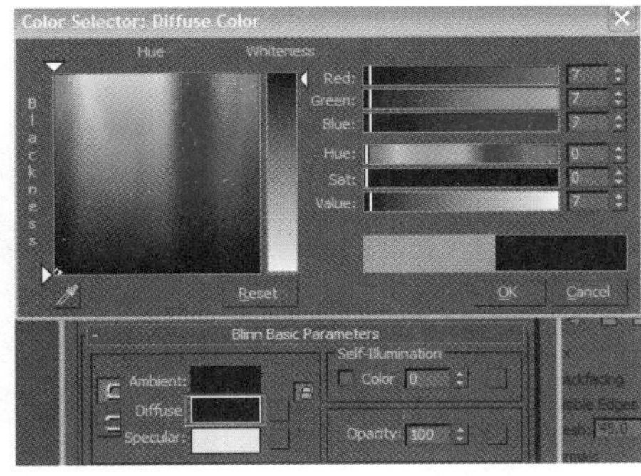

图3-170

图3-171

（11）选择一个做好的路牌物体模型，按下快捷键 M 或者单击工具栏的“材质编辑器”按钮，打开材质编辑器，选择一个新的材质球，命名为标牌，如图 3-172 所示，然后调整如图 3-173 所示的参数。单击“施加材质”按钮，把这个材质球指定给选择的路牌模型物体。

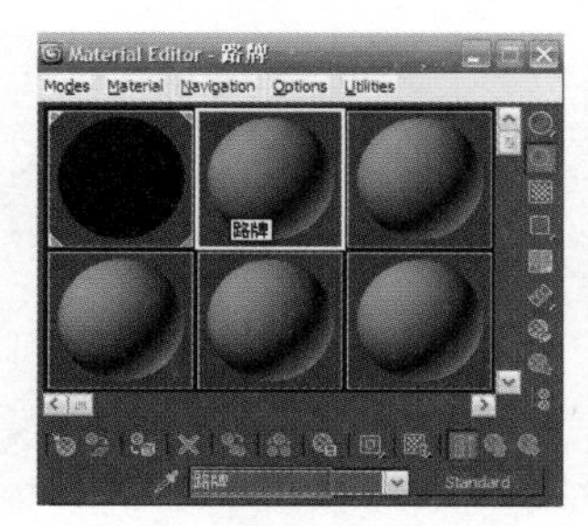

图3-172

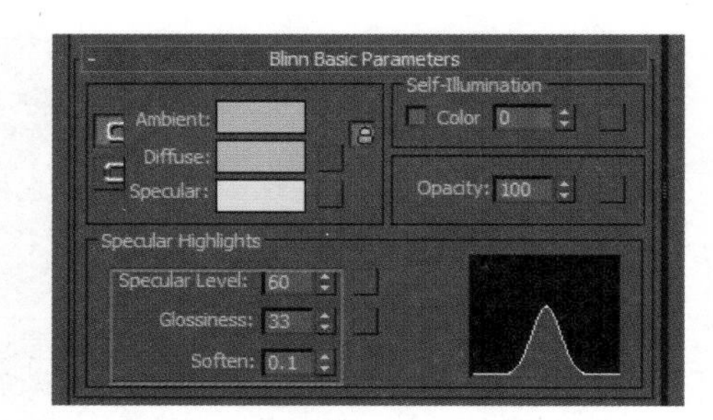

图3-173

（12）选择 Polygon，进入“修改”面板，选择面的级别，然后选择路牌的正面，如图 3-174 和图 3-175 所示。

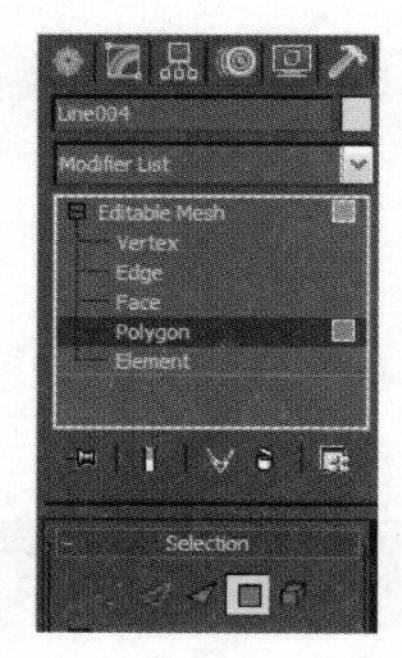

图3-174

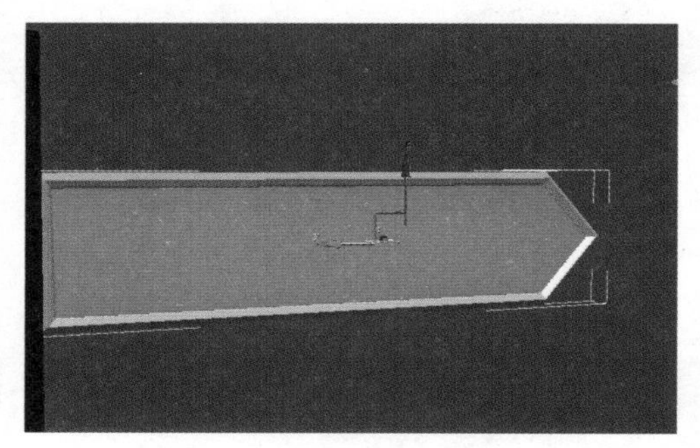

图3-175

（13）选择一个新的材质球，单击 Diffuse 固有色后面的方块按钮，如图 3-176 所示，在弹出的对话框中双击 Bitmap（位图贴图），如图 3-177 所示。在打开的选择图像菜单中选择做好的路牌贴图，如图 3-178 所示。

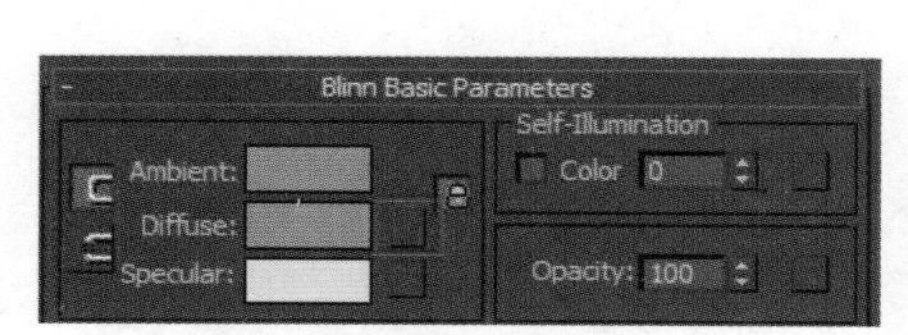

图3-176

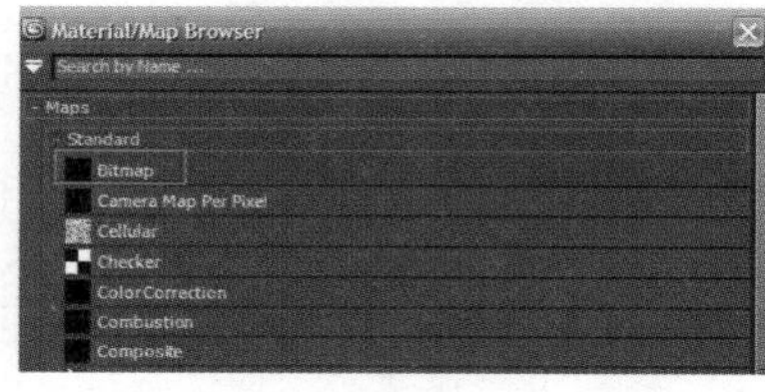

图3-177

（14）单击“施加材质”按钮，把贴图施加给选择的面。当模型上没有出现完整贴图时，可以给它加一个 UVW Map 贴图坐标，如图 3-179 所示。

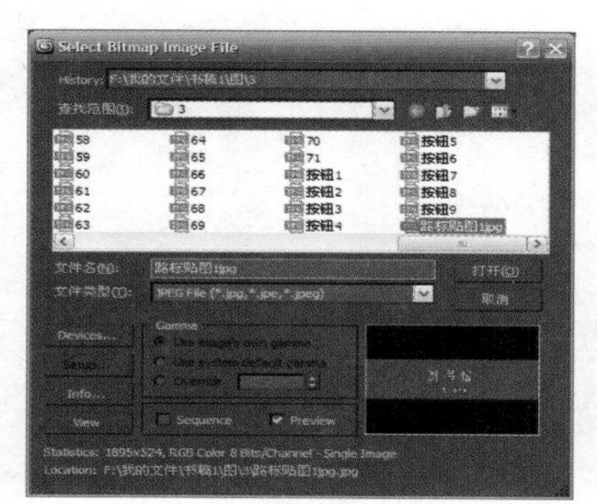

图3-178

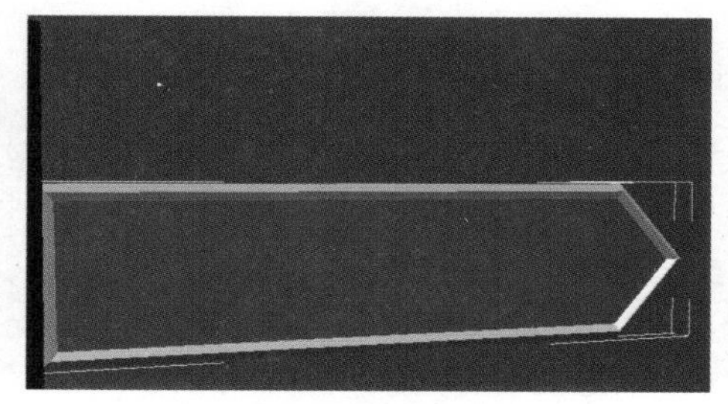

图3-179

（15）进入“修改”面板，选择 Polygon，如图 3-180 所示，再次选择刚才的面。单击修改堆栈右侧的菜单按钮，如图 3-181 所示，为其添加 UVW Map 贴图轴，如图 3-182 所示。

（16）在 UVW Map 修改面板中选择 Planar 平面方式，如图 3-183 所示。

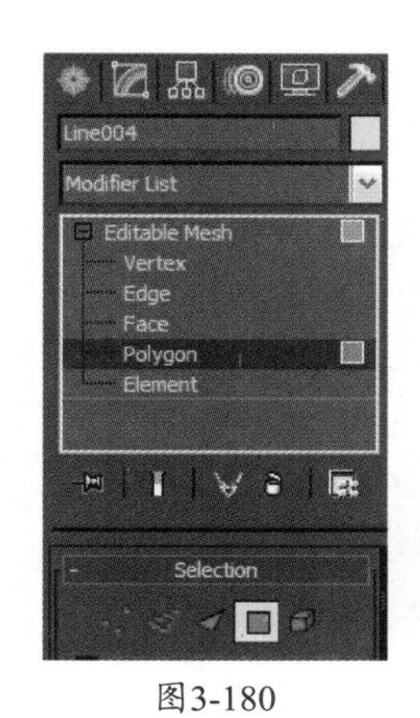

图3-180

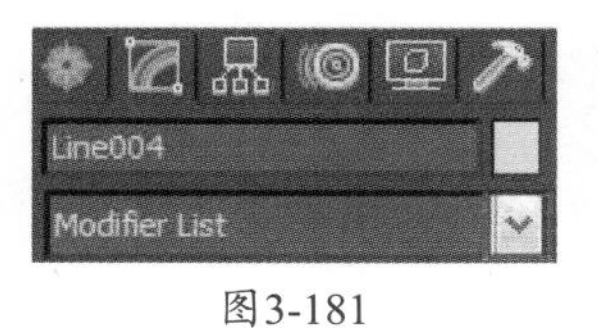

图3-181

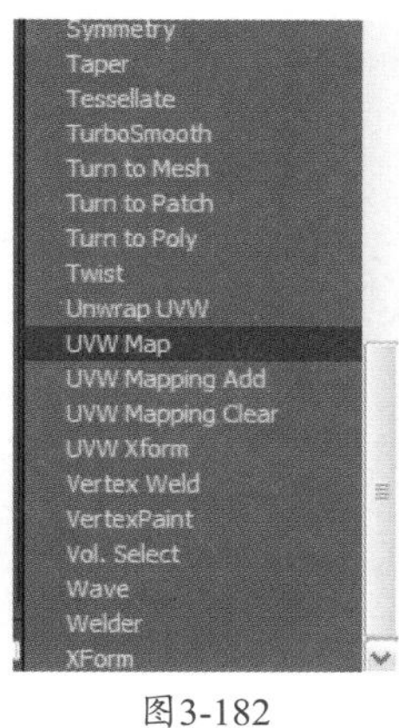

图3-182

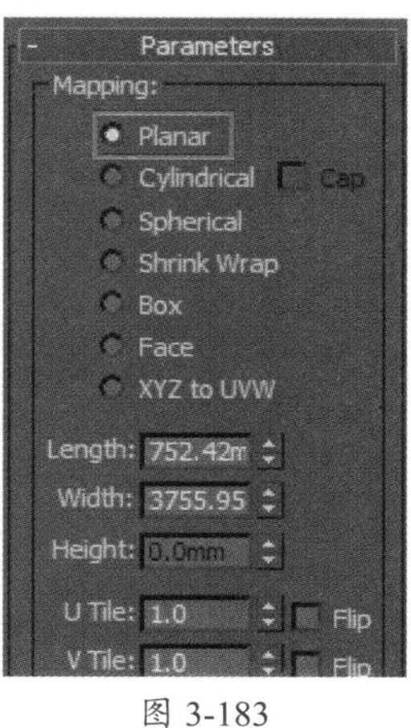

图 3-183

（17）效果如图 3-184 所示。按照同样的方法，把其他路牌全部赋予材质和贴图，效果如图 3-185 所示。

图3-184

图3-185

4. 制作路灯

（1）进入“创建”面板，单击图形按钮，选择 Circle，如图 3-186 所示，把鼠标移到顶视图，放到视图的中点，按住鼠标左键不放拖拽绘制出一个正圆。用同样的方法在它的内侧再复制一个适当大小的正圆，如图 3-187 所示。

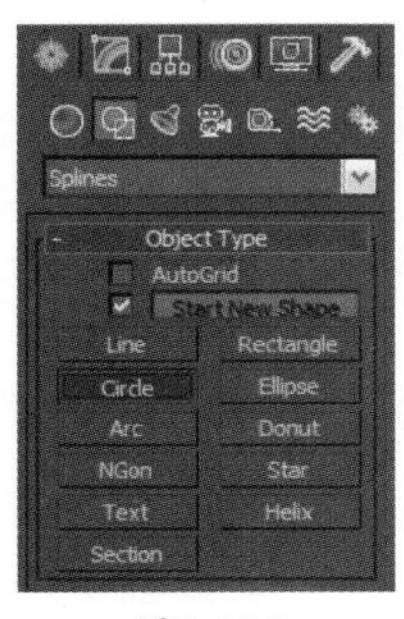

图3-186

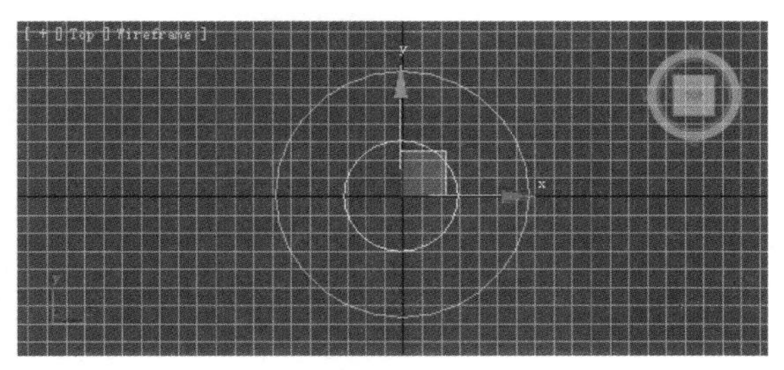

图3-187

（2）在顶视图按住鼠标左键不放并移动鼠标，会出现一个虚线框，用这个虚线框在视图中选择这两个圆形，或者先选择一个圆形，再按住 Ctrl 键单击另一个圆形，把两个圆形都选中，右击，在弹出的快捷菜单中选择 Convert to → Convert to Editable Spline 命令，把它转换成样条曲线，如图 3-188 所示。

（3）进入“修改”面板，在顶视图中选择一个圆形，在右侧的“修改”面板中单击 Attach 按钮，把鼠标移动到顶视图，选择另一个圆，把这两个圆结合成一个整体，如图 3-189 所示。

（4）选择大圆，在“修改”面板中单击 Editable Spline 前面的加号，展开次物体级别，选择次物体级别的 Vertex，如图 3-190 所示。

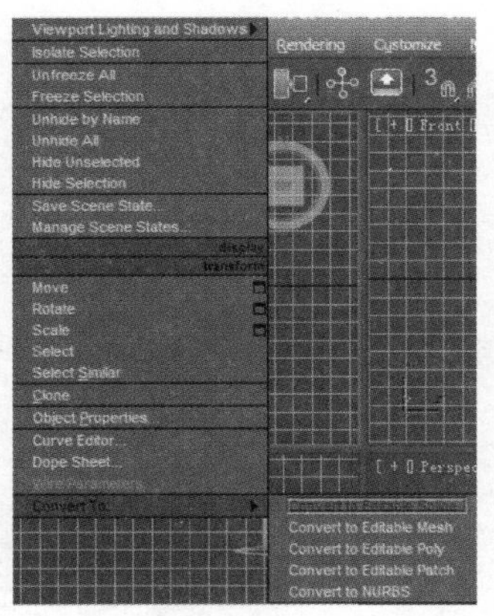

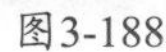

图3-188

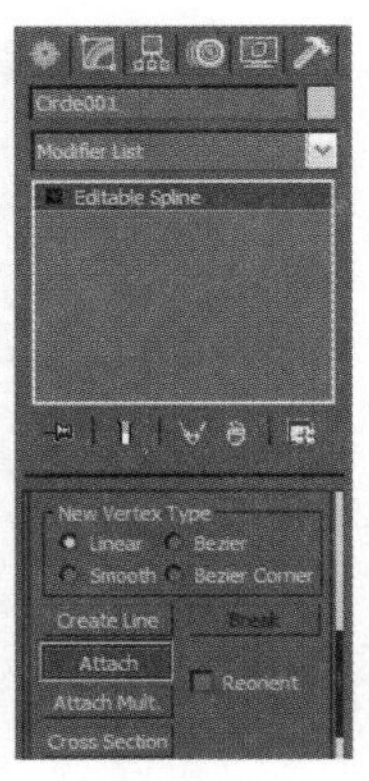

图3-189

图3-190

（5）在顶视图中选择外圈的 4 个点，可以按住 Ctrl 键连选，如图 3-191 所示。在侧视图中垂直向下移动这 4 个点，如图 3-192 所示。单击 Editable Spline 退出次物体级别，单击 Modifier list 右侧的菜单按钮，在修改器下拉菜单中选择挤压 Extrude 命令，如图 3-193 和图 3-194 所示。

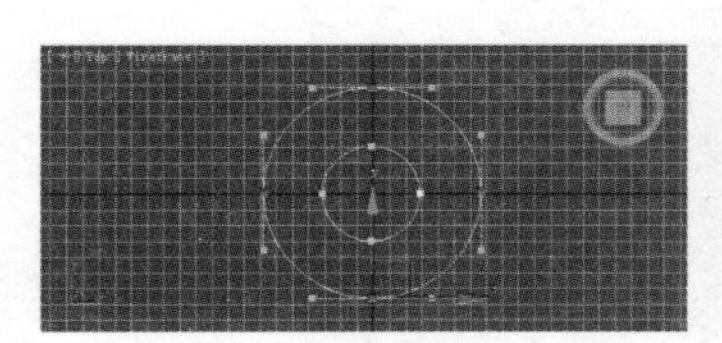

图3-191

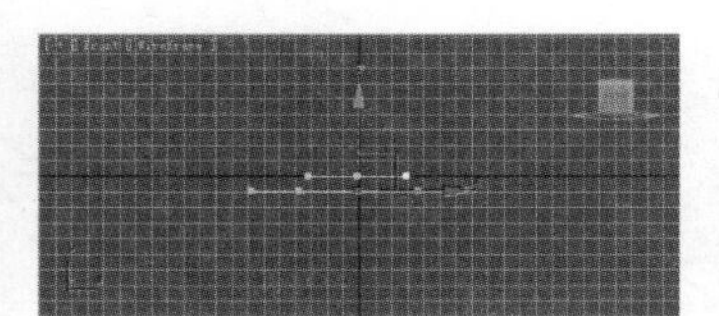

图3-192

图3-193

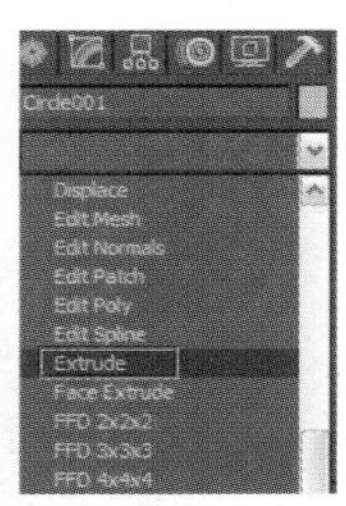

图3-194

（6）在透视图中可以看到效果，如图 3-195 所示。

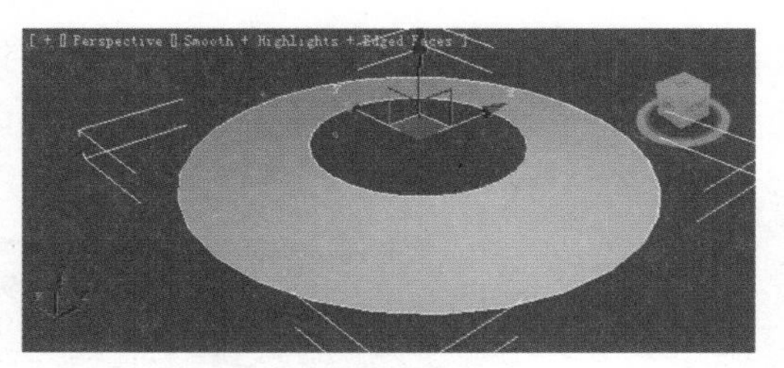

图3-195

（7）现在给它增加一些厚度。选择模型物体，进入“修改”面板，调节 Extrude 挤压命令的参数，Amount 处输入 20，如图 3-196 和图 3-197 所示。

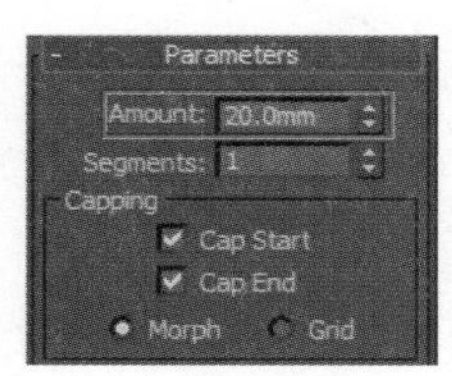

图3-196

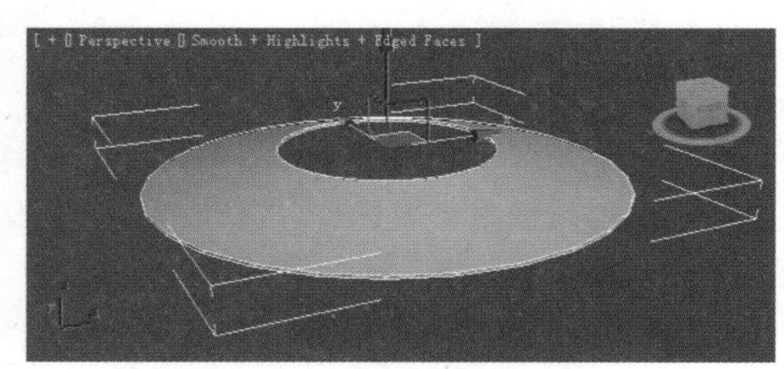

图3-197

（8）进入“创建”面板，单击“创建几何体”按钮，单击 Sphere 命令，在顶视图小圆形的中间位置创建一个球体，如图 3-198 和图 3-199 所示。

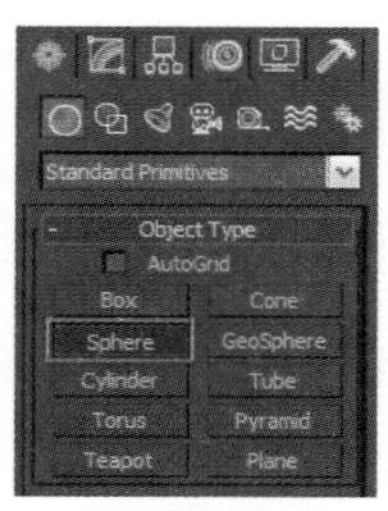

图3-198

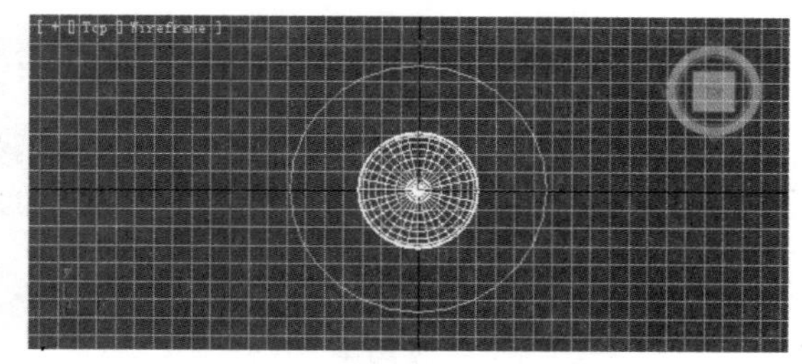

图 3-199

（9）选择这个球体，进入“创建”面板，修改半径值 Hemisphere 为 0.5，如图 3-200 所示，得到一个半圆球体。选择移动工具，在侧视图中把鼠标放到 Y 轴的箭头上，垂直向下移动，把这个半球体移动到如图 3-201 所示的位置。

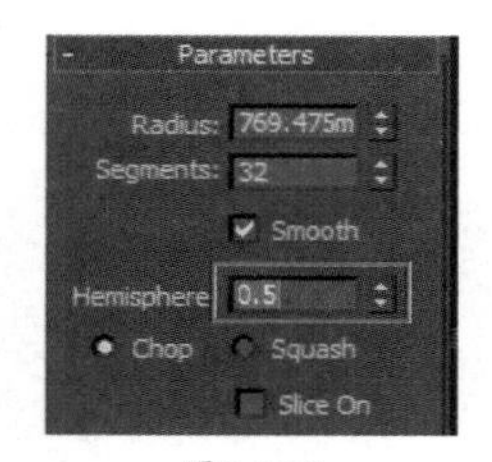

图3-200

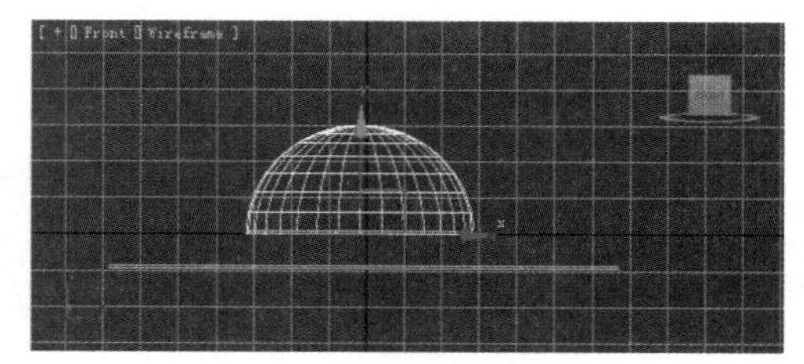

图3-201

（10）选择半球体，右击，在弹出的快捷菜单中选择 Convert to → Convert to Editable Mesh 命令，如图 3-202 所示。

（11）进入“修改”面板，单击 Polygon 命令，选择半球体的底面，如图 3-203 所示，然后按 Delete 键，删除底面。

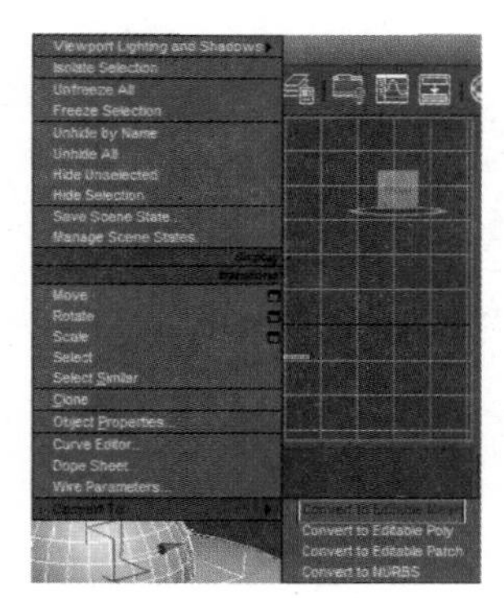

图3-202

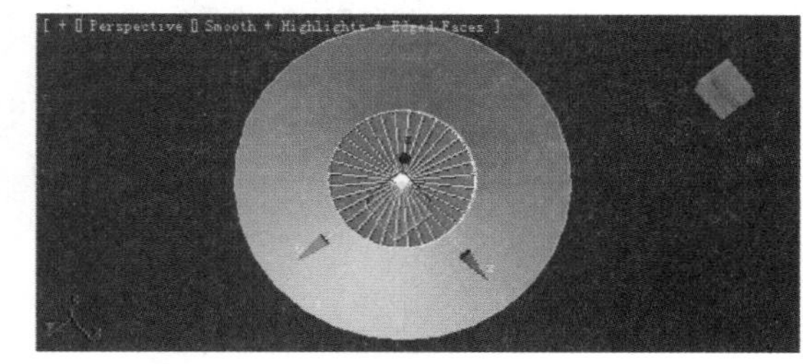

图3-203

（12）选择这个半球体，单击工具栏的“镜像”按钮，在弹出的面板中调整参数，如图 3-204 所示。选择工具栏中的“缩放”按钮，把鼠标放到移动箭头的 Y 轴上，垂直向上拖拽，得到如图 3-205 所示的效果。

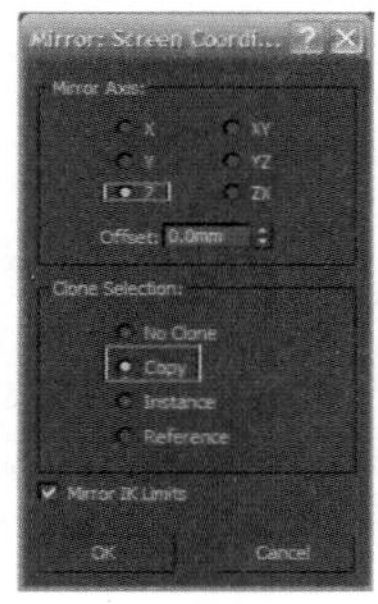

图3-204

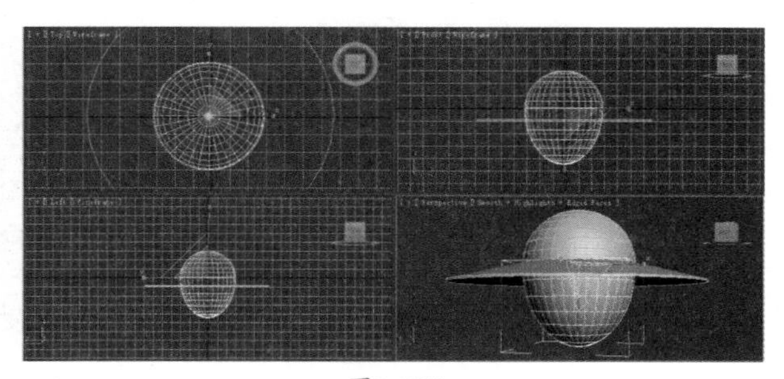

图3-205

（13）现在制作灯柱。进入“创建”面板，选择几何体，单击 Cone 按钮，在顶视图中圆的中心位置创建一个圆柱体，如图 3-206 所示，位置和参数如图 3-207 所示。

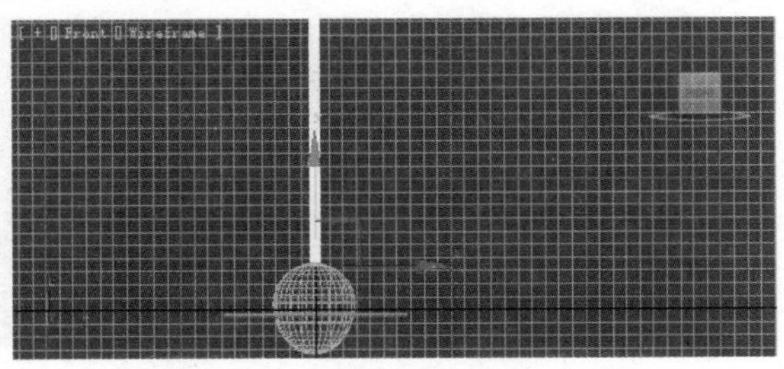

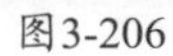

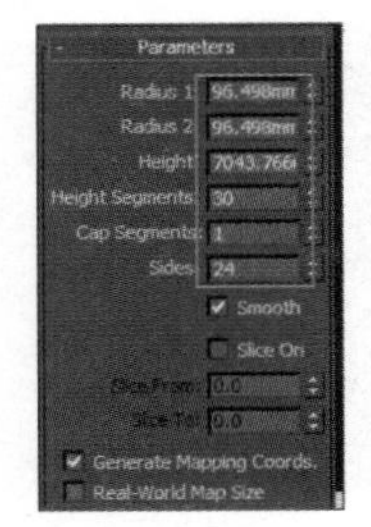

图3-207

（14）进入“修改”面板，在修改器列表中选择 Bend 命令，单击 Bend 前面的加号展开下拉菜单，选择 Center 命令，如图 3-208 和图 3-209 所示。

（15）在前视图中调整弯曲的中心点的位置，按住 Y 轴的箭头，垂直向上移动至圆柱体的中间位置。调整参数如图 3-210 和图 3-211 所示。

图3-208

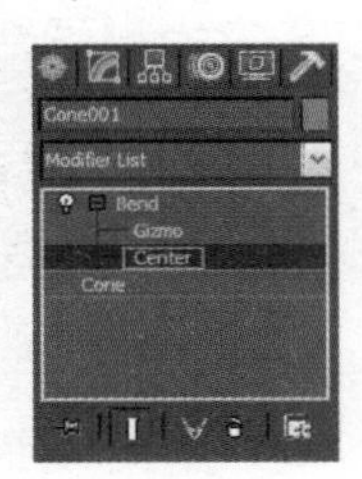
图3-209

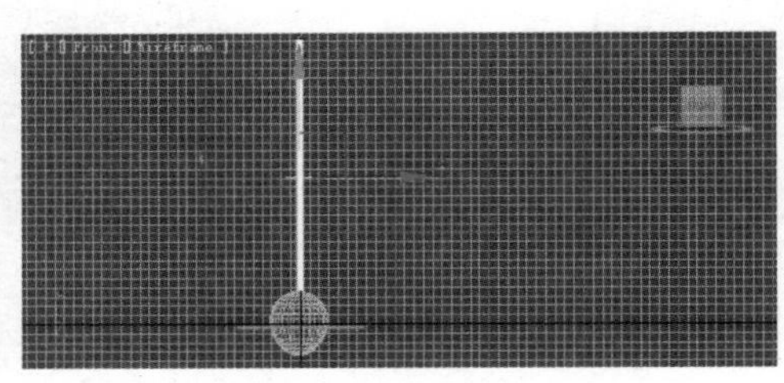
图3-210

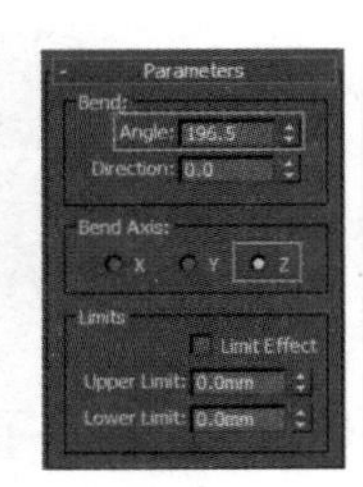

图3-211

（16）在工具栏中单击“旋转”命令，把圆柱体旋转到如图 3-212 所示的位置。

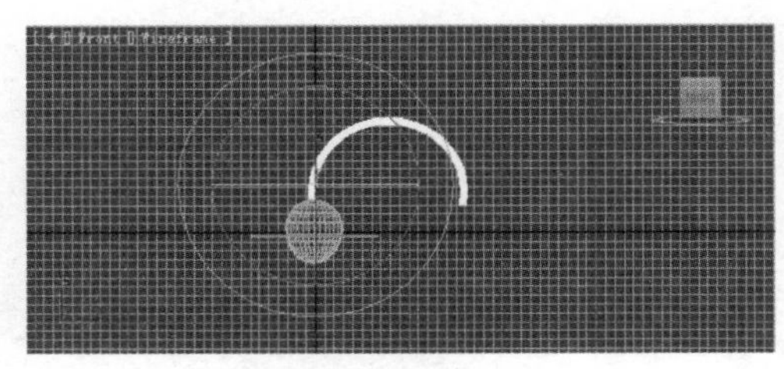
图3-212

（17）给模型赋予材质。单击工具栏上的“材质”按钮，在弹出的材质面板中选择一个新的材质球，参数调整如图 3-213 所示。

图3-213

图3-214

（18）单击“施加材质”按钮，给如图 3-214 所示的模型施加材质。

（19）再次单击“材质编辑器”按钮，选择一个新的材质球，命名为灯罩。调整 Diffuse 的颜色为白色，调整

Specular Hightlight 参数，如图 3-215 ～图 3-219 所示。

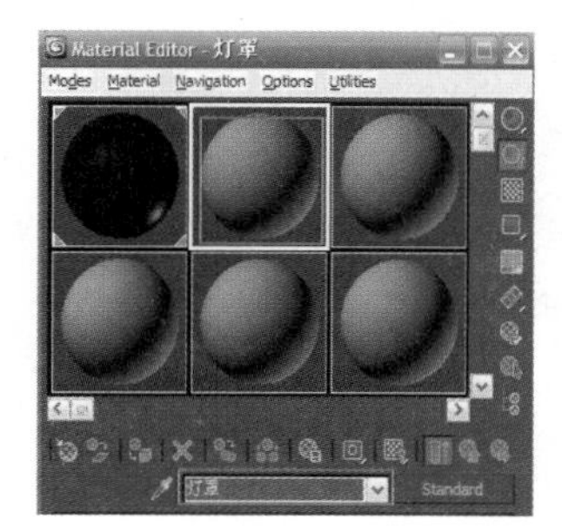

图3-215

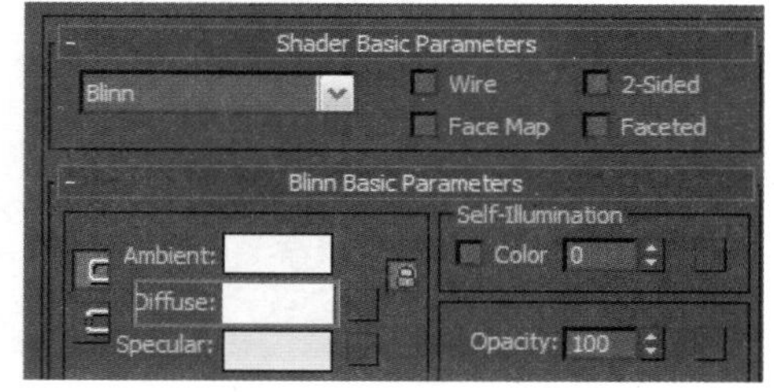

图 3-216

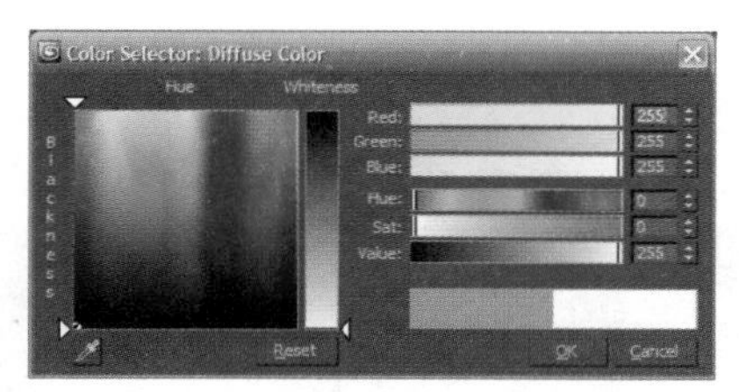

图3-217

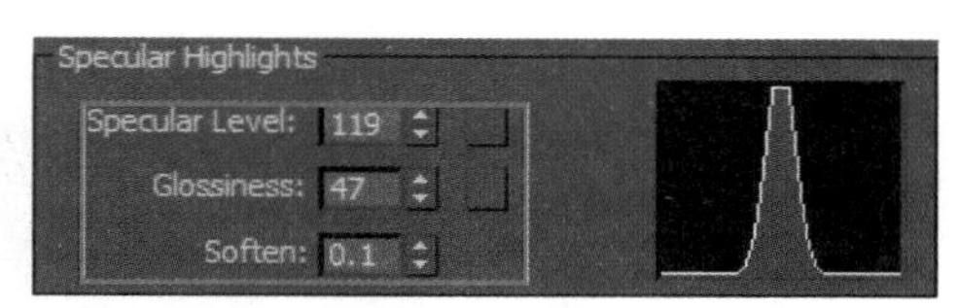

图 3-218

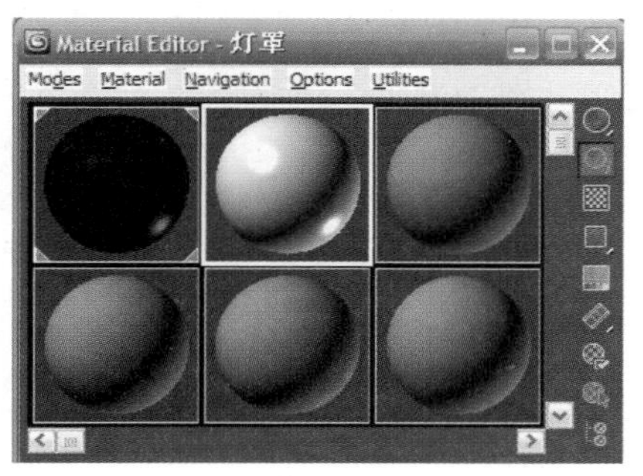

图3-219

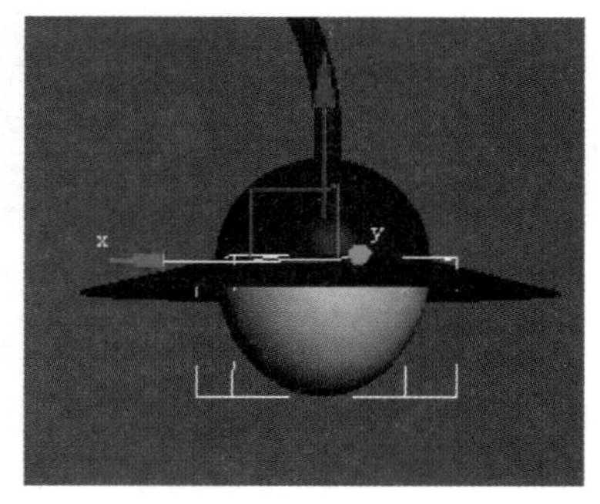

图3-220

（20）选择如图 3-220 所示的灯罩物体，单击材质面板中的“施加材质”按钮，把做好的材质赋予灯罩，最终效果如图 3-221 所示。

图3-221

图3-222

（21）选择圆柱体，右击，单击 Convert to → Convert to Editable mesh 命令，转换为网格物体。单击 Polygon 级别，选择圆柱体的底面，如图 3-222 和图 3-223 所示。

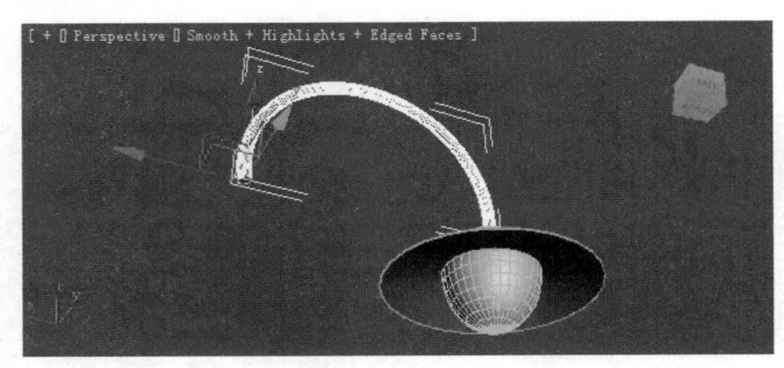

图3-223

（22）选择工具栏的“缩放”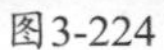按钮，把鼠标放到如图 3-224 所示的位置，将选择的面向外扩大，保持面处于选中状态，进入“修改”面板，单击 Extrude 按钮，把鼠标箭头放到选择的底面上，向上拖动鼠标，挤压这个面，如图 3-224 ～图 3-227 所示。

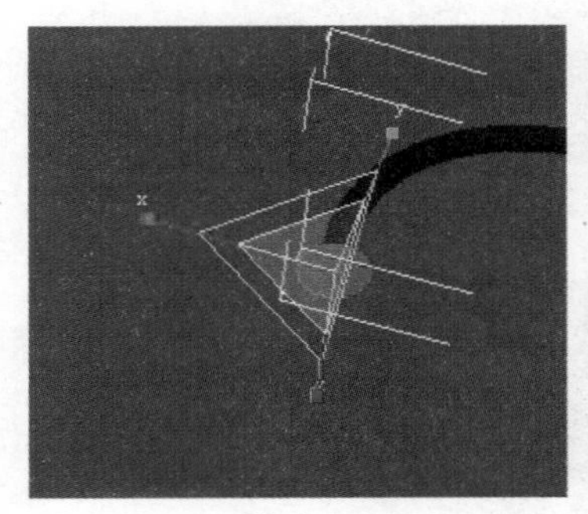

图3-224

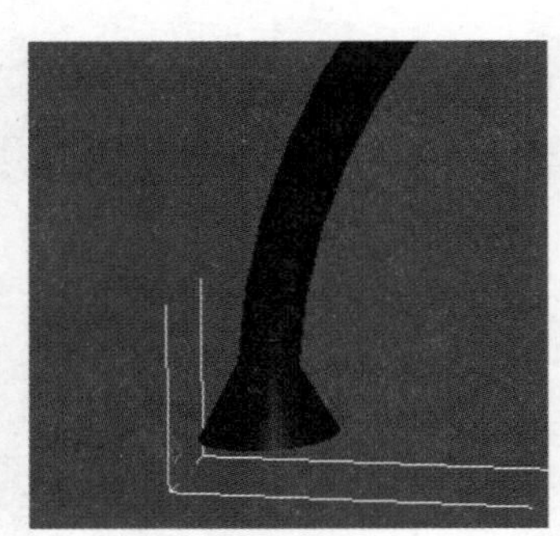

图3-225

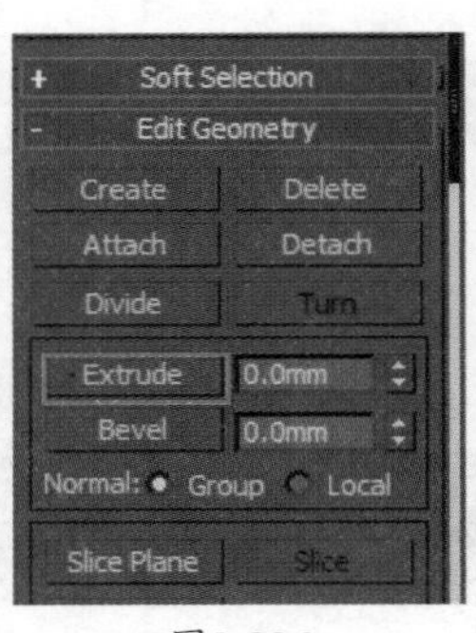

图3-226

图3-227

（23）进入“创建”面板，单击 Shapes 命令，进入图形面板，单击 Line 按钮，如图 3-228 所示，在如图 3-229 所示的位置绘制曲线。

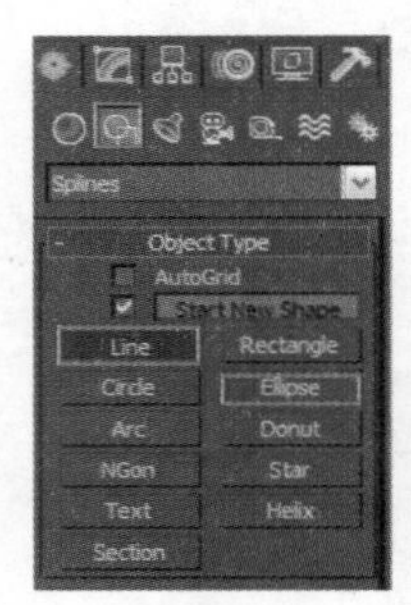

图3-228

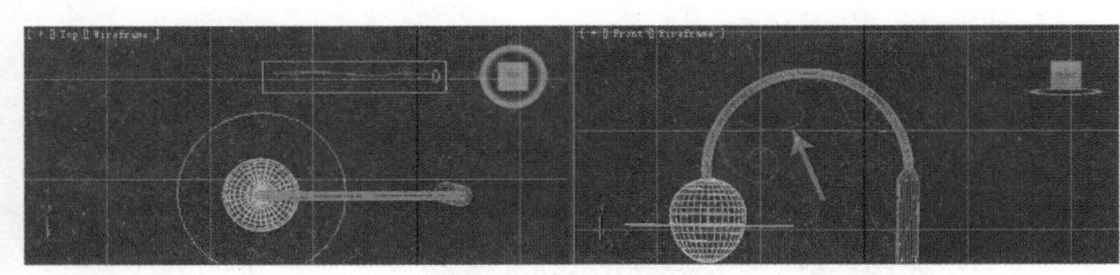

图3-229

（24）再单击 Ellipse 按钮，如图 3-230 所示，在如图 3-231 所示的位置绘制一个椭圆。

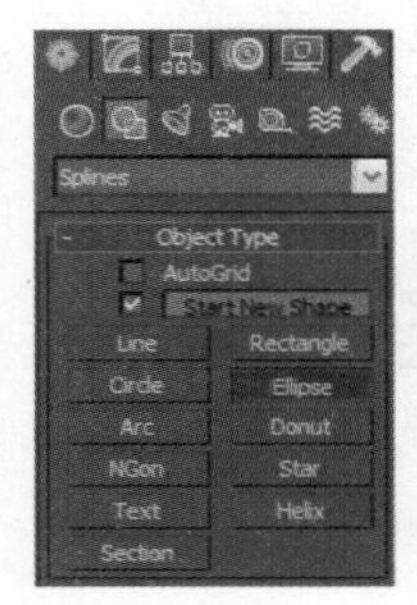

图3-230

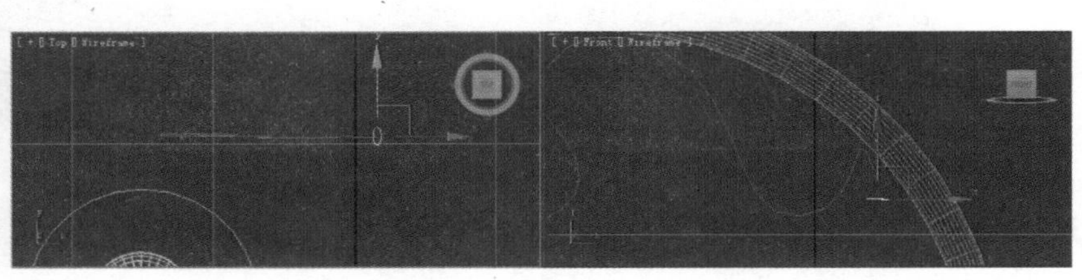

图3-231

（25）进入“创建”面板，单击Geometry几何图形按钮，在“类型”菜单中选择Compound object选项，如图3-232所示。选择椭圆形，单击Loft放样按钮，在Creation Method卷展栏下选择Move，再单击Get Path拾取路径，把鼠标放到刚画好的曲线上，单击，如图3-233所示，出现如图3-234所示的效果。

（26）将其调整到如图3-235所示的位置，将灯柱的材质赋予它，同时修改其参数，如图3-236所示，效果如图3-237所示。

（27）选择工具栏中的选择“移动”按钮，按住鼠标左键拖动出一个虚线方框，选中路灯的所有物体，选择Group→Group（群组）命令，将所有物体群组，如图3-238所示。如果要取消群组，需要选择物体，然后单击Ungroup命令。

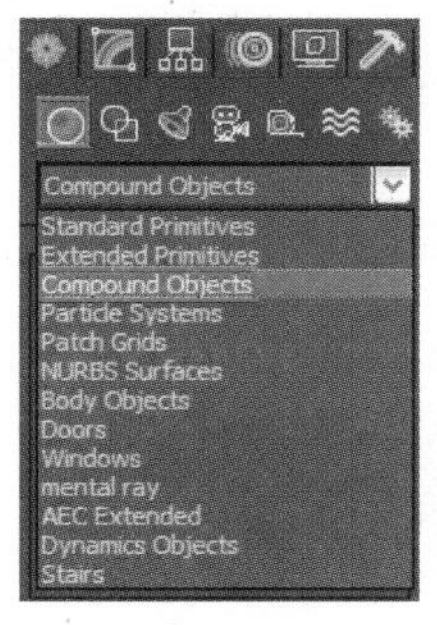

图3-232

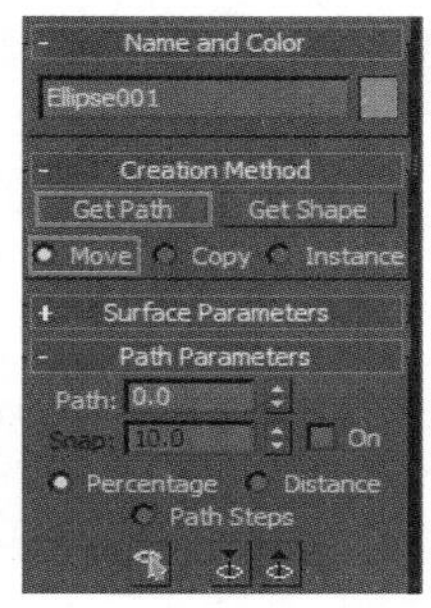

图3-233

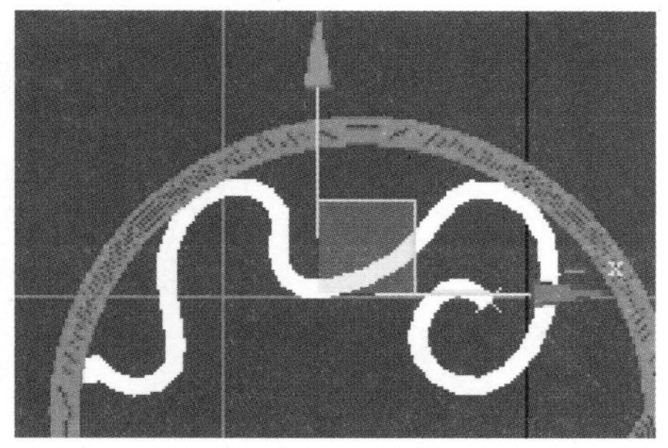
图3-234

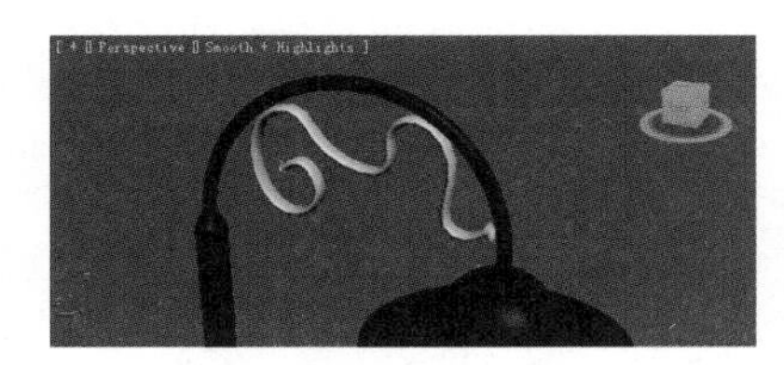
图3-235

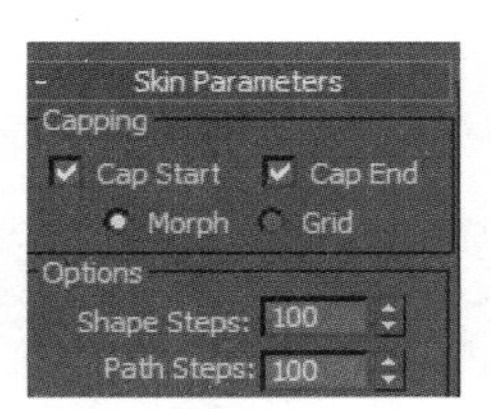

图3-236

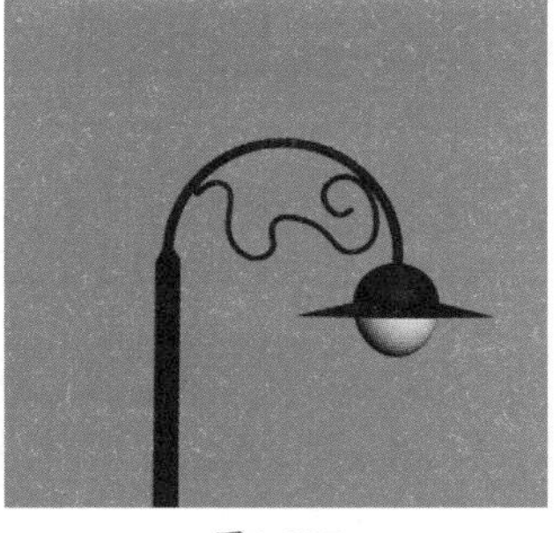
图3-237

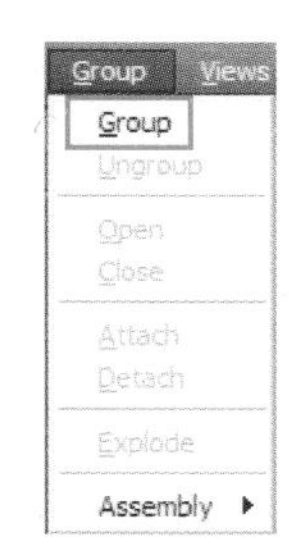

图3-238

5. 制作凉亭

（1）在创建面板中选择几何体，单击Pyramid按钮，如图3-239所示。在顶视图中拖动鼠标左键创建一个几何体，并且在右侧面板中调节参数设置，如图3-240和图3-241所示。

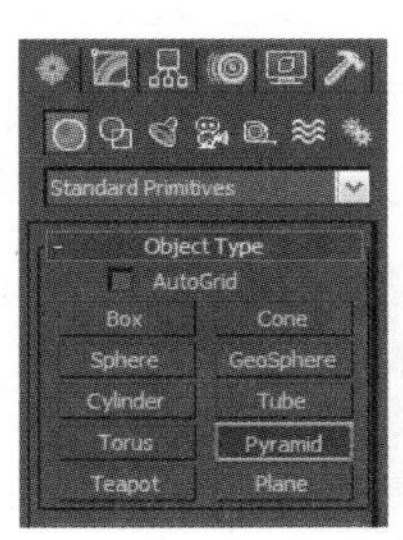

图3-239

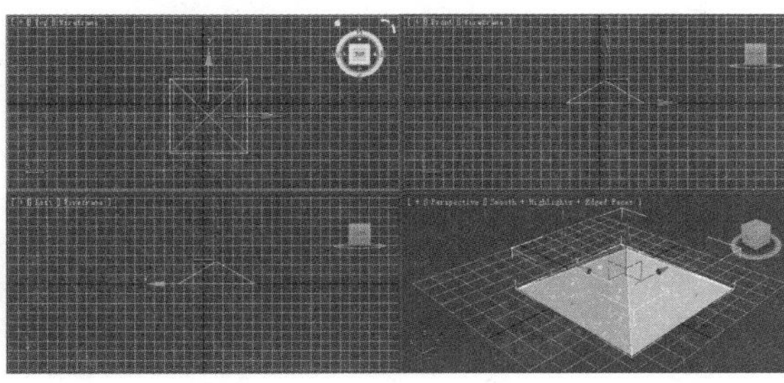
图3-240

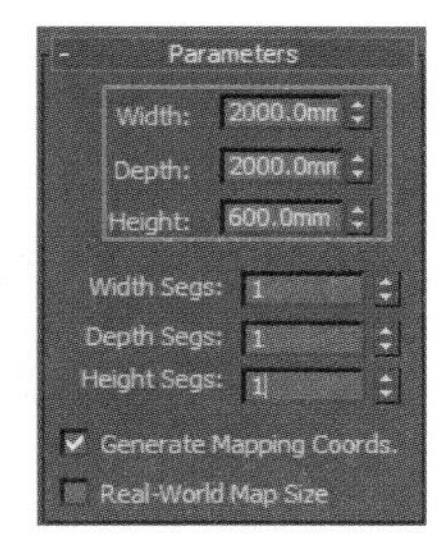

图3-241

（2）选择刚创建好的几何体，右击，选择Convert to→Convert to Editable Mesh命令。将物体转化为可编辑网格模式。进入“修改”面板，把物体命名为亭子顶，如图3-242所示。

（3）在“修改”面板中单击Polygon选项，如图3-243所示。选择亭子顶物体的底面，选择时可按住Ctrl键进行连续选择，如图3-244和图3-245所示。

图3-242

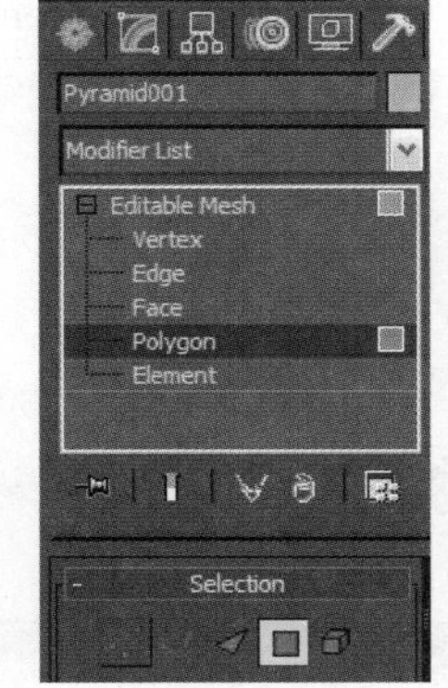

图3-243

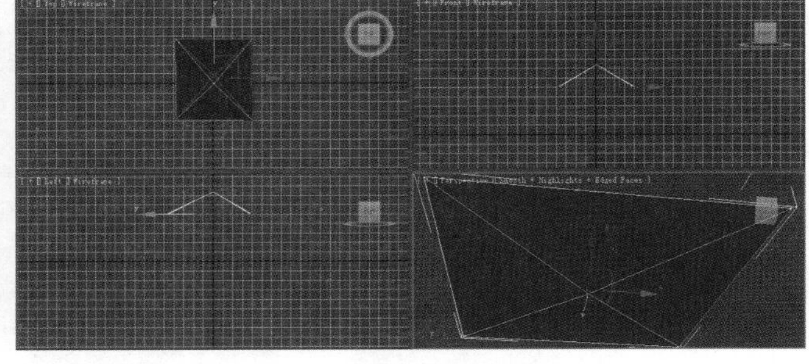

图3-244

（4）在 Edit Geometry 卷展栏下选择 Extrude 选项，把鼠标放到选择的面上，按住鼠标左键向下拖动，挤压出如图 3-246 所示的面积。

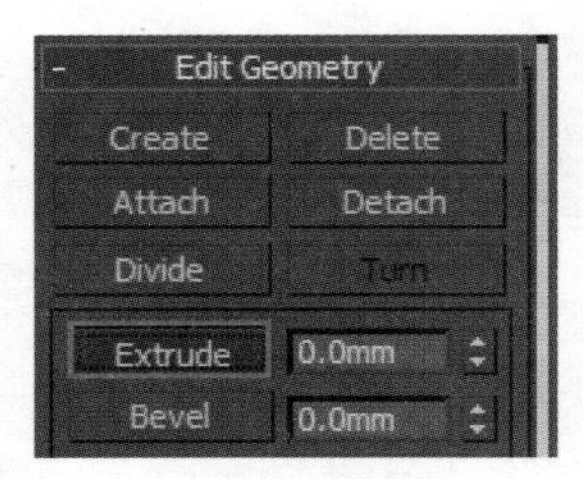

图3-245

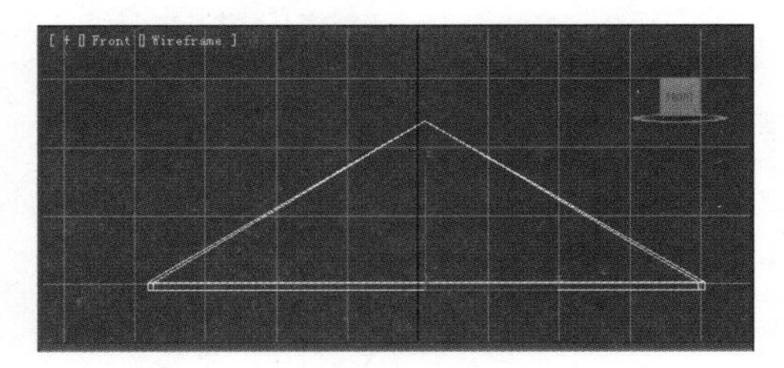

图3-246

（5）单击 Bevel 倒角按钮，在被选择的底面上拖动鼠标做出一个倒角，然后选择移动工具，沿着坐标轴的 Y 轴向上拖动底面，直到和外围的边平齐，如图 3-247 和图 3-248 所示。

图3-247

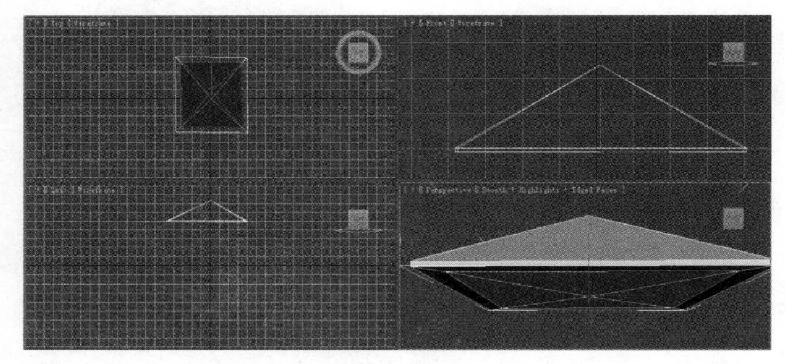

图 3-248

（6）再次单击 Bevel 选项，向上拖动鼠标，做出倒角。亭子顶的模型就制作完成了，如图 3-249 所示。

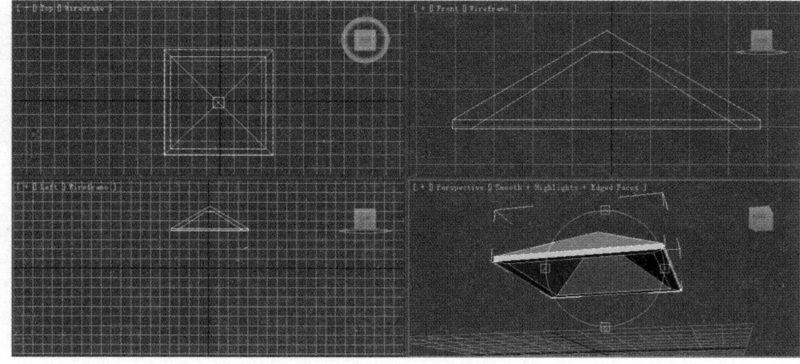

图3-249

（7）进入“创建”面板，单击创建几何体，单击 Box 按钮，在顶视图创建一个立方体，如图 3-250 和图 3-251 所示。

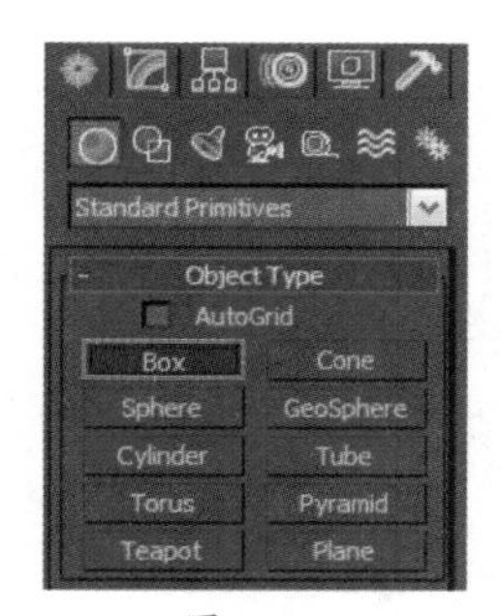

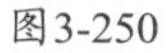
图3-250

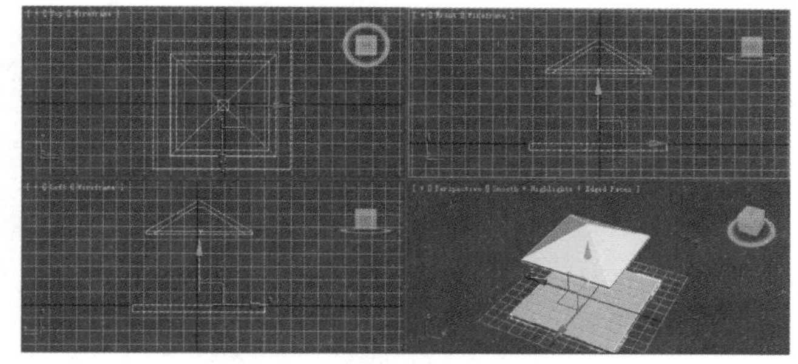

图3-251

（8）单击 Box 按钮，在顶视图亭子顶的一角处创建一个主体，如图 3-252 所示。在右侧面板设置其参数，如图 3-253 所示。

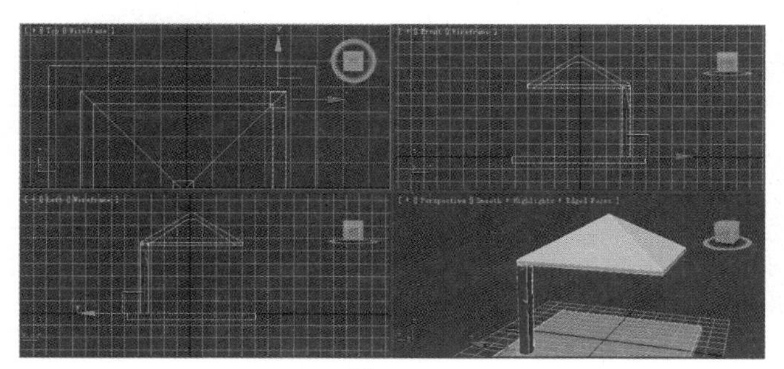

图3-252

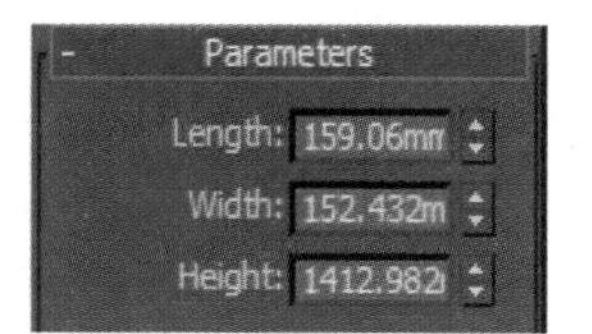

图3-253

（9）选择主体，按住 Shift 键，沿着 X 轴横向拖动鼠标，复制一个柱体，松开鼠标，在弹出的对话框中选中 Copy 选项，如图 3-254 和图 3-255 所示。

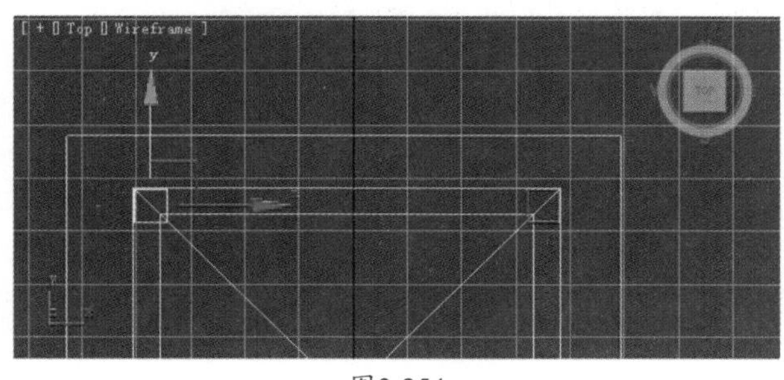

图3-254

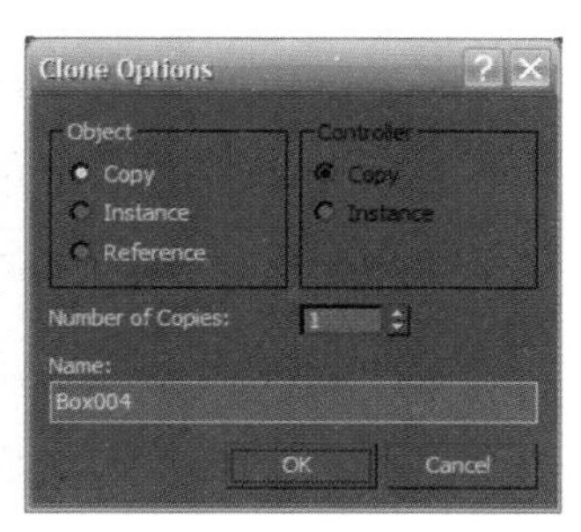

图3-255

（10）按住 Shift 键，选择这两个柱体，再次按住 Shift 键，沿着 Y 轴向下移动这两个柱体，复制出同样的两个柱体到亭子顶的另外两个角，如图 3-256 所示。

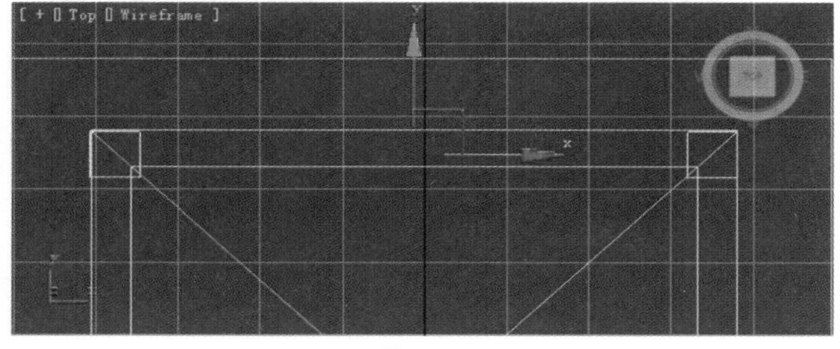

图3-256

（11）进入“修改”面板，单击 Edge 边，选择亭子顶的四条边。单击 Edit Edges 卷展栏下的 Chamfer 按钮，把鼠标放到选中的边上，按住鼠标左键拖动，使它变成两条边，如图 3-257 ～图 3-259 所示。

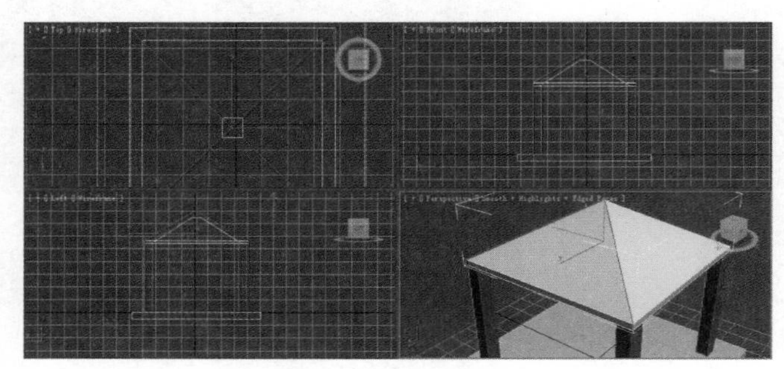
图3-257

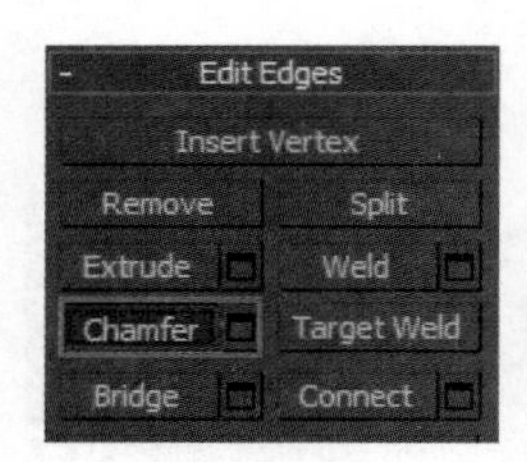

图3-258

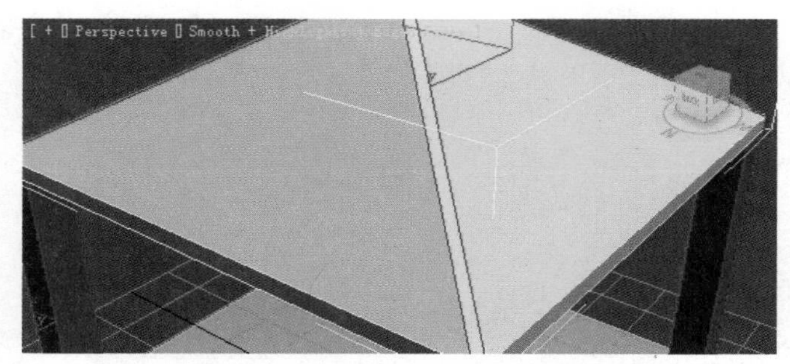
图3-259

（12）选中如图 3-260 所示的面。单击 Extrude 按钮挤压，将鼠标放到选中的面上，向上拖动鼠标，挤压出如图 3-260 和图 3-261 所示的形状。

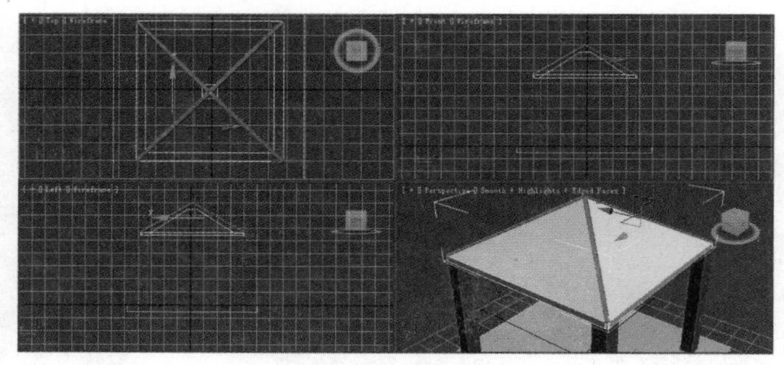
图3-260

图3-261

（13）选择如图 3-262 所示的面，按 Delete 键删除，选择中间的方块面，垂直向上提拉直到和四周的边齐平，如图 3-363 所示。按 Delete 键删除。

图3-262

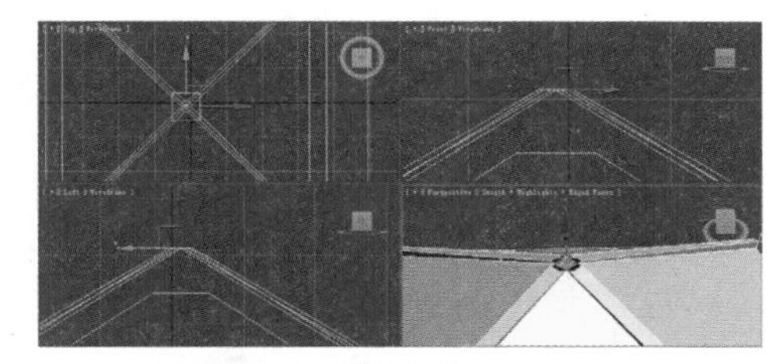
图3-263

（14）单击 Border 边缘选项，如图 3-264 所示。单击如图 3-265 所示的边缘，按住 Ctrl 键的同时按下 P 键进行封口，如图 3-266 所示。

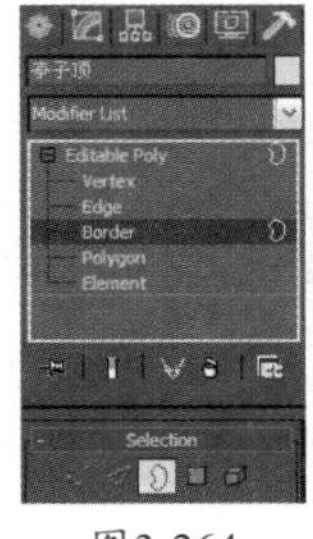

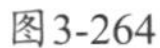
图3-264

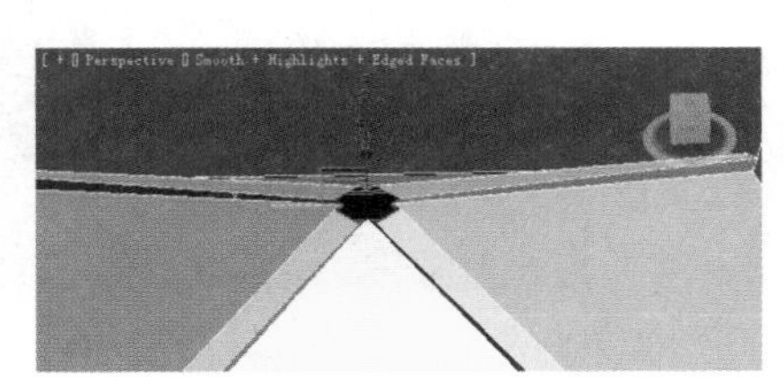
图 3-265

图3-266

（15）选择如图 3-267 所示的面，单击材质编辑器按钮，打开材质编辑器，选择一个新的材质球，命名为瓦，单击 Diffuse 漫反射后面的方块按钮给它添加一个位图贴图，在打开的贴图浏览器中双击 Bitmap，在弹出的选择图像文件中选择准备好的瓦的贴图，单击“打开”按钮，如图 3-268 和图 3-269 所示。

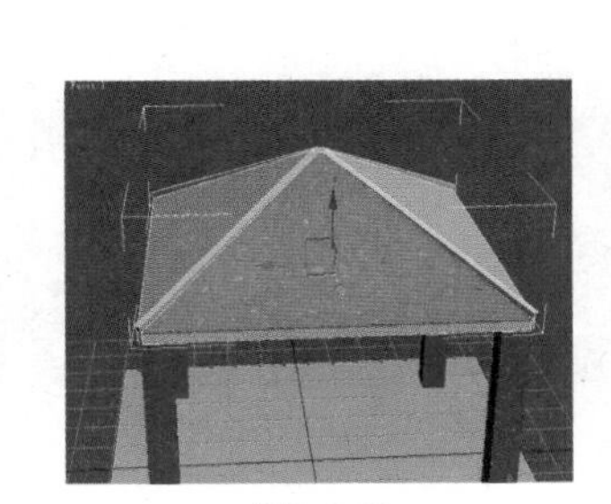
图3-267

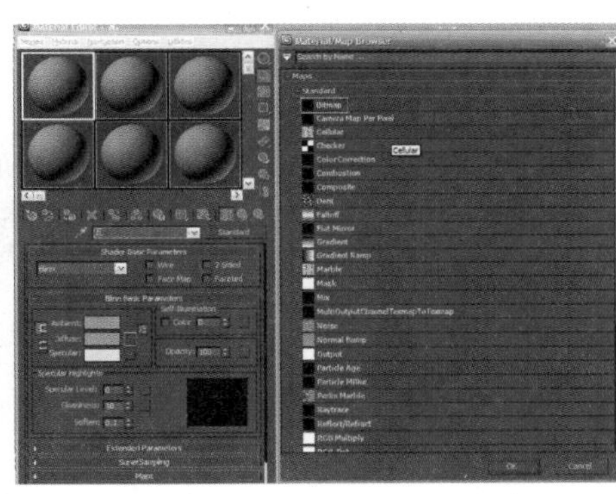
图3-268

图3-269

（16）单击按钮，把材质赋予选择的面，如果视图中没有显示贴好的材质，可以单击按钮，如图 3-270 所示，如果贴图有些不合适，可以在 Coordinates 卷展栏下调整参数，如图 3-271 所示。

图3-270

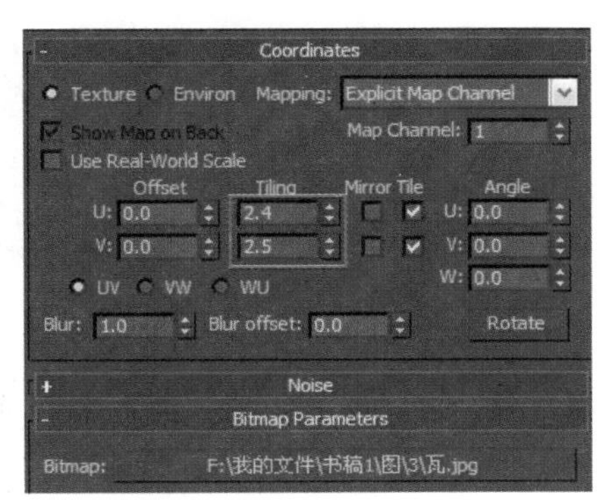

图3-271

调整后的效果如图 3-272 所示。

（17）按照同样的方法，把这个材质球上的材质赋予其他三个面。

（18）现在给柱子赋予木头材质，选择一个主体，打开材质编辑器，选择一个新的材质球，取名为木头，单击 Diffuse 自发光后面的方块按钮，在打开的材质贴图浏览器中双击 Bitmap 按钮，在弹出的对话框中选择木头贴图，单击“打开”按钮，方法参照步骤（13），然后把这个材质赋予选择的柱体，效果如图 3-273 所示。

图3-272

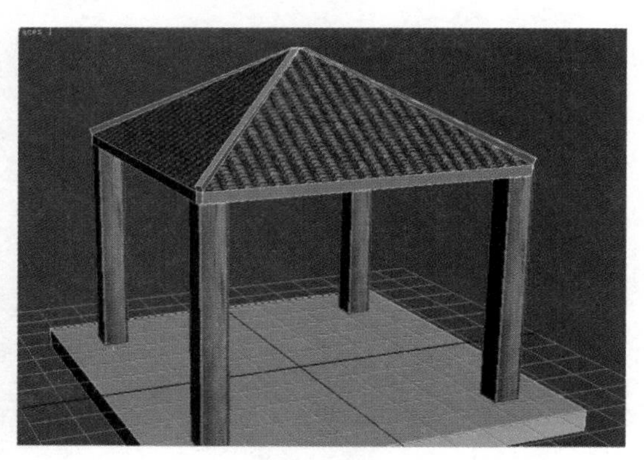

图3-273

（19）现在给亭子加一些装饰。在“创建”面板中选择“几何体”按钮，单击 Plan 按钮，在前视图创建一个面，参数调整如图 3-274 和图 3-275 所示。（注意，面的参数调整是根据贴图尺寸来做的，先在 Photoshop 中量好贴图的尺寸，模型的尺寸要和贴图尺寸一致才能保证贴图贴上去后不变形）。最后得到如图 3-276 所示的面。

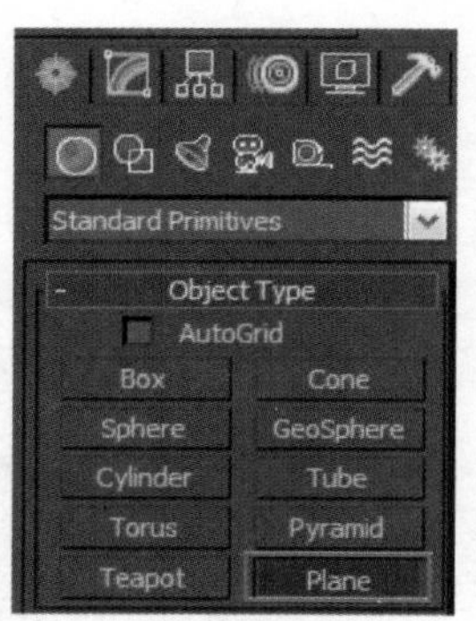

图3-274

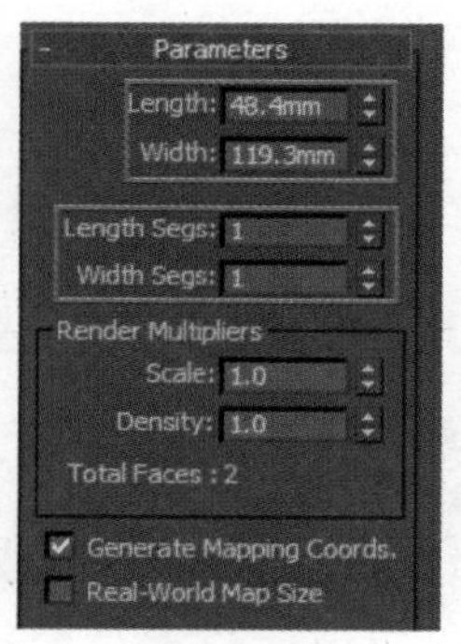

图3-275

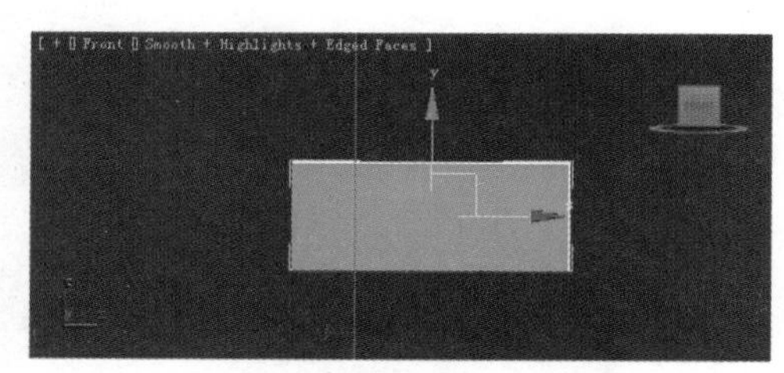

图3-276

（20）打开材质编辑器，选择一个新的材质球，单击 Diffuse 后面的方块按钮，再打开的贴图材质浏览器中双击 Bitmap 位图贴图，找到制作好的图片，单击“打开”按钮。然后选择新建的 Plan 面，单击“施加材质”按钮，把材质赋予 Plan，如图 3-277 ～图 3-279 所示。

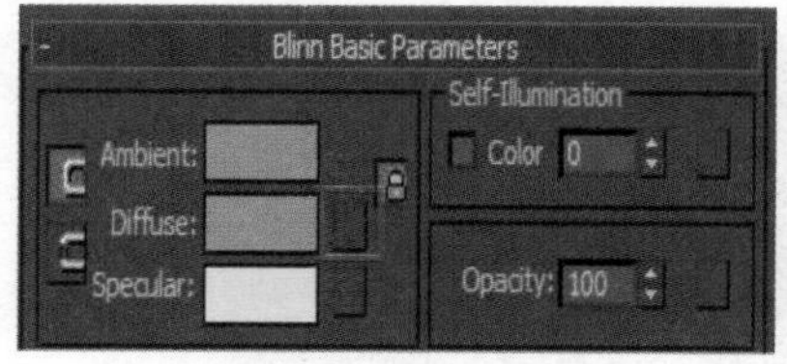

图3-277

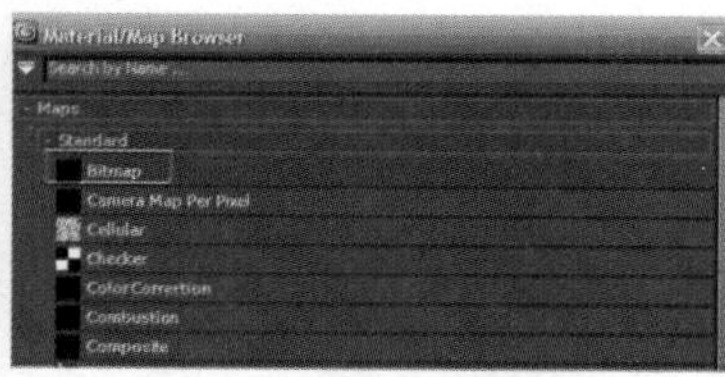

图3-278

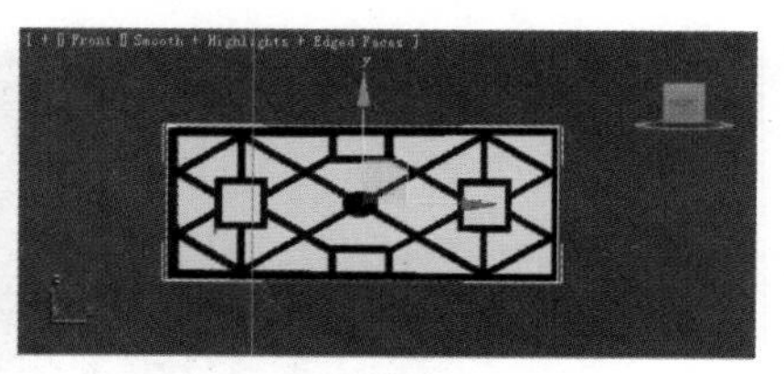

图3-279

（21）在“创建”面板中选择“图形”按钮，单击 Line 样条线按钮，选择前视图，单击整个视图右下角的“视图最大化”按钮，将前视图切换到最大视图，然后用样条线勾勒贴图黑色部分，在绘制过程中按住 Shift 键可以画出垂直线或水平线。绘制好的线框如图 3-280 所示。

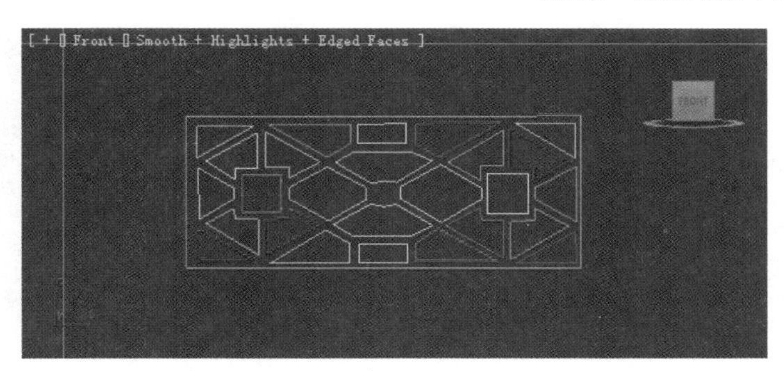

图3-280

（22）选择其中一个线框，单击“修改”面板的Attach（塌陷）按钮，再单击其他的线框，使所有绘制好的线框成为一个整体。将其选中，在“修改”面板中单击Extrude挤压修改器，给它一定的厚度。如图3-281所示。

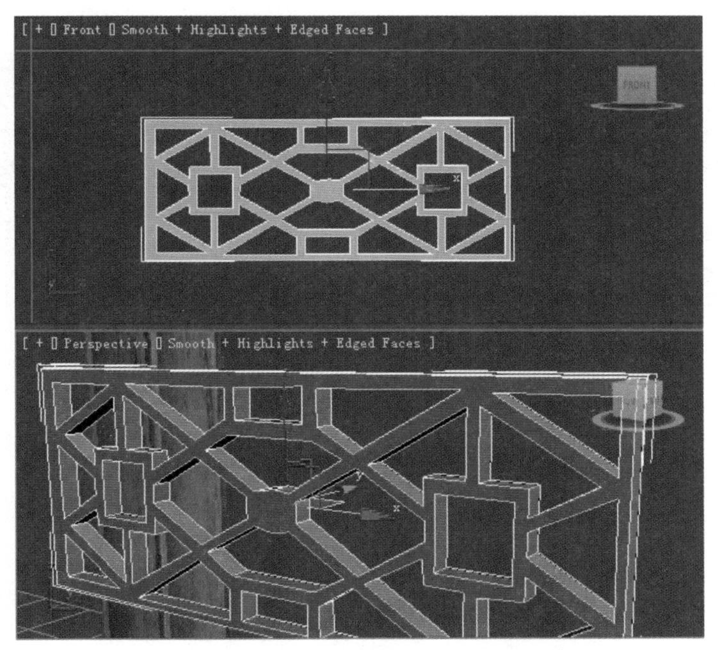

图3-281

选择工具栏的“缩放”按钮，把鼠标放到工具的中间位置，放大到和凉亭合适的比例，移动到如图3-282所示的位置。

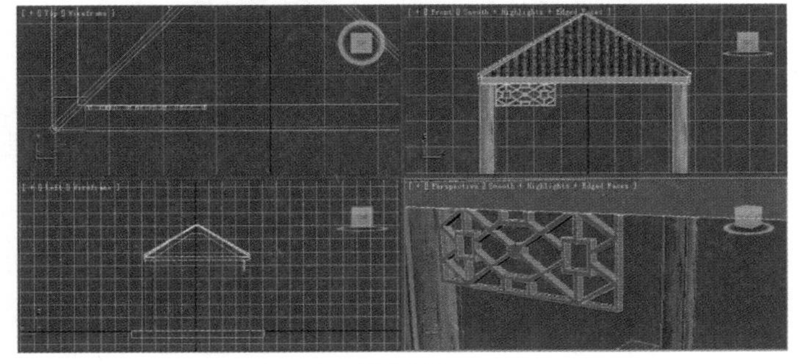

图3-282

（23）按住Shift键，同时拖动移动坐标轴X轴，将其复制，松开鼠标，在弹出的对话框中设置参数，如图3-283所示。调整位置，得到如图3-284所示的效果。

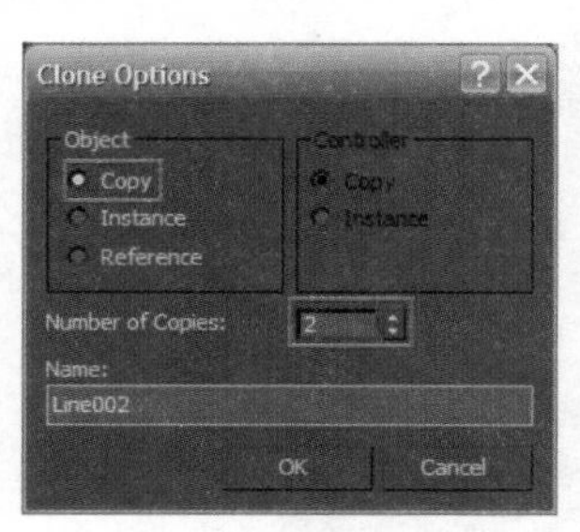

图3-283

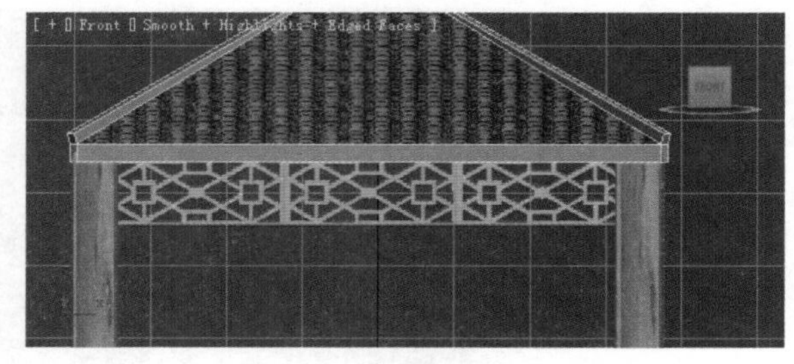

图3-284

（24）将其全部选中，单击菜单栏的 Group → Group 群组命令，命名为 Group1，将其三个组合成一体。

（25）选择 Group1，按住 Shift 键，将其移动到对面。再次选择 Group1，单击工具栏的“旋转”按钮，按住 Shift 键，旋转到 90° 并复制，移动到合适位置，再把刚复制好的模型复制一个到对面，如图 3-285 所示。

（26）打开材质编辑器，把名为“木头”的材质赋予刚制作好的物体，如图 3-286 所示。

图3-285

图3-286

（27）进入“创建”面板，选择几何体，用 Box 创建一个立方体作为凳子，并赋予其木头材质，最后给地面一个石头材质，如图 3-287 所示。

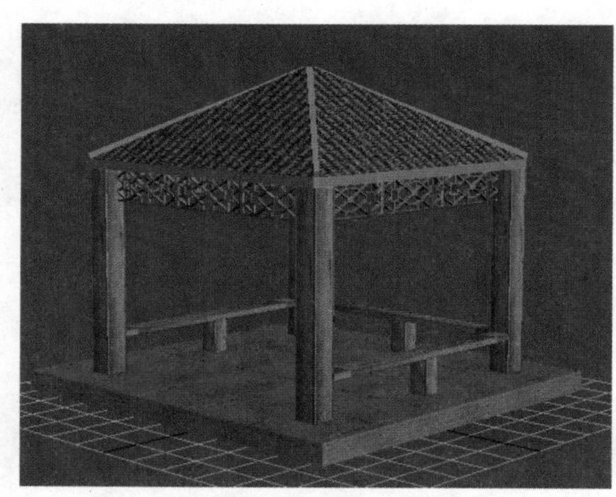

图3-287

3.3.4 对植物绿化的处理

在建筑漫游动画中，植物是不可缺少的，下面介绍如何制作树和草地。

1. 树的制作

制作树最常用到的就是透明贴图，在制作之前要准备好两个贴图，一个是彩色的，另一个是黑白的，可以在 Photoshop 中处理（注意，在用这种方法时树的贴图一定要选取树干是直的，并且整体分布比较均匀的）如图 3-288 和图 3-289 所示。

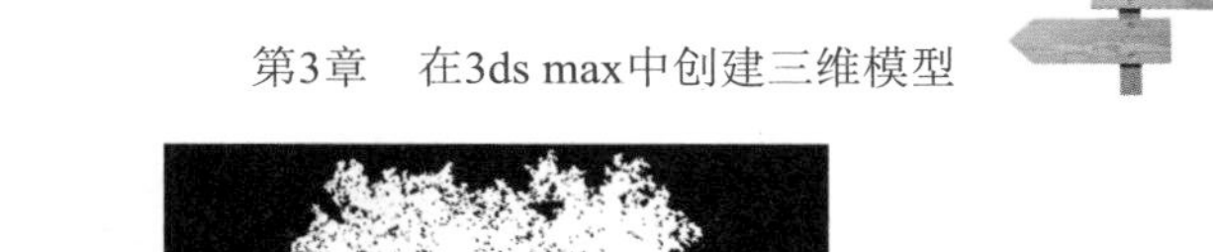

图3-288

图3-289

在处理图像时要注意图像的裁切，图像周围不要留太多的边缘，否则效果会不理想。

（1）在 Photoshop 中设置好图的尺寸，如图 3-290 所示。

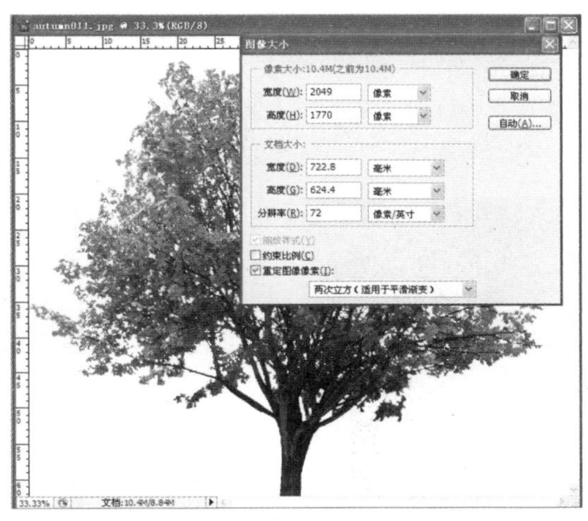

图3-290

（2）打开 3ds max，单击“创建”面板中的“几何图形” 按钮，单击 Plan 按钮，在前视图创建一个宽度为 722.8mm，高度为 624.4mm 的面，如图 3-291 所示。

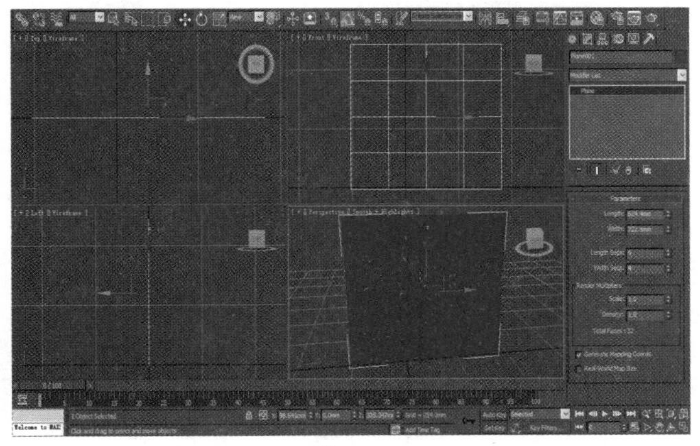

图3-291

（3）打开角度捕捉，选择旋转工具，如图 3-292 所示，按下 Shift 键，旋转平面物体到 90°，复制出另一个平面物体，如图 3-293 所示。

图3-292

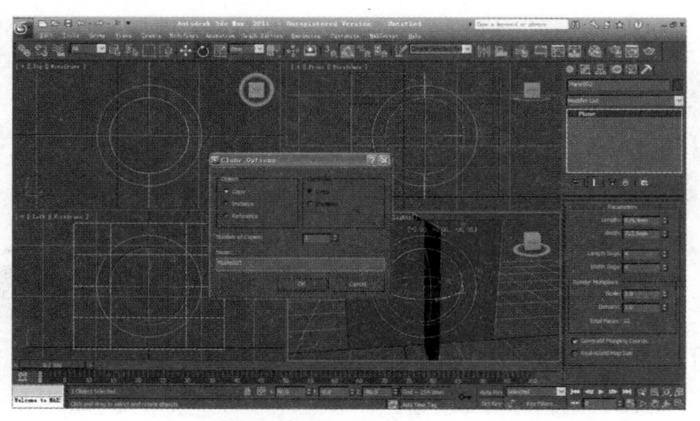

图3-293

（4）选择这两个平面物体后，右击，单击 Convert to → Convert to Editable mesh（转换为可编辑网格）命令，将平面物体转换为可编辑的网格物体。如图 3-294 所示。

（5）连接两个平面物体。选择一个平面物体，打开“修改”面板，单击 Attach（结合）按钮，再单击另外一个平面物体，将两个物体连接成一个十字交叉型的网格物体。如图 3-295 所示。

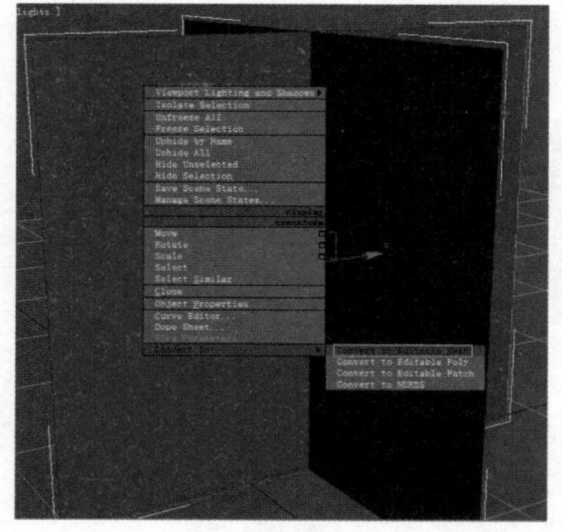

图3-294

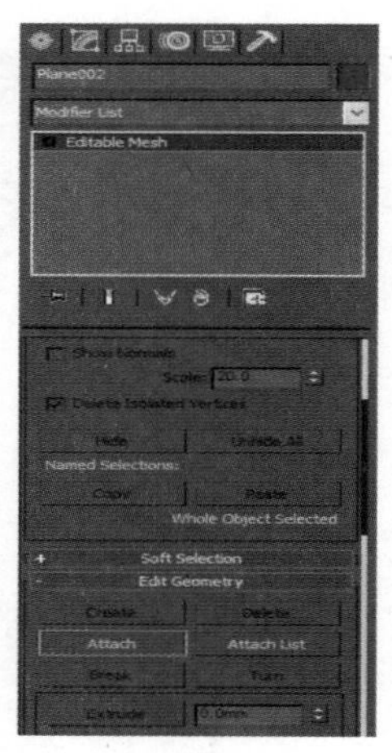

图3-295

（6）选择平面物体，单击工具栏中的“材质编辑器”按钮，打开材质编辑器，在材质编辑器中选择一个空白的材质球，勾选 2-side（双面）选项，如图 3-296 所示。将在 Photoshop 中处理好的贴图指定给 Diffuse Color（固有色或者漫反射）和 Opacity（透明度）两个通道，将彩色图片指定给 Diffuse Color，将黑白图片指定给 Opacity 通道，如图 3-297 和图 3-298 所示，单击“渲染”按钮，渲染场景，最后的效果如图 3-299 所示。

图3-296

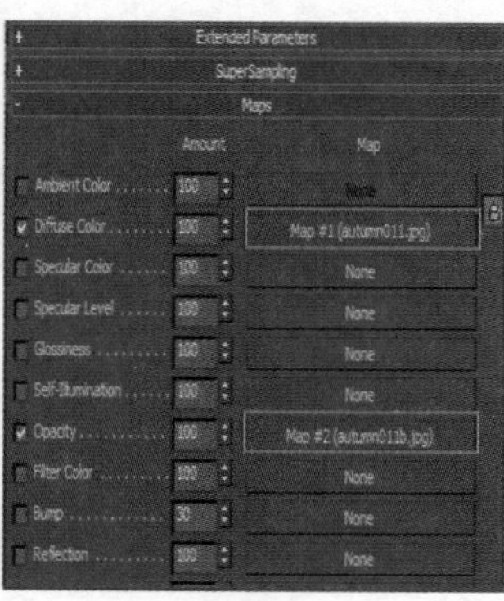

图3-297

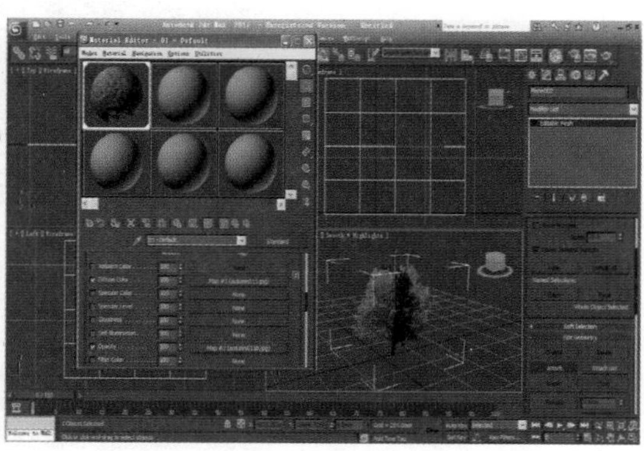

图3-298

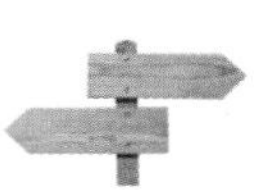

图3-299

2. 草地的制作

制作草地和泥土，要用到混合材质。在制作前要做好准备工作，首先要准备一张草地和一张泥土的贴图，像素要高一些，这样做出来的质量会更好，然后在 Photoshop 中绘制一张黑白图做遮罩用，如图 3-300 ～图 3-302 所示。

图3-300

图3-301

图3-302

（1）进入材质编辑面板，选择一个空白材质球，单击 Standard（标准）按钮，在弹出的 Material/Map browser（材质 / 贴图浏览器）对话框中双击 Blend（混合材质），如图 3-303 和图 3-304 所示。

图3-303

（2）单击 Material1 后面的按钮，如图 3-305 所示，在 Blinn basic parameters（blinn 基本参数）卷展栏下调整如下参数，如图 3-306 所示。

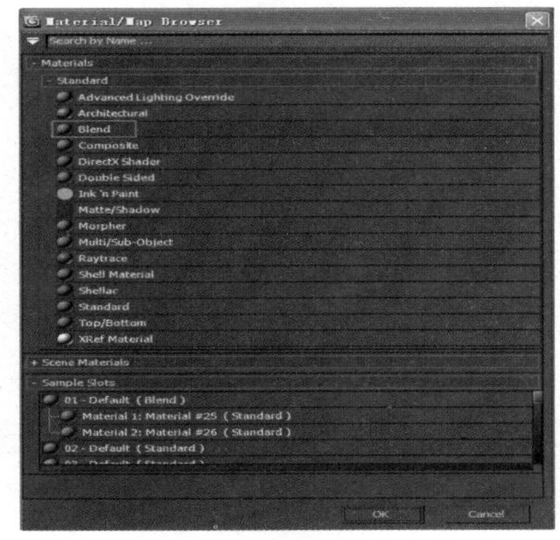

图3-304

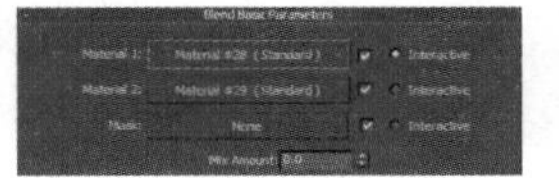

图3-305

图3-306

- Ambient（环境色）调整为RGB(0,0,0)。
- Diffuse（过渡色）调整为RGB(122,80,60)。
- Specular（高光度）调整为10。
- Glossiness（光泽度）为0。

（3）展开 Map（贴图）展卷栏，单击 Diffuse color（固有色或漫反射）后面的 None 按钮，打开材质浏览器，双击打开 Bitmap（位图）贴图，如图 3-307 所示，在弹出的“选择贴图”文件对话框中打开前面选好的泥土贴图，如图 3-308 所示。

图3-307

图3-308

（4）单击“向上箭头”按钮，返回到上一级，单击 Material2 后面的按钮，如图 3-309 所示，在 Blinn basic parameters（blinn 基本参数）卷展栏下调整如下参数。

- Ambient（环境色）调整为RGB(91,116,64)。
- Diffuse（过渡色）调整为RGB(91,116,64)。
- Specular（高光度）调整为20。
- Glossiness（光泽度）为10。

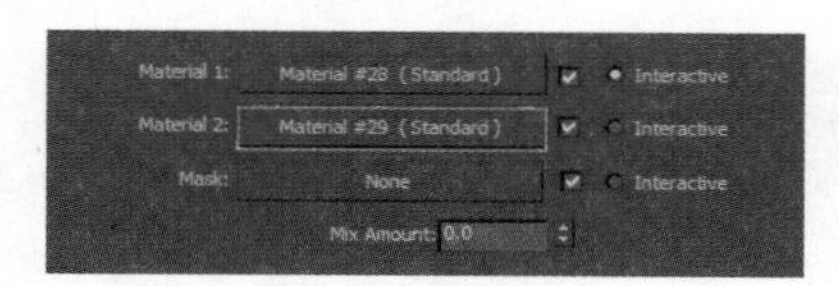

图3-309

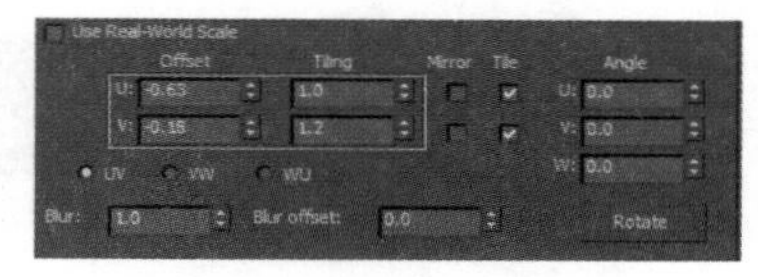

图3-310

（5）展开 Map（贴图）展卷栏，单击 Diffuse color（过渡色）后面的 None 按钮，打开材质浏览器，双击打开 Bitmap（位图）贴图，在弹出的“选择贴图”文件对话框中打开前面选好的草地贴图。

（6）单击“向上箭头”按钮，返回到上一级，单击 Mask（遮罩）后面的 None 按钮，打开材质浏览器，双击打开 Bitmap（位图）贴图，在弹出的“选择贴图”文件对话框中打开在 Photoshop 中做好的黑白遮罩贴图。在调整时要注意 Tiling 的值，使它与模型相匹配，如图 3-310 所示。

（7）单击“施加材质”按钮，将做好的材质赋予模型，单击“渲染”按钮渲染场景，得到如图 3-311 所示的效果。

图3-311

3.4 创建灯光

灯光对于建筑漫游动画来说是十分重要的，直接影响效果的好坏，材质和贴图做好后，开始对场景的灯光进行布置，灯光的颜色与强度会影响材质的最终效果，材质的反射强度和反射范围也会影响灯光的最终效果，所以必须在物体被赋予适当的材质后进行灯光设置。

3ds max 的灯光有光度学灯光和基本灯光两大类，这里用到的是基本灯光，也是最常用的灯光，下面介绍一下基本灯光。

进入“创建”面板，单击“灯光”按钮，在灯光类型处选择 Standard 基本灯光，如图 3-312 所示。

图3-312

在这个漫游动画中，需要设置一个白天的环境，主光源是太阳光，可以使用一盏 Target spot（目标聚光灯）作为太阳光。但是只有一个太阳光是不够的，因为在环境中，尤其是复杂的环境中还会有一些反射和折射，必须添加一些辅助光源来模仿这些光线的效果，这些辅助光源可以利用反光灯来制作。在调整灯光时，必须从各个角度观察场景，使整个场景都有一个自然的光照效果。

1. 灯光介绍

3ds max 的灯光分为光度学灯光和标准灯光，这里用的是标准灯光，也是最常用到的灯光，下面介绍标准灯光的类型和应用。

（1）Target Spot（目标聚光灯）。创建方法：单击“目标聚光灯”按钮，在视图中按住鼠标左键轻轻拖动，创建一个目标聚光灯。它会产生一个锥形的光照区域，在照射区以外的部分不受灯光影响。目标聚光灯有投射点和目标点两个控制点可调，具有很好的方向性，结合投影的调节可以很好地模拟真实灯光。它有圆形和巨型两种投影区域，矩形适合制作电视投影图像和窗户投影图像等一些矩形的投影，圆形适合路灯、台灯等灯光照明，如图 3-313 所示。

（2）Free Spot（自由聚光灯）。创建方法：单击自由聚光灯按钮，在视图中单击，创建一个目标聚光灯。自由聚光灯没有目标点，只有投射点，只能控制整个图标，无法对目标点和投射点分别调节，在调节上受到限制。目标聚光灯比较适合一些动画灯光，如晃动的手电筒、舞台投射灯等。

（3）Target Spot（目标平行光）。由发射点产生的平行照射区域。它与目标聚光灯的区别是照射区域呈圆柱形或矩形，有投射点和目标点两个控制点可调。平行光主要用来模拟阳光照射，适合户外场景，如图 3-314 所示。

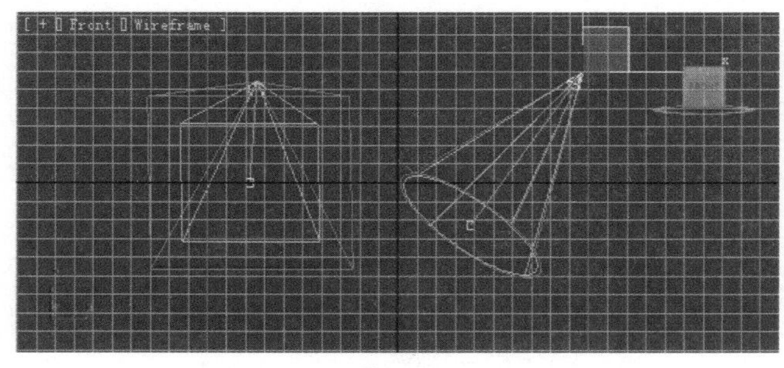

图3-313

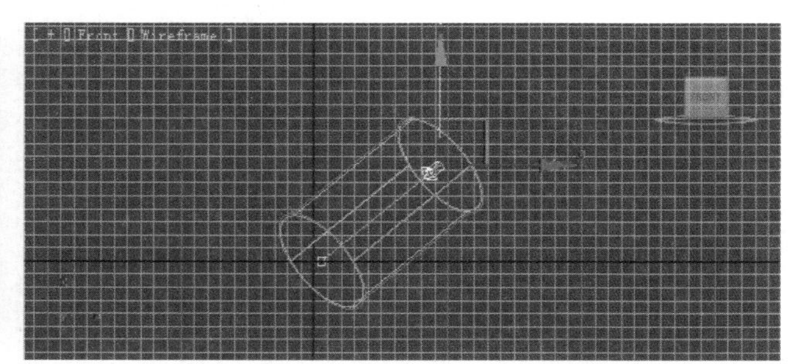

图3-314

（4）Free Direct（自由平行光）。由发射点产生的平行照射区域，和自由平行光不同的是它没有目标点，只有投射点，在视图中只能整体的移动或旋转。

（5）Omni（泛光灯）。创建方法：单击 Omni 图标，在视图中单击鼠标创建一盏泛光灯。它的图标呈正八面体，没有投射点，向四周发散光线。泛光灯一般用来照亮场景，用作辅光源，易于建立和调节，没有明显照射不到的界限，不能建太多，否则效果会显得缺乏层次。它与聚光灯最大的差别在于照射范围，一盏泛光灯相当于 6 盏聚光灯产生的效果。

泛光灯还常用来模拟灯泡、台灯等光源。

（6）Sky light（天光）。天光可以模拟出最为自然的日照效果。如果配合 Light Tracer（光线追踪）渲染方式，天光会产生非常逼真、生动的效果。

2. 灯光参数

标准灯光的参数大部分都是相同或相似的，下面介绍一下它们的共同参数。在视图中创建一盏灯光，然后单击“创建模板”就可以看到灯光参数。

（1）General Parameters（常规参数）如图 3-315 所示。

常规参数是控制灯光的开启和关闭、阴影方式、灯光排除场景中的对象的。

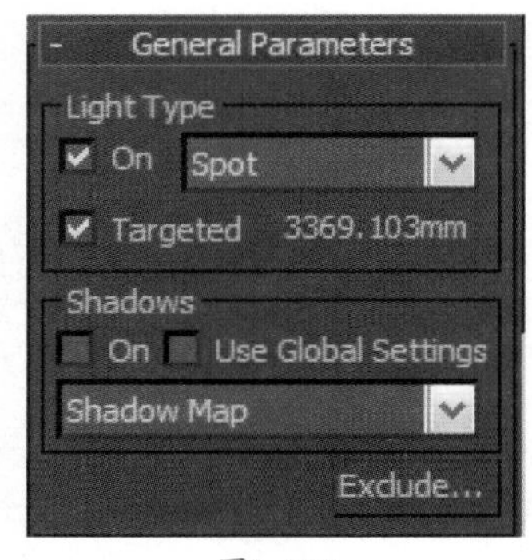

图3-315

- On（启用）设置灯光的开关，如果目前不需要灯光的照射可以取消勾选，将灯光关闭。

（2）灯光类型列表。用来改变当前灯光的类型。

- Targeted（目标）。勾选时，灯光为目标灯，投射点与目标点之间的距离显示在右侧的复选框中。对于自由灯，通过设置这个值来限定照射范围，或先取消该选项的勾选，然后通过右侧数值框来改变照射范围。
- Shadow（阴影）。勾选启用时，当前灯光会对物体产生投影。
- On（启用）。勾选此选项可以使灯光照射的物体产生投影。
- Use Global Settings（使用全局设置）。勾选该选项会把下面的阴影参数应用到场景中的全部投影灯上。

（3）阴影方式列表。决定当前灯光使用哪种阴影方式进行渲染。阴影方式有 5 种。

- Shadow Map（阴影贴图）。
- Ray-traced Shadows（光线跟踪阴影）
- Adv.ray Traced Shadows（高级光线跟踪阴影）Area shadows（区域阴影）。
- Mental ray Map（Mental ray阴影贴图）。

其中阴影贴图渲染的速度最快，但质量也是最不好的，光线跟踪阴影的渲染速度稍慢，但质量较好，如图 3-316 和图 3-317 所示。

图3-316

图3-317

- Exclude（排除）。允许指定对象不受灯光的照射影响和阴影影响。单击Exclude按钮会出现如图3-318所示的对话框。Include为包含模式，Exclude为排除模式。

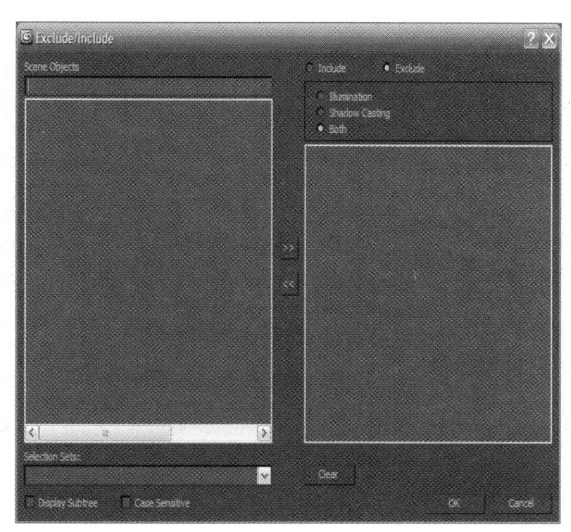

图3-318

通过>>（把左侧物体添加到右侧）<<（把右侧物体返回到左侧）按钮可以将场景中的物体加入或取回到右侧排除框中，作为排除对象，被加入的物体将不再受到这盏灯光的照射影响。Illumination 为排除照明影响，Shadow Casting 为投射阴影影响，这两个可以分别给予排除。Both 为照明和投影都被排除。如果要立方体排除照明影响，保留投影，就在左侧对话框中选择 Box，在右侧单击 Illumination，再单击>>按钮，把立方体加入右侧的对话框中，单击 OK 按钮。如果要球体保留光照，排除阴影，就在左侧对话框中选择球体，单击右侧的 Shadow Casting，再单击>>按钮，把球体加入右侧对话框中，单击 OK 按钮。

如图 3-319 和图 3-320 所示分别为排除灯光照射效果和排除投影效果。

图3-319

图3-320

Include 为包含模式，包含模式的操作也是一样的，可以让某物体受此灯光单独照明或投影的影响。它可以专门为某个对象指定特殊灯光，只要将这个对象指定到右侧对话框就可以，场景中的其他对象不会受此灯光的影响，这盏灯只照明被选择的对象。

（4）Shadow Parameters（阴影参数），如图 3-321 所示。

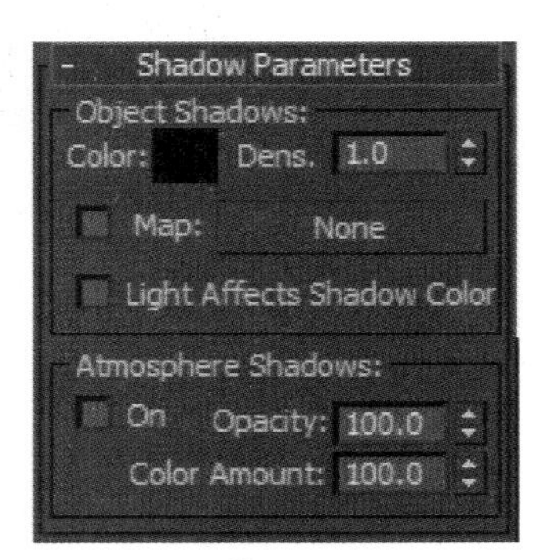

图3-321

Object Shadows（对象阴影）。

- Color（颜色）：单击颜色块，弹出色彩调节框，用于调节当前灯光产生的阴影颜色，默认为黑色。这个选项可以设置动画效果，使投影产生颜色变化的动画效果。
- Dens.（密度）：调节阴影浓度。提高密度值会增加投影的黑暗程度，默认值为1，值越小浓度越小。
- Map（贴图）：为物体投射的阴影指定贴图。勾选其前面的方框可以为其投影指定贴图，贴图的颜色会与阴影颜色相混，单击右侧的None按钮，打开贴图浏览器，选择一个贴图就可以为阴影指定一张贴图，如图3-322所示。

图3-322

- Light Affects Shadows Color（灯光影响阴影颜色）：勾选前面的方框，阴影的颜色显示为灯光颜色和阴影固有色（或阴影贴图颜色）的混合效果，默认为关闭。

Atmoshere Shadows（大气阴影）。

- On（启用）：设置大气是否对阴影产生影响。勾选它，当灯光穿过大气时，大气效果能够产生阴影。
- Opacity（透明度）：调节阴影透明程度的百分比。
- Color Amount（颜色量）：调节大气颜色与阴影颜色混合程度的百分比。

（5）Spotlight Parameters（聚光灯参数）。当用户创建了一盏灯光后，无论是什么灯都会出现灯光参数栏，这些灯光的参数都是相同的，这里以聚光灯为例进行讲解，如图3-323所示。

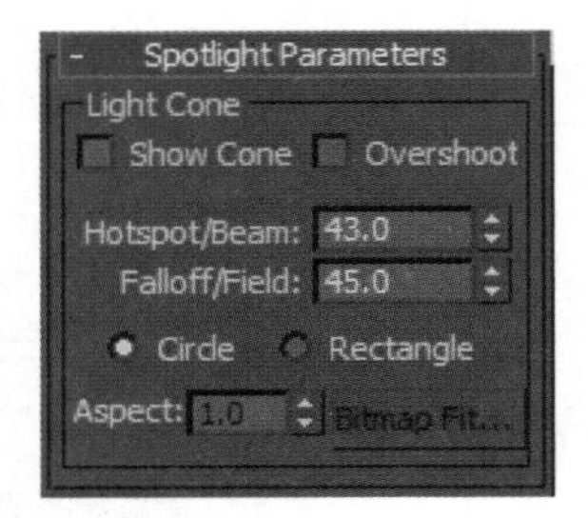

图3-323

Light Cone（锥形光线）：用于控制灯光的聚光区和衰减区。

- Over Shoot（泛光化）：打开此选项，聚光灯兼有泛光灯的功能，可以向四面八方透射光线，照亮整个场景，但仍保留聚光灯的特性，例如投射阴影和图像的功能仍限制在Falloff（衰减区）以内。如果要照亮整个场景，又要产生阴影效果，可以打开这个选项，只设置一盏聚光灯就可以，这样可以减少渲染时间，如图3-324和图3-325所示，图3-325所示为勾选Overshoot效果。

图3-324

图3-325

- Show Cone（显示圆锥体）：控制灯光范围框的显示。深蓝色的框表示聚光区范围，深蓝色的框表示衰减区范围。
- Hotspot/Beam（聚光区/光束）：调节灯光内圈的照射范围。
- Falloff/Field（衰减区/区域）：调节灯光的外圈，就是衰减区域从聚光区到衰减区的范围内，光线由强到弱进行衰减变化，此范围外的对象将不受任何光强的影响。衰减区大时，会产生柔和的过渡边界，衰减区小时，产生生硬的光线边界，如图3-326和图3-327所示。

图3-326

图3-327

- Circle/Rectangle（圆形/矩形）：设置是产生圆形灯还是矩形灯，默认设置是圆形灯，产生圆锥状灯柱，矩形灯产生矩形灯柱，常用于窗户投影和电影等的方形投影。

Intensity/Color/Attenuation（强度 / 颜色 / 衰减）如图 3-328 所示。

- Multiplier：灯光强度。可以调节灯光的明暗。后面的色块可以调节灯光的颜色。
- Decay：衰减。
- Type：衰减类型。一般用于泛光灯。
- Near Attenuation：近距离衰减。
- Fav Attenuation：远距离衰减。

单击 Use 和 Show 选项后，可调节后面的参数，会使泛光灯的照射和聚光灯一样产生明显的边界，通过调节距离的衰减值可以控制光线照射的明暗。

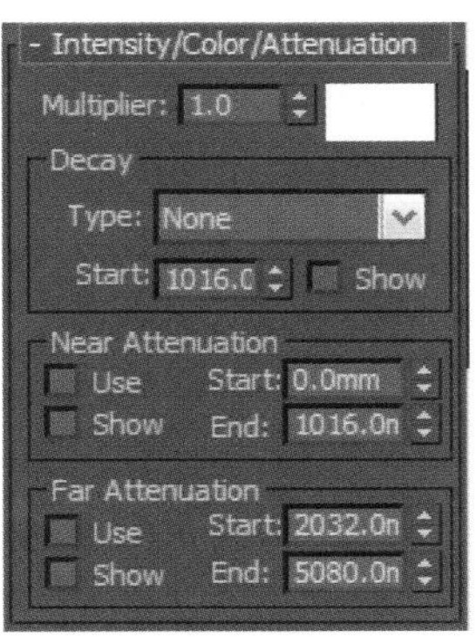

图3-328

3. 给场景设置灯光

（1）导入楼房物体。

首先把制作好的模型在场景中安置好，打开 CAD 图，在图中放置好楼房模型、路缘石、路灯等制作好的物体。直接在制作好的路缘石的 CAD 图上导入其他模型。

单击 Import → Merge（“导入” → “合并”）命令，如图 3-329 所示。选择需要导入的模型，单击“打开”按钮，调整好模型的位置，如图 3-330 所示。用同样的方法导入其他模型，调整好大小和位置。

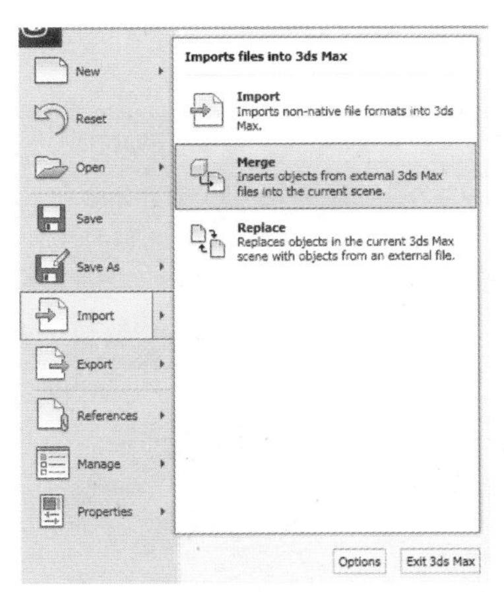

图3-329

图3-330

注意：当导入第二个模型时，会出现给材质命名的对话框，单击最后一个 Auto-Rename Merged Material 选项。如图 3-331 所示。

把楼房模型全部导入到场景中，给地面一个石砖贴图，如图 3-332 所示。现在是非常精简的一个场景，为了使机器的运转速度快些，可以把灯光设置好之后再导入其他物体。

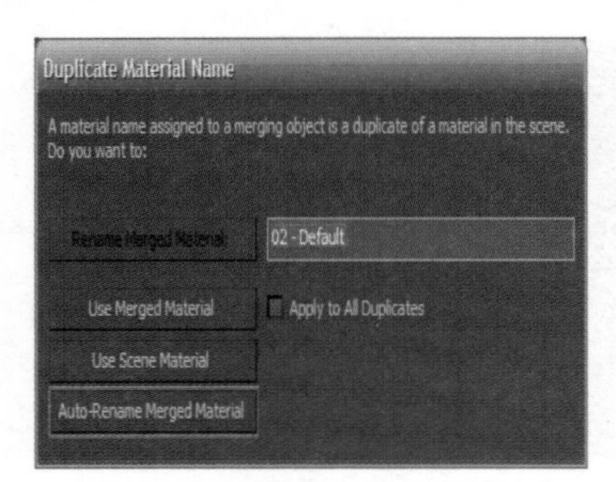

图3-331

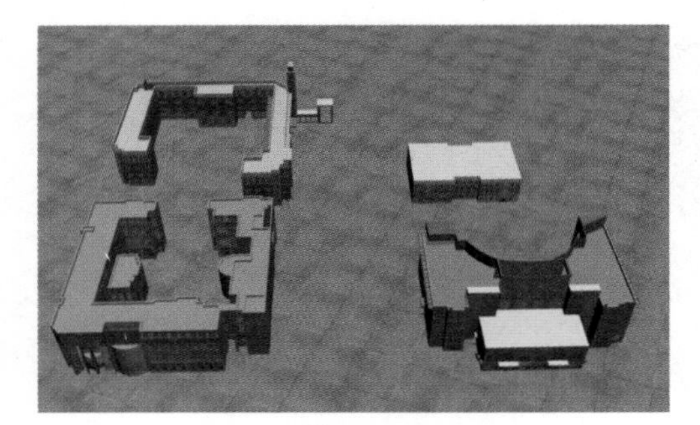

图3-332

（2）设置灯光。

在场景中模仿白天的效果，首先设置一个主光源，也就是太阳光。太阳只能有一个，所以主光源只能设置一个，场景的整体明暗和投影方向都由这个主光源决定，还要设置一些辅助光源来模仿自然环境中的反射光和环境光。调整灯光时必须从各个角度观察场景，使整个场景看起来自然平衡。

1）主光源设置。进入创建面板，单击“灯光”按钮，在灯光类型下拉菜单中单击 Standard（标准灯光）选项，单击 Target Spot（目标聚光灯）选项，在视图中创建一盏目标聚光灯，如图 3-333 ～图 3-335 所示。

注意：主光源不要设置得太亮，因为后面还要添加一些辅助光源。

图3-333

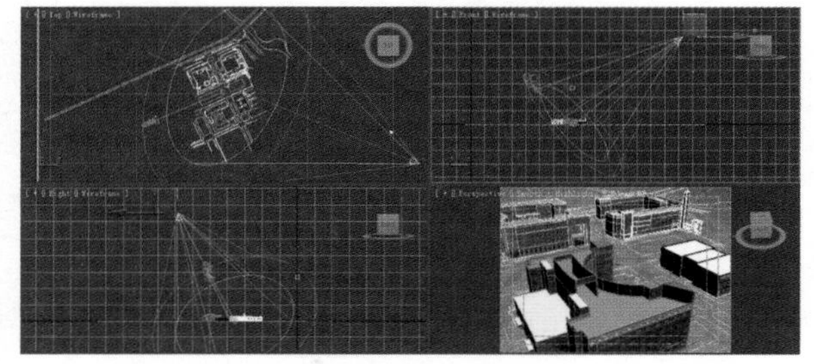

图3-334

渲染后的效果如图 3-336 所示，阴影类型设置为 Shadow Map 阴影贴图类型是为了渲染快速、方便，都调整好准备正式渲染时，阴影类型就会改为 Ray Traced Shadows 光线追踪阴影，如图 3-336 所示。

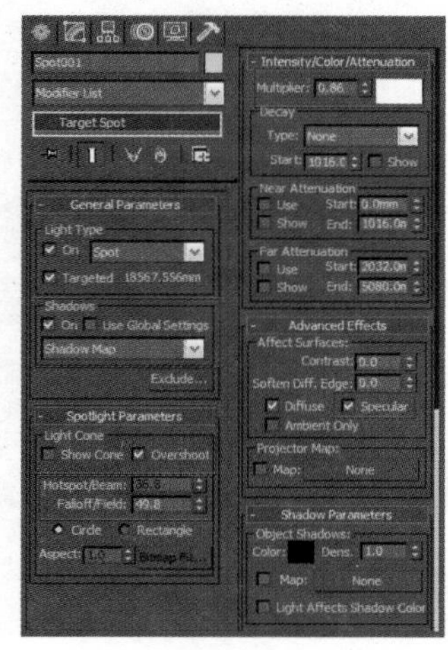

图3-335

图3-336

2）设置主要辅光源。进入“创建”面板，单击“灯光”按钮，单击 Target Direct 选项，在视图中创建上下两盏目标平行光类型灯，如图 3-337 ～图 3-339 所示。

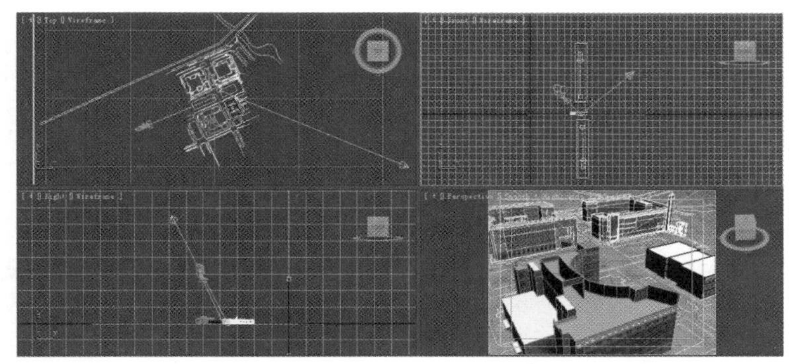

图3-337

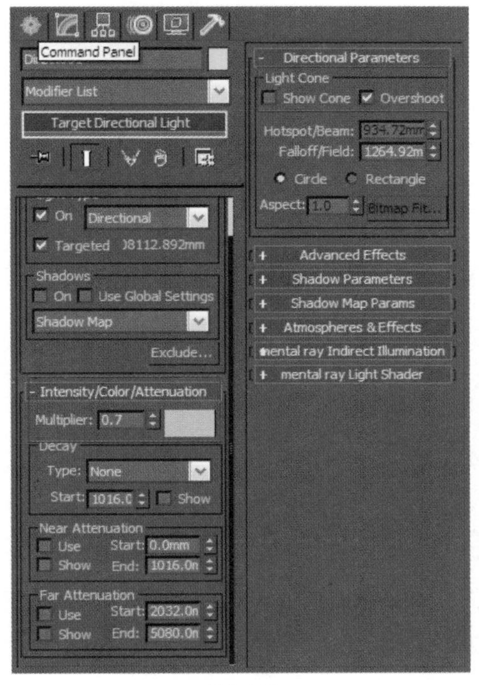

图3-338

图3-339

3）设置侧面辅光源。进入“创建”面板，单击“灯光”按钮，选择Omni泛光灯，在场景中建立一盏泛光灯，如图3-340～图3-342所示。渲染效果，得到一个比较自然的光效，如图3-343所示。从各个角度渲染，调整灯光设置，如位置、强弱、颜色等，有特别暗的地方可以适当增加灯光，还可以把不想照到的物体排除。阴影类型改为Ray Traced Shadows光线追踪阴影，效果如图3-344所示。

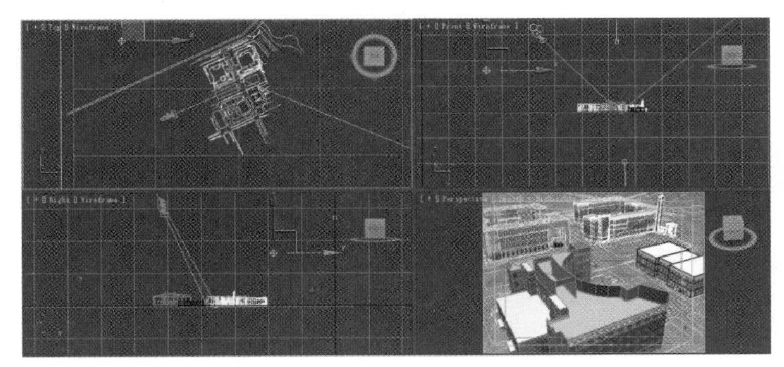

图3-340

图3-341

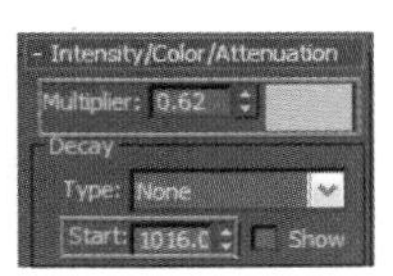

图3-342

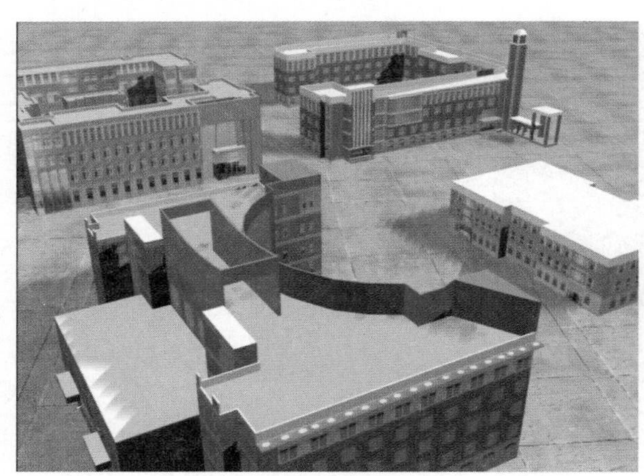
图3-343

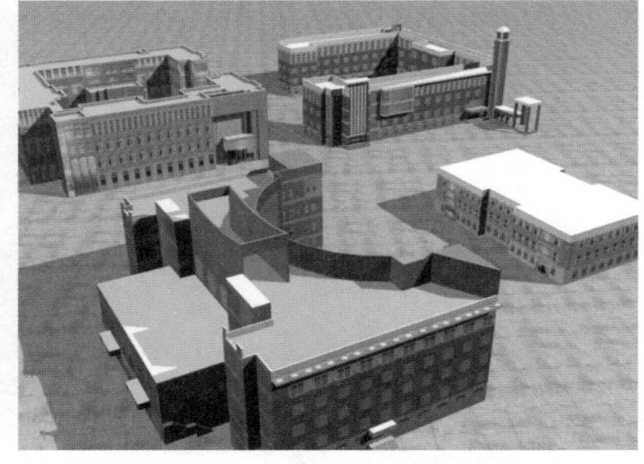
图3-344

4）灯光与材质的设置。基本灯光设置完成后，还要对整个场景的灯光和材质进行调整。灯光调整主要分为主光源和辅助光源，主光源负责整个场景的整体照明和投影方向、表现，能够清楚地表达光源的投射方向，辅助光源主要分别调整其他方向的光照，平衡主光源的光照效果，它也可以用来淡化由主光源产生的阴暗部分和补充主光源无法照射的暗区，保证整个场景的光照均匀。如图 3-345 所示是最终完成的不同角度。

图3-345

3.5 贴图烘焙的方法

贴图烘焙也叫 Render To Textures，如果在场景中使用天光，效果是非常理想的，但在漫游动画中却不适用，因为天光的运算速度非常慢，并且一些游戏软件是不支持天光的。所以我们要想一个办法既能够应用天光，又能使机器运转速度加快，烘焙贴图能够实现。烘焙贴图是一种把 Max 光照信息渲染成贴图的方式，再把烘焙后的贴图贴回到场景中去的技术，这样就不需要再用天光，不需要 CPU 费时计算了，计算普通的贴图就可以，速度很快，也能达到想要的效果。这种贴图烘焙技术对于静帧场景是没有太大意义的，主要用于游戏和建筑漫游动画。下面看一下具体的作法。

（1）在场景中设置天光。

1）在“创建”面板中单击灯光（Light），选择灯光类型的默认选项。

2）在对象类型（Object Type）卷展栏中单击天光（Skylight）选项，如图 3-346 所示。

图3-346

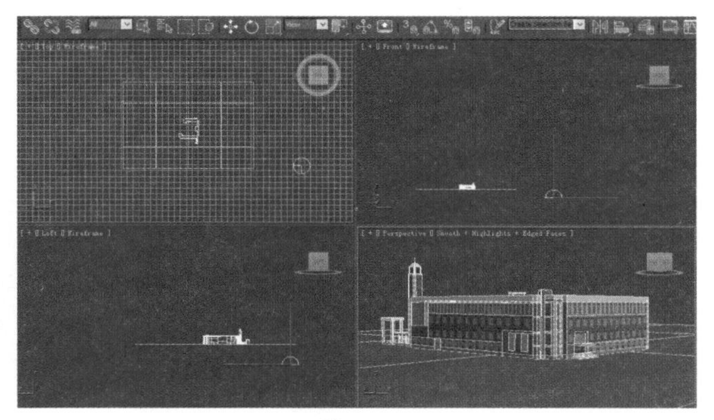

图3-347

3）在视图中任意位置放入天光，如图 3-347 所示，在“修改”面板中设置参数，如图 3-348 所示，效果如图 3-349 所示。

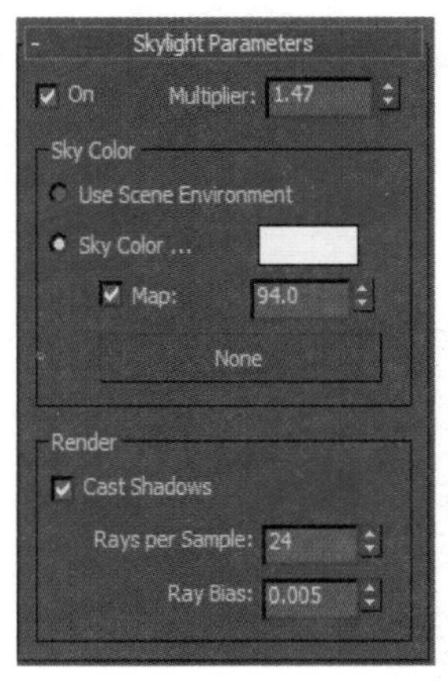

图3-348

图3-349

（2）天光设置好后，制作烘焙贴图。

1）按键盘上的 0 键，或者单击 Rendering → Render To Texture 选项，打开贴图烘焙的界面。如图 3-350 所示，Output 下的 Path 是贴图的存储路径，在这里设置将要存储的位置。

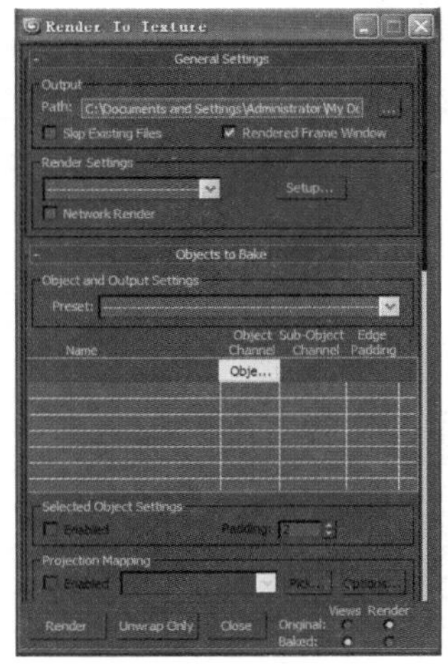

图3-350

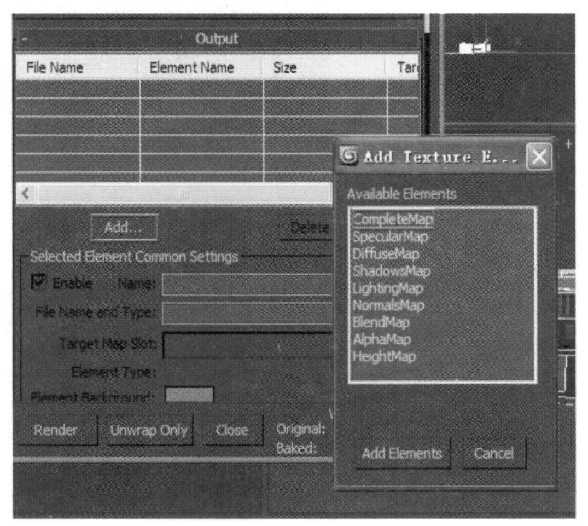

图3-351

2）选中场景中的所有物体，在 Output 卷帘下面，单击 Add 按钮，这时可以看到很多种烘焙方式，有高光、固有色等，选择 CompleteMap 方式，即包含下面的所有方式，是完整的烘焙，然后单击 Add Elements 按钮，添加成功，如图 3-351 所示。

3）选择如图 3-352 所示的 Diffuse Color 选项。

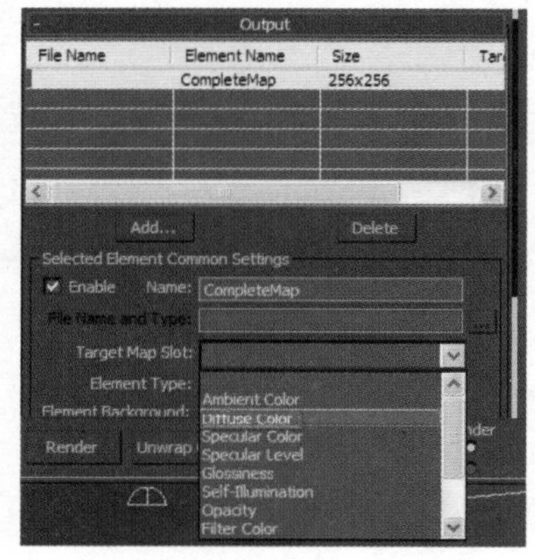

图3-352

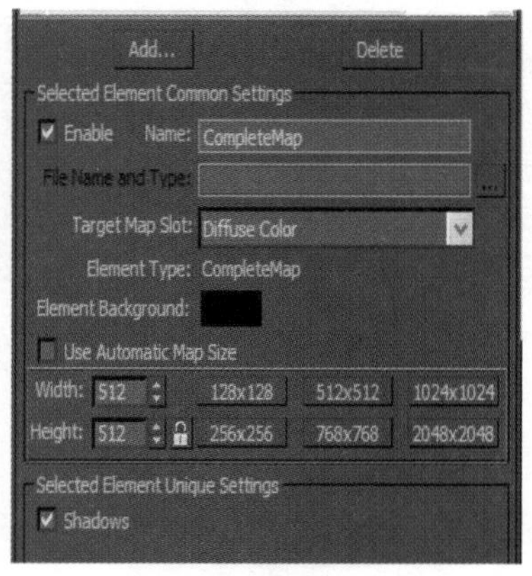

图3-353

4）在如图 3-353 所示的位置选择烘焙贴图的分辨率。

5）单击 Render（渲染）按钮，渲染出贴图，如图 3-354 所示。

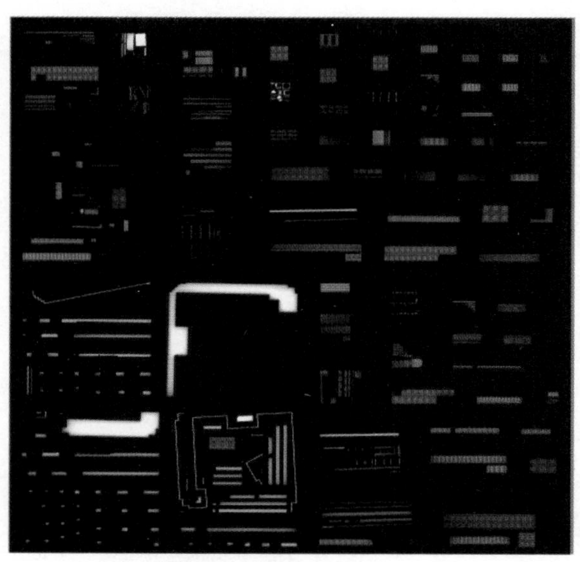

图3-354

6）打开材质面板，选择空的材质球，用吸管点击场景中模型上的材质，把场景里的烘焙材质用吸管吸出来，设置 Baked Material 的方式为 Render（渲染），如图 3-355 所示。

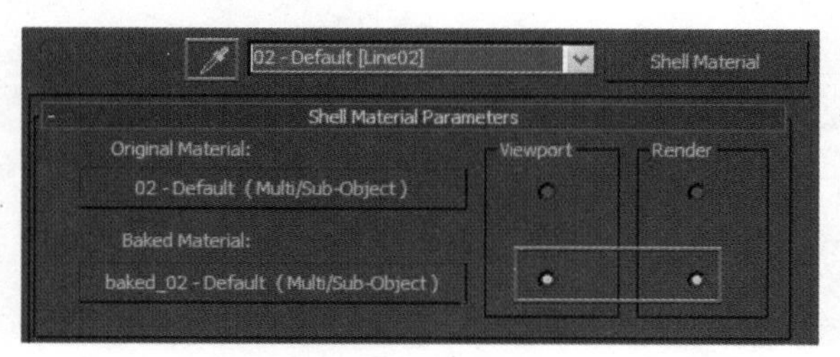

图3-355

7）单击 Render（渲染）按钮。如图 3-356 所示，最后效果如图 3-357 所示，得到同用天光一样的渲染效果。

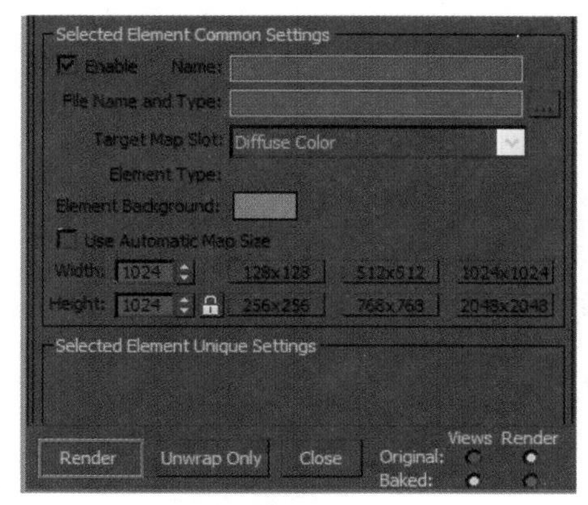

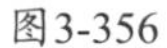

图3-356

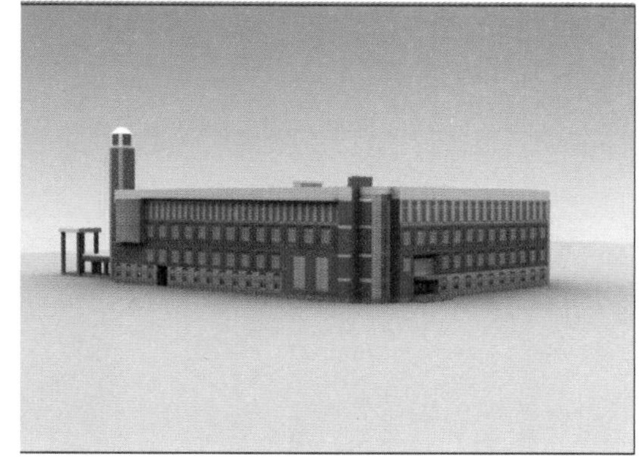

图3-357

3.6 整理模型准备漫游设置

主要的模型都已经整理好了，接下来要做的是把之前做好的路灯、路标牌、凉亭等模型导入进来。再导进来之前要先把地面的绿植做好。

（1）地面绿化。

在绿化带上用样条线勾勒边缘，用挤压修改器做一个面，并给它施加草地的贴图。

1）在“创建”面板中单击“图形”按钮，选择 Line 选项，绘制如图 3-358 所示的红线标注的图形，闭合线。

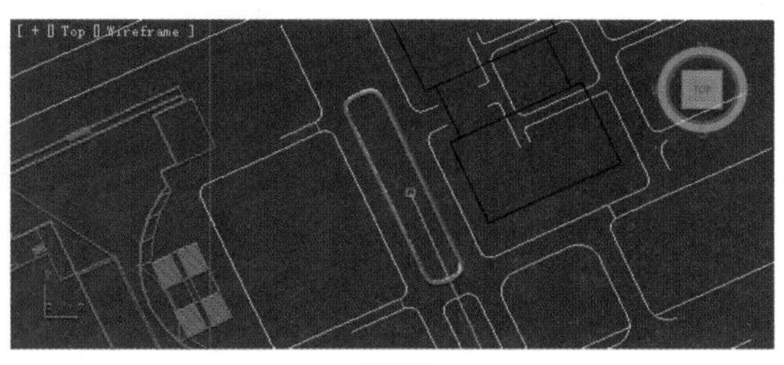

3-358

2）选择这个图形，进入“修改”面板，在修改器下拉菜单中选择 Extrude 命令，挤压出一个面，右击，在弹出的快捷菜单中选择 Convert To → Convert to Editable Poly 选项，如图 3-359 所示。

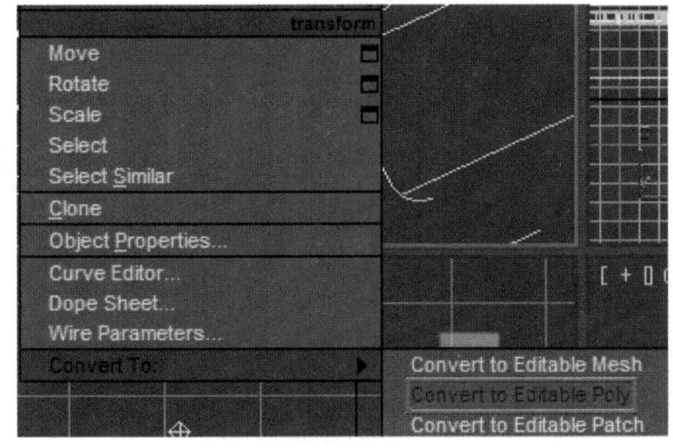

图3-359

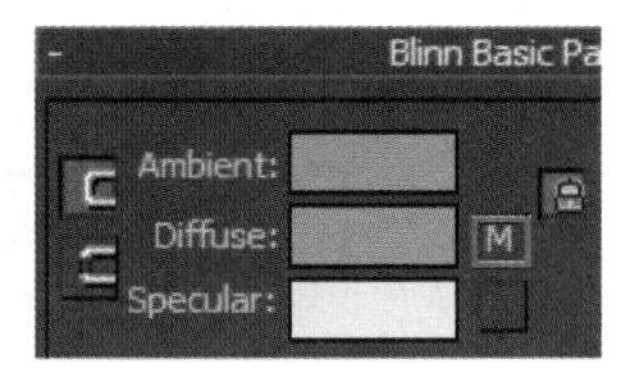

图3-360

3）单击“材质编辑器”按钮，打开材质编辑器，单击 Diffuse 后面的方块按钮，如图 3-360 所示，在打开的材质贴图浏览器中双击 Bitmap 按钮。选择草地贴图，单击“施加材质”按钮，把材质赋予图形。

如果模型上没有出现草地贴图，进入“修改”面板，在修改器下拉菜单中选择 UVW Mapping 修改器，如图 3-361 所示，渲染效果如图 3-362 所示。

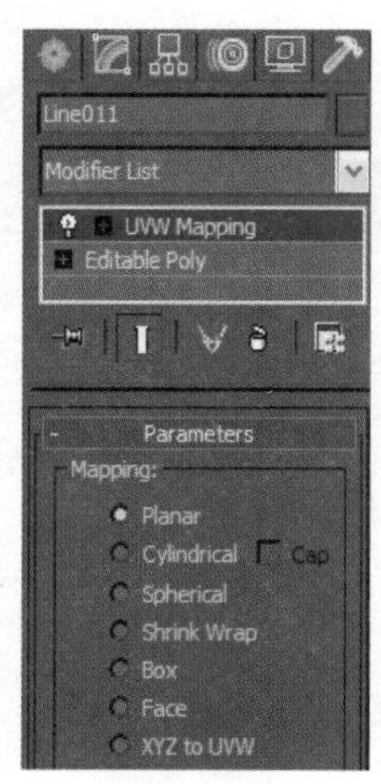

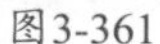
图3-361

图3-362

用同样的方法给其他绿化带赋予草地材质，如图 3-363 和图 3-364 所示。

图3-363

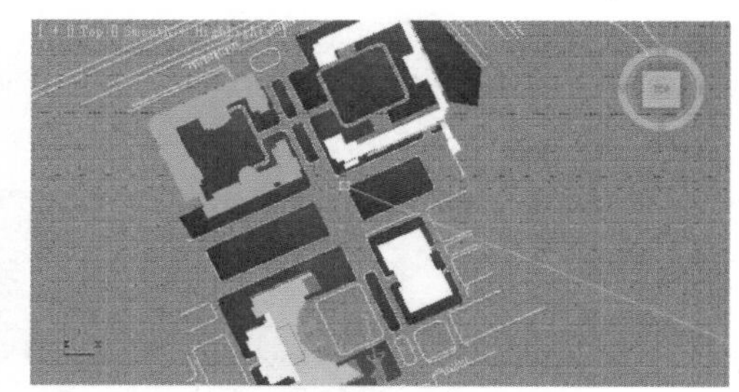

图3-364

（2）给场景中导入凉亭。

现在把制作好的其他设施模型导入场景中，并放到适当的位置。单击“文件”菜单，然后单击 Import → Merge 命令，选择制作好的凉亭，单击 OK 按钮，将其导入场景中，用缩放工具调整大小，并放到合适的位置，在顶视图和前视图中调整好位置，调整结果如图 3-365 所示。

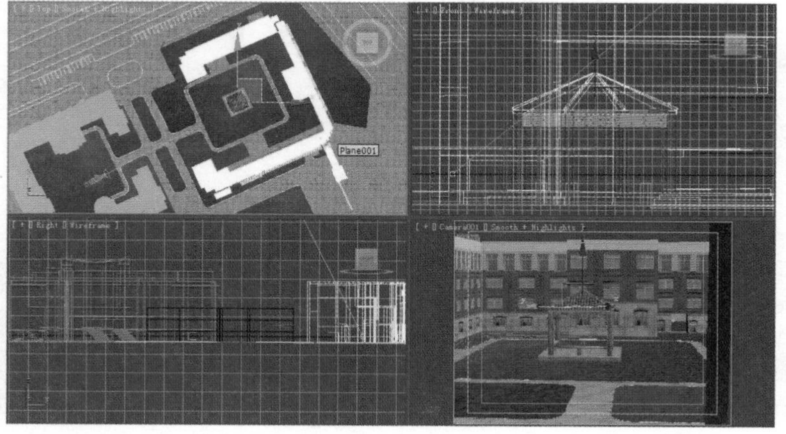

图3-365

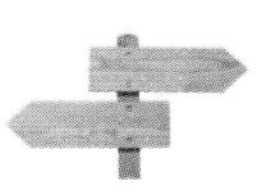

注意：一定要在前视图中调整凉亭和地面的关系，使其与地面贴合，不要留有空隙。

可以用 Box 给凉亭的四周加上一些石块，并赋予其花岗岩贴图，如图 3-366 所示。

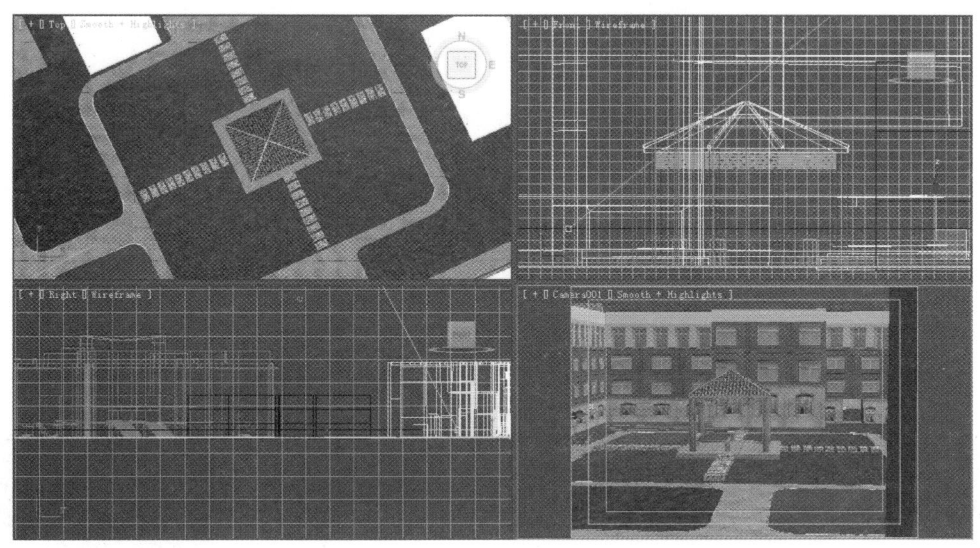

图3-366

（3）导入路灯和路牌。

1）用同样的方法将路灯导入场景中，在顶视图和前视图中调整好位置和大小，可以用缩放工具调整大小，用移动工具调整位置，如图 3-367 所示。

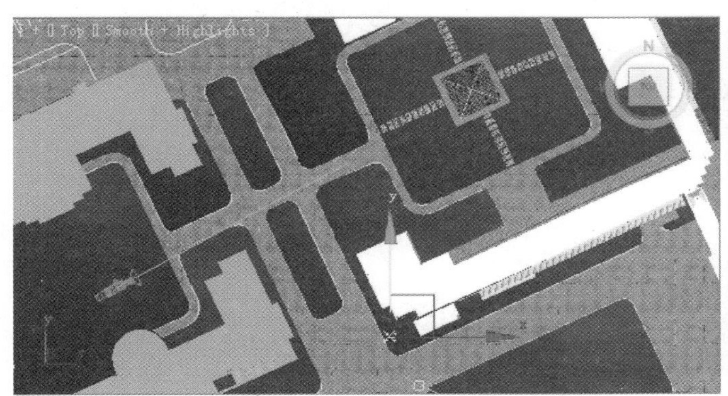

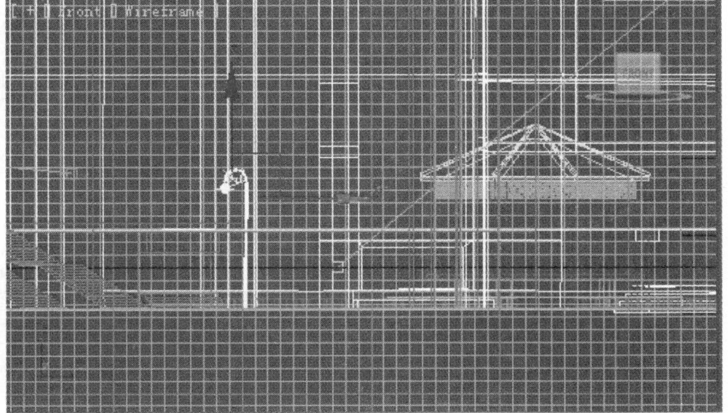

图3-367

2）在创建面板中单击 Shapes（图形）按钮，单击 line 命令绘制一条直角线作为路径。如图 3-368 所示。

3）选择路灯，单击 Animation → Constraints → Path constraint 命令，拾取路径，选择工具菜单栏，单击 Snapshot 命令，给路灯做一个路径跟随动画，用快照复制的方法制作一排路灯，路灯的个数根据需要设定。如图 3-369 ～图 3-371 所示。除此之外还有一个更简便，快速的方法，就是利用透明贴图，把制作好的路灯在 Photoshop 中处理成透明贴图需要的样式，如图 3-371 所示，然后在 3ds max 中建立一个 plan，贴入透明贴图，方法同制作树一样。

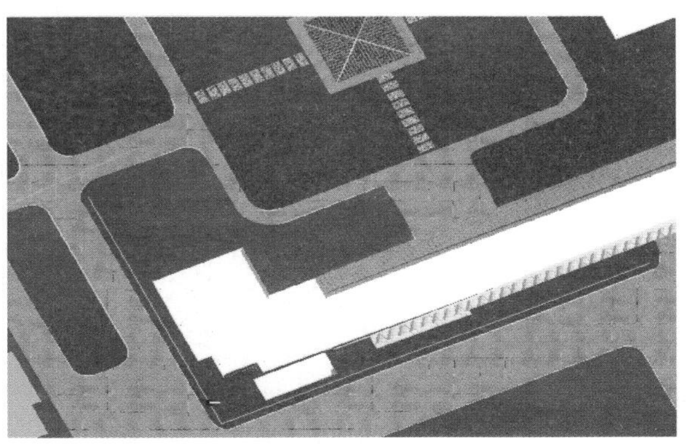

图3-368

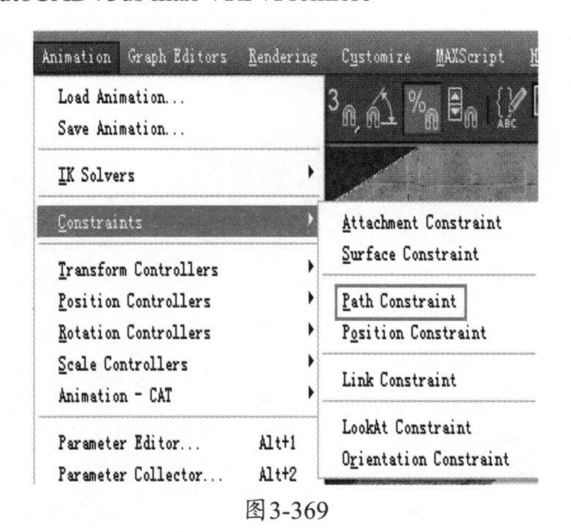

图3-369

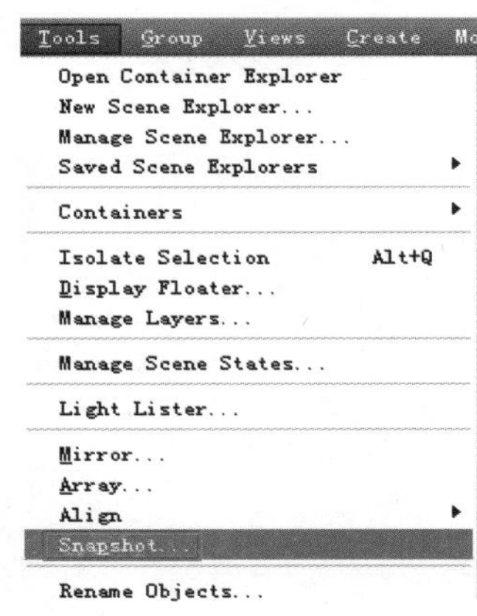

图3-370

效果如图 3-371 所示。

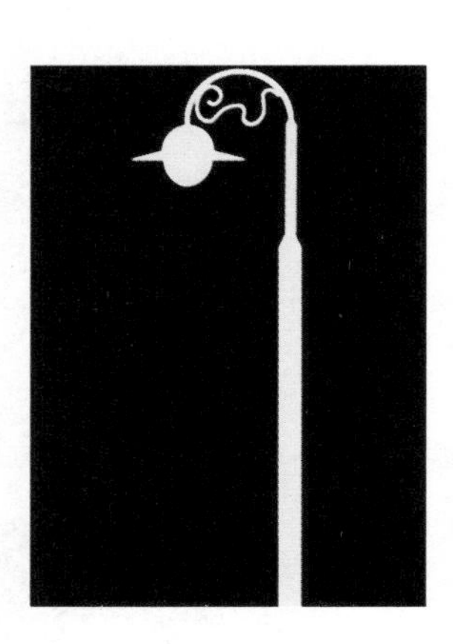

图3-371

注意：在制作过程中会出现模型和材质过多，耗用内存太大，机器运转速度过慢的现象，可以先把不需要的部分隐藏起来。

现在用同样的方法导入路牌，调整大小，把它放到路口适当的位置，如图 3-372 所示。

（4）导入树木。

用同样的方法导入树木，并摆放到合适的位置，如图 3-373 所示。

图3-372

图3-373

3.7 存储文件做路径漫游动画

整理好场景后，把文件存储到指定的文件夹，模型、材质、贴图、动画等都要存储到统一的文件夹内，并且给文件夹取好名字，不要随意乱存。同时也要存储一个备份。

单击“文件”→“存储”命令，在弹出对话框的“保存在”后面选择要保存的文件路径，在“文件名”处给文件命名。“保存类型”选择3ds max，如图3-374所示。

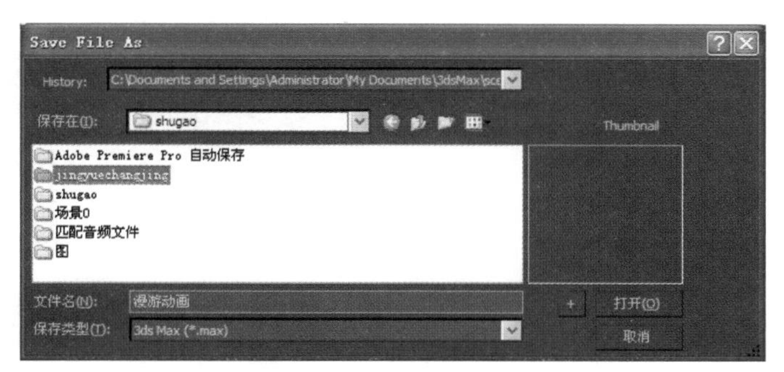

图3-374

本章小结

通过本章的学习，了解了建筑动画模型创建的工作流程，掌握其中各个环节的具体要求，以及制作流程。

思考题

1. 在制作模型之前应做哪些准备工作？
2. 再给模型分材质ID号时应注意些什么？

4

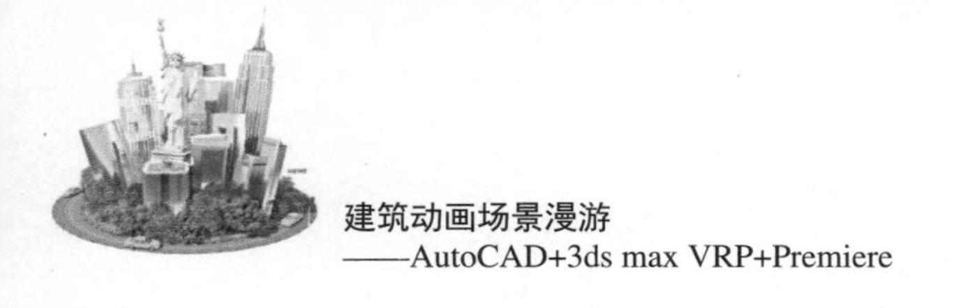

第4章　3ds max场景动画

主要内容

终于到了动画制作的时刻，本章将讲解建筑动画的制作方法。

重点和难点

不同类型的建筑动画有不同的制作方法，通过本章的学习应对其做法有系统的认识。

学习目标

通过本章的学习使读者掌握建筑动画的制作方法。

4.1 动画时间设置

4.1.1 动画时间长度的设置

在制作建筑漫游动画时，对时间的掌控是十分重要的，在界面的最下方可以控制时间滑块、设置动画时间和关键帧。如图4-1所示。

图4-1

单击“时间设置面板”按钮，如图4-2所示，进入时间设置面板，如图4-3所示。

图4-2

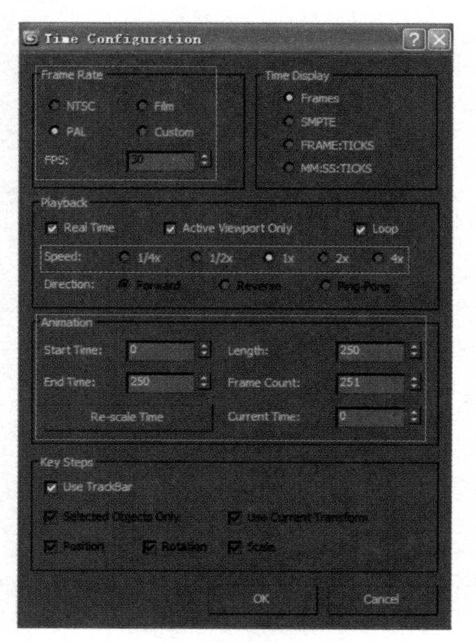

图4-3

在弹出的 Time Configuration 对话框中，Frame Rate 是选择帧速率，中国地区一般都用 PAL 制式，日本、韩国及东南亚地区与欧美等国家使用 NTSC 制式，在制作时选用 PAL 制式，就是每秒 25 帧。

Playback 中的 Speed 是物体的运动速度，默认是 1X，也就是标准速度。1/2X 是标准速度的 1/2 倍，2X 是标准速度的 2 倍。

Animation 是动画时间控制。可以控制起始时间，时间长度。

4.1.2 动画时间长度的修改

（1）单击 Re-scale Time 按钮，可以对时间轴的长度进行设置，如果设置帧的总长度为 250，时间轴的总长度就显示为 250 帧，如果需要延长帧数，可以单击 Re-scale Time 按钮，在弹出的对话框中进行设置，如图 4-4 和图 4-5 所示。

（2）若要调节时间轴上帧的长短，可修改 Current Time 后面的数值。如时间轴上的帧数是 69 帧，如果使帧数延长，单击如图 4-6 所示向上的三角，或者手动输入数值，还有一种方法是直接在时间轴上操作，单击向右拖住最后面的帧，使它延长。

（3）如图 4-7 所示的三角形按钮类似于播放器开关，单击可以播放做好的动画，下面的数值是当前帧的显示状态，手动输入数值可以设置帧的位置，也可以快速找到某一帧的位置，只需要输入数值后按下回车键即可。

图4-4

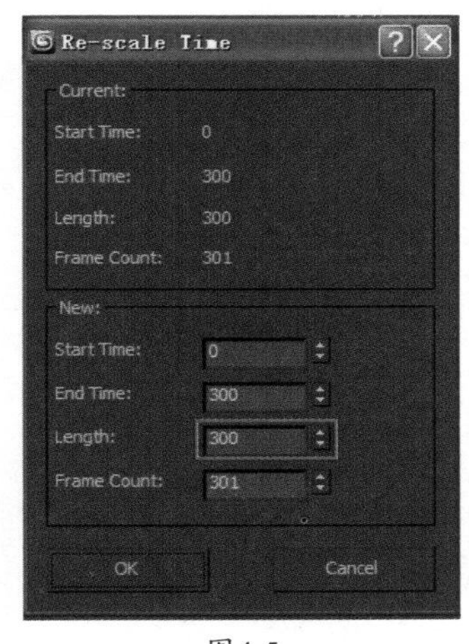

图4-5

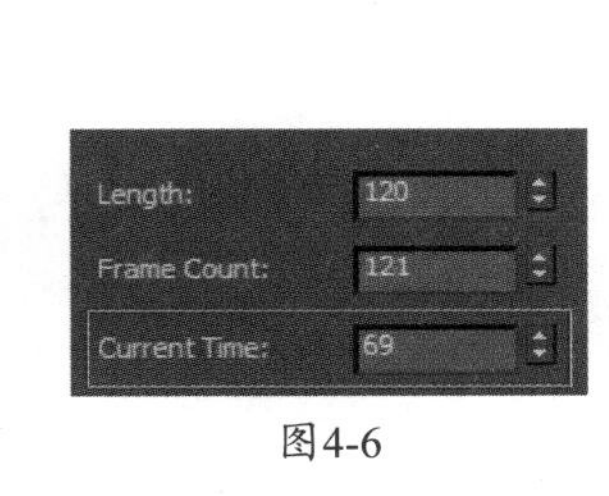

图4-6

图4-7

（4）同时按下 Alt+Ctrl 键，用鼠标左键拖动时间滑块，可以对 Starttime（开始时间）进行动画调节。

（5）同时按下 Alt+Ctrl 键，用鼠标中键拖动时间滑块，可以对 Range（时间范围）进行动画调节。

（6）同时按下 Alt+Ctrl 键，用鼠标右键拖动时间滑块，可以对 Endtime（结束时间）进行动画调节。

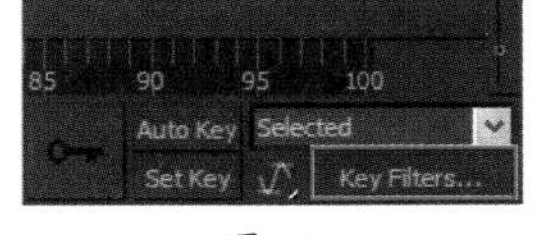

图4-8

4.2 动画的关键帧记录与调整

动画关键帧的记录分为自动记录和手动记录。

4.2.1 动画的关键帧自动记录

动画记录的开关在时间轴下，上面的 Auto Key 是自动记录，如图 4-8 所示。自动记录的方法如下。

（1）选择需要记录动画的物体，然后确保时间滑块在需要动的地方，单击 Auto Key 自动记录按钮，这时按钮呈红色，界面的边框也呈红色，此时是正在记录动画的状态，如图 4-9 所示。

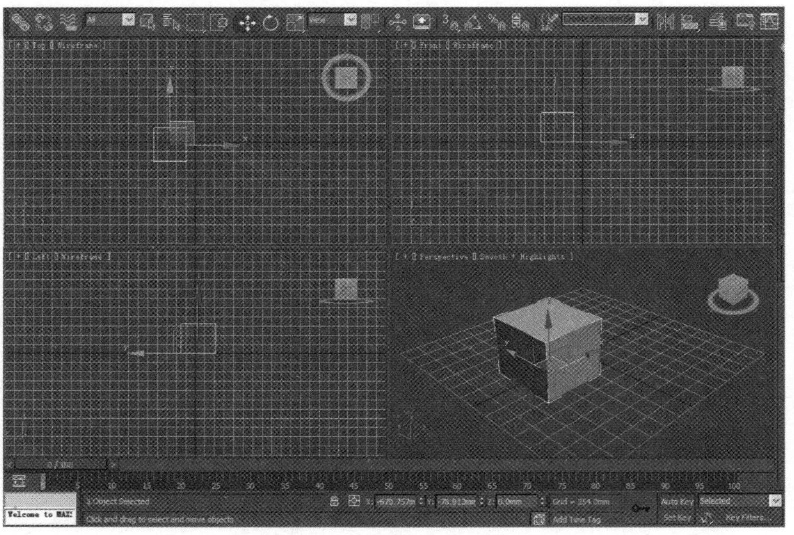

图4-9

（2）把时间滑块拖到需要停止的帧数上，给物体一个动作，如图 4-10 所示，这样就产生了记录动画的关键帧。

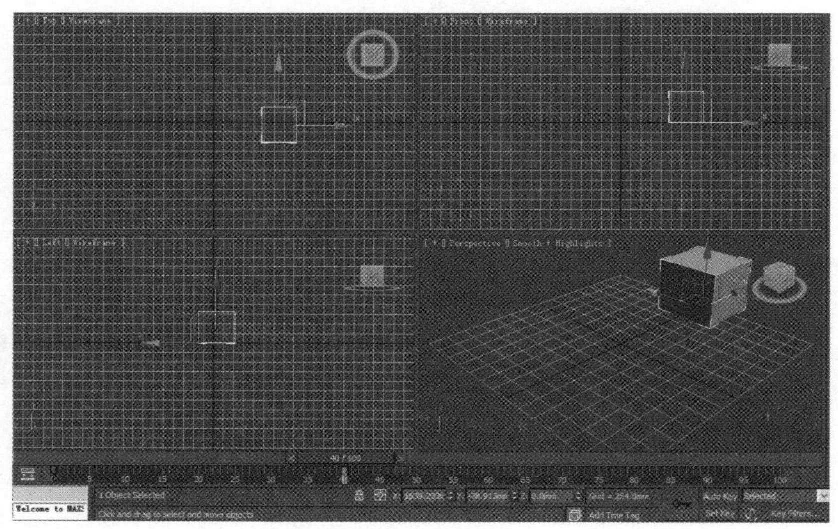

图4-10

（3）动画结束后，单击 Auto Key 按钮，结束记录，可以单击“播放”按钮观看记录的动画，用鼠标拖动时间滑块也可以观看动画。

注意：动作要一步一步地记录，不能一步记录得太复杂，比如要做一个转弯的动画，需要做由 A 到 B 再到 C，不能直接记录由 A 到 C，这样就成了直线移动，所以，第一步要由 A 到 B, 第二步由 B 到 C。

4.2.2 动画的关键帧手动记录

在设置动画之前，要先单击“关键点过滤器” Key Filters... 按钮，打开如图 4-11 所示的关键帧过滤对话框，设置当前允许记录关键帧的轨迹类型。手动记录和自动记录最大的不同就是手动记录需要手动设置关键帧，如果调完一个动作没有手动记录关键帧，那么这个动作就没有被记录上。

（1）单击 Set Key 按钮，打开设置关键帧动画模式。

（2）选择要创建关键帧的对象物体，右击，在弹出的对话框中选择 Curve Editor（曲线编辑器）如图 4-12 所示。

图4-11

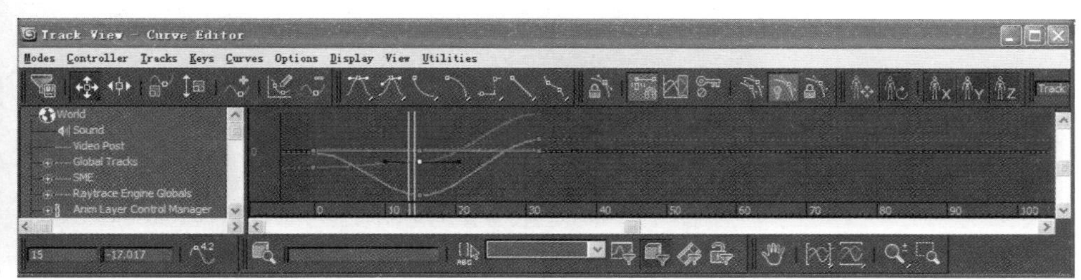

图4-12

（3）单击 Key Filers（关键点过滤器）按钮，勾选设置关键帧的轨迹类型，如图 4-13 所示。

图4-13

（4）选择视图中需要制作动画的对象。

（5）将时间滑块移动到需要的位置。

（6）对对象进行需要的动作调节。

（7）单击“设置关键点”按钮（或使用快捷键 K），在轨迹栏上创建一个关键帧。

（8）重复这一过程，移动时间滑块，设置关键帧。

（9）单击 Setkey 按钮，关闭手动记录设置，动画设置完成。

4.2.3 动画的关键帧的调整

（1）关键帧的删除。

1）选中需要删除的帧，直接按 Del 键。

2）选中需要删除的帧，右击，在弹出的快捷菜单中选择 Delete Key，选择需要删除的部分。

3）选择要创建关键帧的对象物体，右击，选择 Curve Editor（曲线编辑器），在曲线编辑器中删除。

（2）关键帧的复制。选择需要编辑的关键帧，按住 Shift 键，按住鼠标左键拖拽，就会复制出一个帧。

（3）关键帧动作的重新编辑。选择关键帧，并把时间滑块拖到这个帧的上面，打开“记录动画”开关，调整物体的动作，如果是手动的要点一下手动记录按钮，如图 4-14 所示。

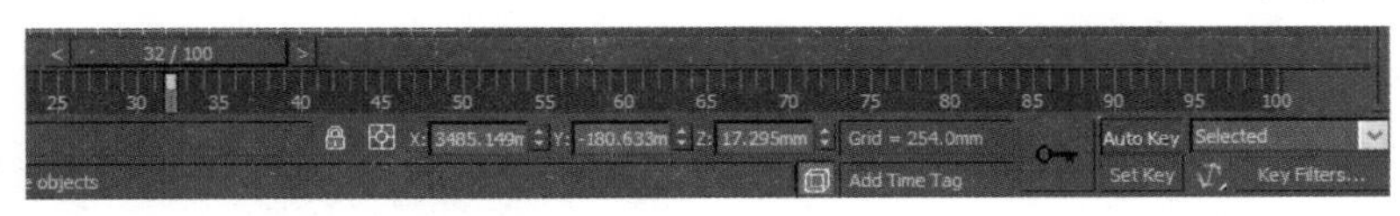

图4-14

4.3 怎样做路径动画

4.3.1 摄像机沿路径运动

建筑漫游动画的设置主要是摄影机动画的设置，下面介绍如何做摄影机动画。

（1）在场景中建立一个 Target Cameras（目标摄影机），在建筑动画中，一般采用带目标点的摄影机。在“创建”面板上单击摄影机，选择 Target 按钮，在视图中创建摄影机，如图 4-15 所示。

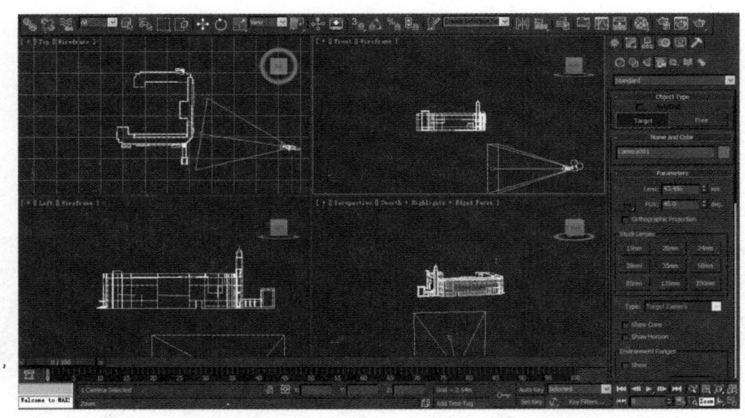

图4-15

（2）切换到透视图，单击空白处取消选择，把鼠标放到透视图的左上角并单击 Perstective，选择 Cameras → Cameras01 到摄影机视图。在其他三个视图中调节摄影机的目标点和角度，如图 4-16 和图 4-17 所示。

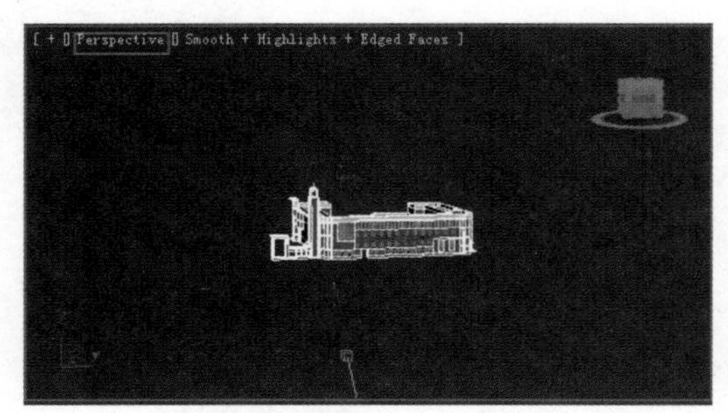

图4-16

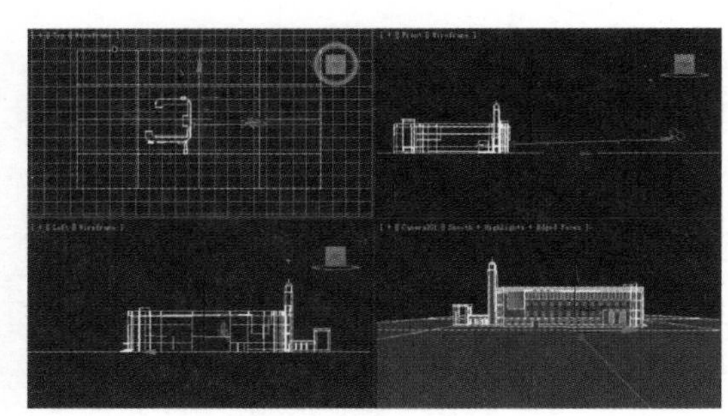

图4-17

这样可以通过调整摄影机的位置，在透视图中观察各个角度。

（3）选择摄影机，在“修改”面板中可以调节镜头焦距，根据需要进行选择，也可以手动调整摄影机的位置，如图 4-18 所示。

（4）单击透视图左上方的 Camera0001，在弹出的菜单中选择 Show Safe Frame（显示安全框）选项，这样就在摄影机视图中显示安全框，如图 4-19 所示。

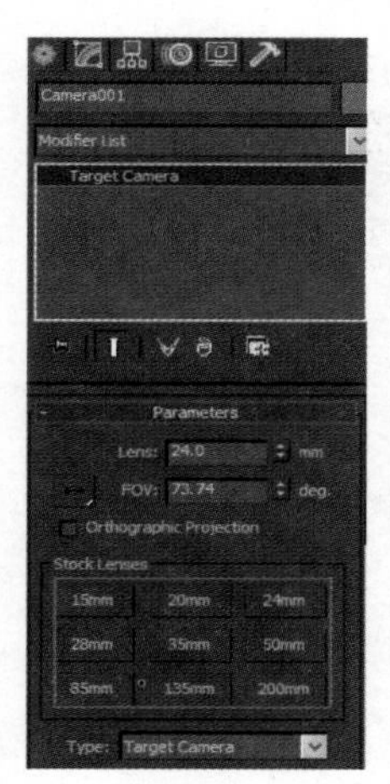

图4-18

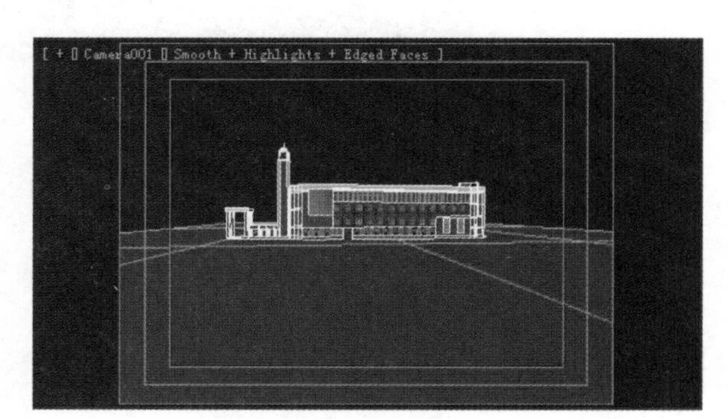

图4-19

（5）在顶视图中用 Line 画一条线，在其他视图中调整好位置，这条线是摄影机镜头围绕拍摄的路径，所以一定要设计好走向和距离，如图 4-20 所示。

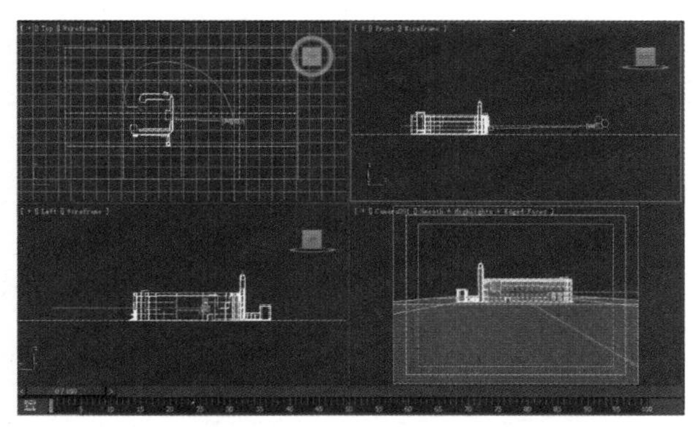

图4-20

（6）选择摄影机，单击菜单栏的 Animation（动画）选项，在下拉菜单中选择 Constraints → Path Constraint（“约束”→“路径约束”），在视图中，鼠标会有一个虚线的连接线，单击刚画好的路径，摄影机就连接到了路径上，如图 4-21 所示。

（7）这时摄影机已经无法移动，摄影机已经和线条绑定到了一起，编辑样条线就可以在摄影机视图中观察到镜头角度，调整好摄影机的角度。

（8）此时在时间滑块处已经自动生成两个关键帧，单击“播放”按钮或者拖动时间滑块就可以看到摄影机跟随路径的动画，如图 4-22 所示。

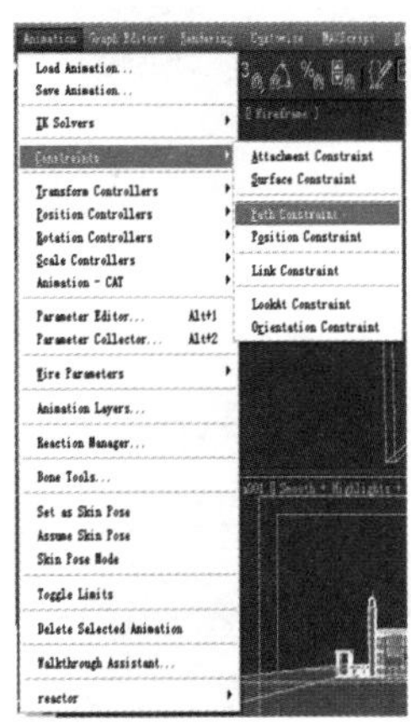

图4-21

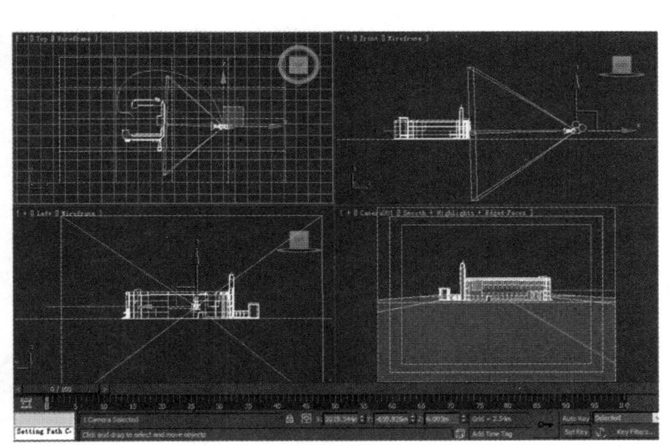

图4-22

（9）如果摄影机运动得过快，可以调整时间设置，打开 Time Confogiratopm（时间设置）按钮，调整 Speed（速度）或 End Time（结束时间），延长摄影机运动的时间就可以放慢速度，如图 4-23 和图 4-24 所示。

图4-23

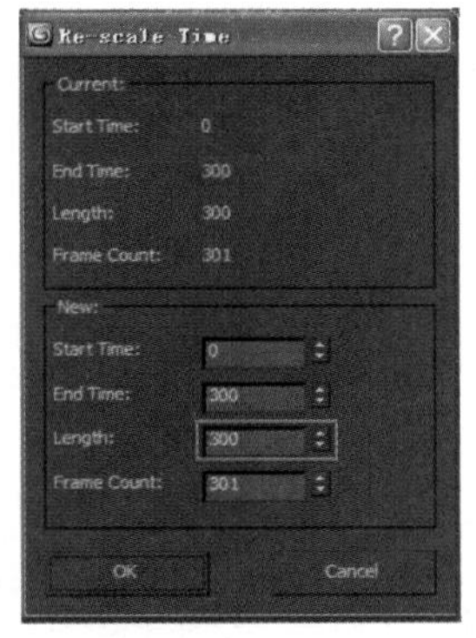

图4-24

配套光盘中的 Max 场景镜头 2 设置的时间长度是 Start Time 为 0，End Time 为 501。在摄影机视图中观察镜头运动的快慢修改时间的长度。

4.3.2 摄像机在路径中微调

当镜头运动或者路径的设置不太理想时，可以对路径或镜头进行微调。选择样条线，进入“修改”面板，选择点进行编辑调整，随着线的变化，摄影机角度也会随之改变。比如用鼠标拖动时间滑块在摄影机视图中观看动画，看到有需要调整的地方就停下，在观察方便的视图中调节线段上的点，如果线段上没有点，可以增加点，由线条带动摄影机的镜头运动，如图 4-25 所示。

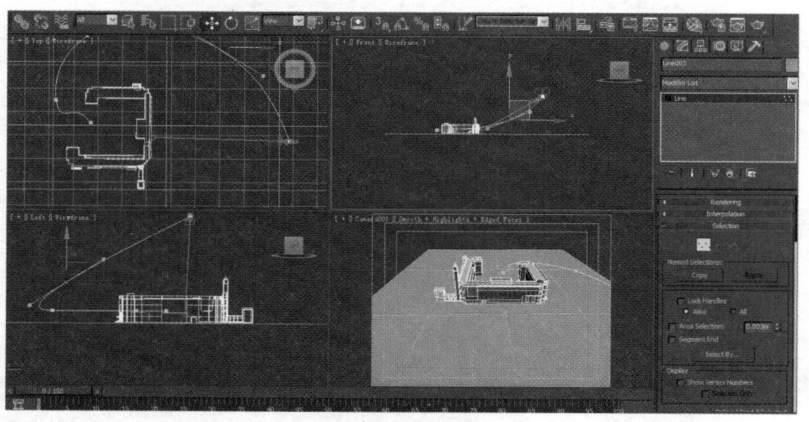

图4-25

4.4 渲染输出

（1）单击工具栏上的“茶壶”按钮，或者单击菜单栏上的 Rendering → Render Setup 选项，进入“渲染”面板，如图 4-26 和图 4-27 所示。

图4-26

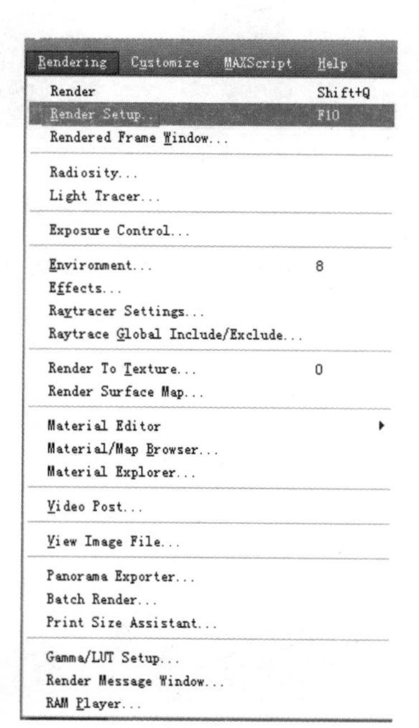

图4-27

（2）进入“渲染”面板。

1）Set Out（时间输出）。在这里设置输出的开始和结束时间，也就是需要输出的帧数。

2）Out Put Set（输出设置）。在这里设置帧速率，国内一般选择 PAL 制，也就是每秒 25 帧，在 Width，Higth 后面设置输出视频的大小，因为选择了 PAL 制，一般都是 720×576。向下拖动面板，找到 Render Output（渲染输出），单击后面的 Files 按钮，选择输出文件的路径，如图 4-28 和图 4-29 所示。

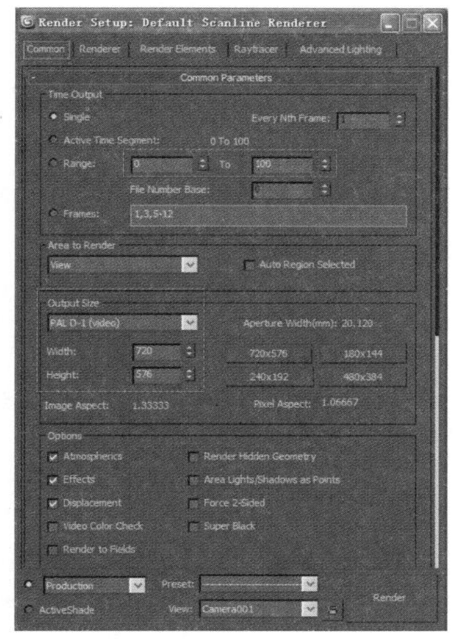

图4-28

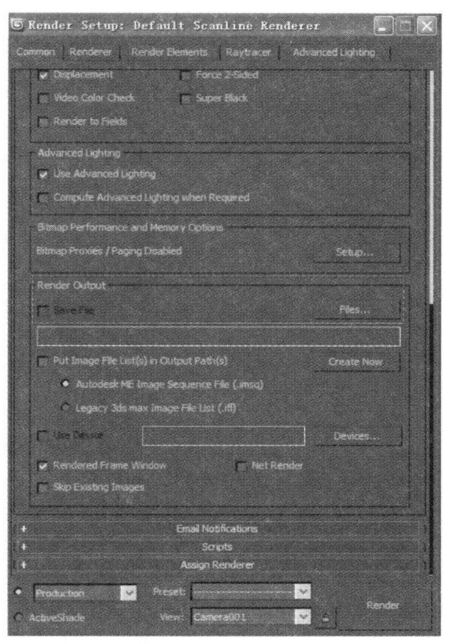

图4-29

4.4.1 输出格式的类型

一切都设置好之后，单击 Files（文件）按钮，弹出一个对话框，选择输出的文件夹，设置好输出的路径，给动画起一个名字，单击保存类型右侧的按钮，下拉菜单会出现许多保存格式，如图 4-30 所示，这里选择 Avi File，然后单击“保存”按钮，单击 Render 开始渲染。渲染结束后在输出的文件夹里可以找到渲染好的文件。

如果想要更清晰的效果，可以选择 Tga 格式，这种格式是高清无压缩的格式，以序列图片的形式输出，优点是非常清晰，缺点是占用空间很大。下面介绍一些比较常见的格式，如图 4-31 所示。

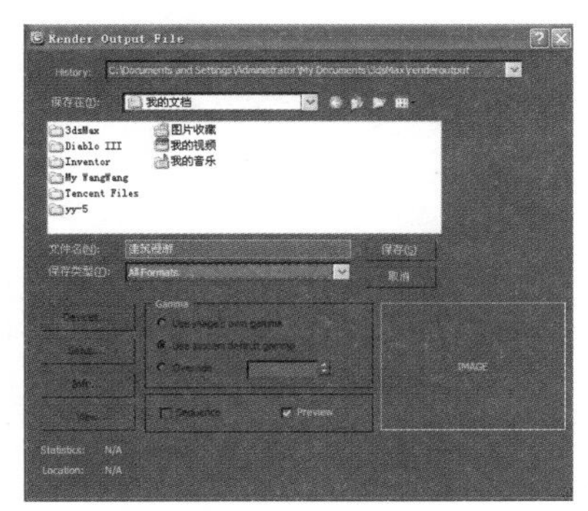

图4-30

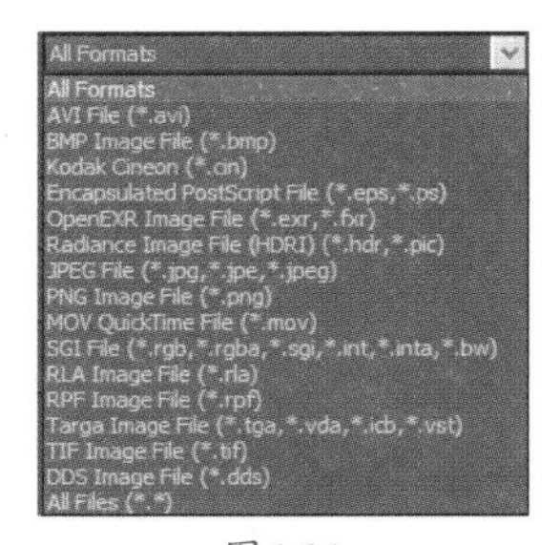

图4-31

（1）AVI File（avi）。AVI File 是最常用的视频格式，AVI 英文全称为 Audio Video Interleaved，即音频视频交错格式。是将语音和影像同步组合在一起的文件格式。它对视频文件采用了一种有损压缩方式，但压缩比较高，因此尽管画面质量不是太好，但其应用范围仍然非常广泛。AVI 支持 256 色和 RLE 压缩。AVI 信息主要应用在多媒体光盘上，用来保存电视、电影等各种影像信息。

（2）BMP Image File（bmp）。BMP 是英文 Bitmap（位图）的简写，它是 Windows 操作系统中的标准图像文件格

式，被多种 Windows 应用程序所支持。随着 Windows 操作系统的流行和丰富的 Windows 应用程序的开发，BMP 位图格式被广泛应用。这种格式的特点是包含的图像信息较丰富，几乎不进行压缩，但占用磁盘空间过大。目前 BMP 在单机上比较流行。

（3）JPEG File（jpg）。JPEG 是最常用的一种图片存储格式，JPEG 图片以 24 位颜色存储单个光栅图像。JPEG 是与平台无关的格式，支持最高级别的压缩，这种压缩是有损耗的。渐近式 JPEG 文件支持交错。

（4）PNG Image File（png）。PNG 是一种位图文件（Bitmap File）存储格式，PNG 用来存储灰度图像时，灰度图像的深度可多到 16 位，存储彩色图像时，彩色图像的深度可多到 48 位，并且还可存储多到 16 位的 α 通道数据。

（5）MOV Quicktime File（mov）。QuickTime 影片格式，它是 Apple 公司开发的一种音频、视频文件格式，用于存储常用数字媒体类型。当选择 QuickTime（*.mov）作为“保存类型”时，动画将保存为 .Mov 文件。QuickTime 文件格式支持 25 位彩色，支持领先的集成压缩技术，提供 150 多种视频效果，并配有提供 200 多种 MIDI 兼容音响和设备的声音装置。无论是在本地播放还是作为视频流格式在网上传播，都是一种较好的视频编码格式。

（6）Targe Image File（tga）。Targe Image File 格式支持压缩，使用不失真的压缩算法，可以带通道图，另外还支持行程编码压缩。TGA（Targa）格式是计算机上应用最广泛的图像格式。在兼顾了 BMP 图像质量的同时又兼顾了 JPEG 的体积优势。并且还有自身的特点：通道效果和方向性。因为兼具体积小和效果清晰的特点，在 CG 领域常作为影视动画的序列输出格式。

4.4.2 常用格式

在这些格式中，最常用到的格式有：AVI 和 Tga 格式。AVI 格式虽然是一种有损视频压缩格式，但输出时间快。Tga 是一种无压缩的图片格式，因为是无压缩的，特别清晰，同时占用内存比较大，也比较耗时，一般在输出最后成片的时候可以选用 Tga 格式，输出的质量好。这种格式一般作为序列文件输出，因为带有通道，所以可以输出透明背景的序列文件，在其他后期编辑软件中比较容易编辑。

本章小结

本章内容是建筑动画制作的重要环节，动画的设置方法、动画的记录调节等内容需要重点掌握。

思考题

1．制作路径动画时如何对摄影机进行微调？
2．制作漫游动画时如何把握时间的快慢？

5

第5章 特效的加载

主要内容

建筑动画的动作设置完成，还要加入特效的制作，为建筑动画营造气氛。

重点和难点

特效的制作及相关设置，使用特效为建筑动画增添色彩。

学习目标

通过本章的学习掌握建筑动画中特效的制作方法。

5.1 燃烧与烟雾

5.1.1 相关参数设置

制作燃烧时需要用到虚拟物体中的大气装置，辅助物体本身是一个看不到的物体，创建后在视图中会有一个线框显示它的范围和大小，但是渲染时却什么也看不到，它是给一些效果当辅助物体的，必须把一些效果添加到辅助物体上才能看到。烟雾制作用的是粒子系统，3ds max 的粒子系统非常强大，能够逼真地模拟自然界中的很多现象。

5.1.2 效果制作

1. 燃烧效果

（1）打开 3ds max，在“创建”面板中单击“辅助物体”按钮，在下拉菜单中选择 Atmospheric Apparatus（大气装置）选项，如图 5-1 所示。选择 SphereGizmo（球体）选项，在视图中创建一个球体框，如图 5-2 所示。

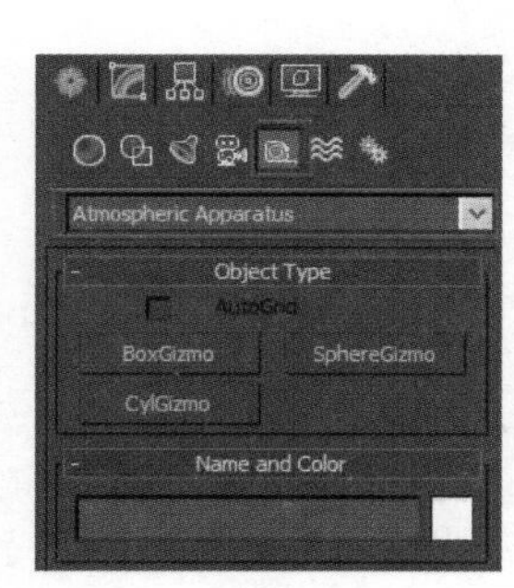

图5-1

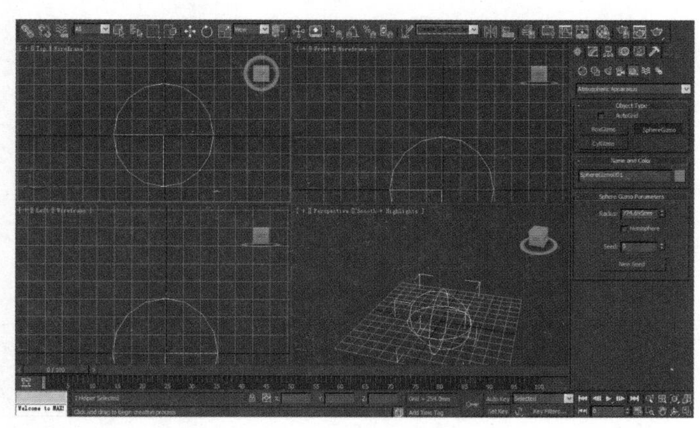

图5-2

（2）选择球形框，进入“修改”面板，勾选 Hemisphere（半球）选项，可以在 Radius 中修改半径值，如图 5-3 所示。在工具栏中选择缩放工具，对半球进行拉长，如图 5-4 所示。

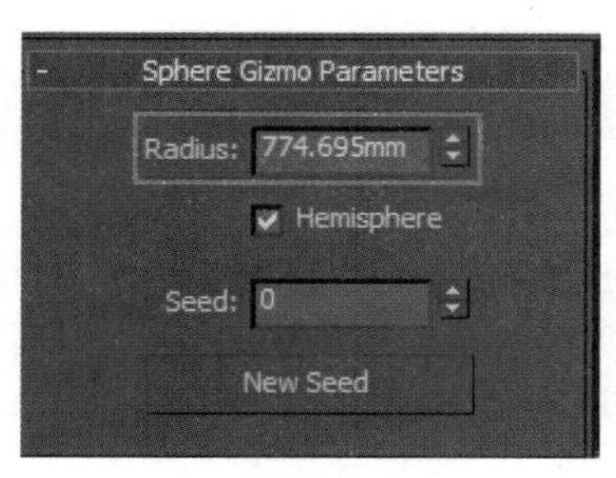

图5-3

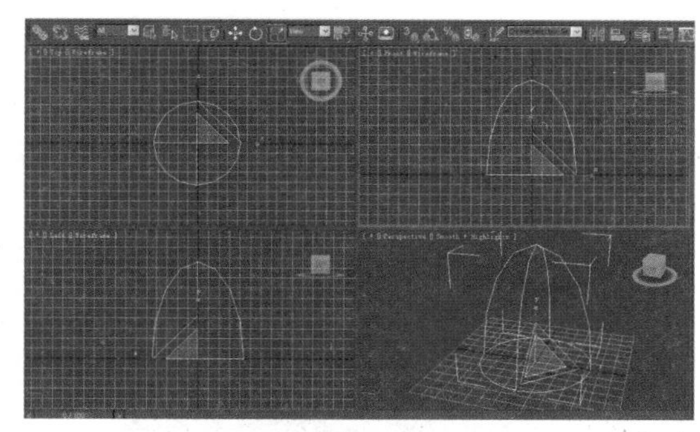

图5-4

（3）选择这个虚拟体，进入右侧的“修改”面板，设置该虚拟体的参数。打开 Atmospheres Effects（大气效果）卷展栏，单击 Add（添加）按钮，如图 5-5 所示，在弹出的对话框中选择 Fire Effect 选项，单击 OK 按钮，这样就把火焰效果添加进来了，如图 5-6 所示，可以渲染看一下效果。

注意：必须渲染摄像机或透视窗口才能看见效果。

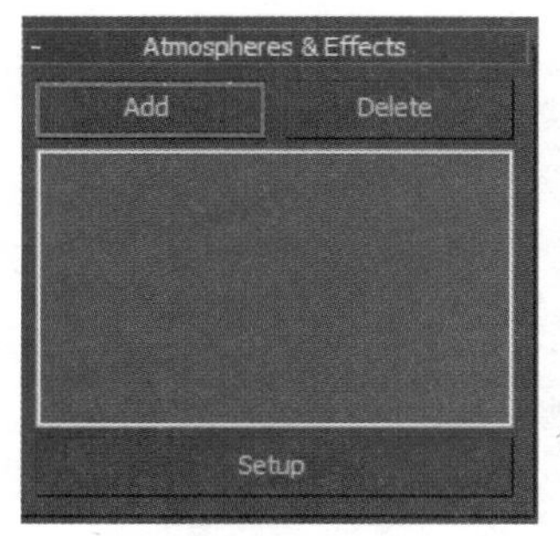

图5-5

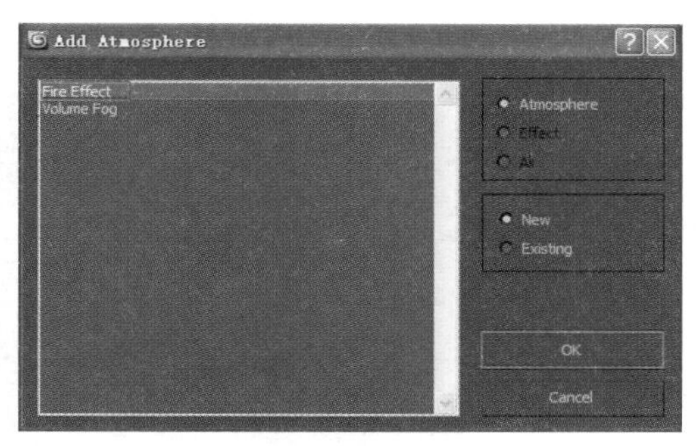

图5-6

（4）在右侧“修改”面板的 Atmospheres Effects（大气效果）卷展栏下，选择 Fire Effect 选项，再单击下面的 Set Up 按钮，如图 5-7 所示，进入环境和效果窗口，向下拖动面板，打开 Fire Effect Parameters 卷展栏，如图 5-8 所示。依次单击三个颜色方块可以设置火焰的颜色，从左向右依次为：内焰、外焰、烟的颜色。Shape（图形）栏中的 Flame Type（火焰类型）用来确定不同方向和形态的火焰，Characteristics（特性）栏用于设定火焰尺寸和密度等相关参数。Motion（动态）栏用于设定火焰动画的相关参数，Phase（相位）表示火焰变化速度，Drift（飘移）表示火苗升腾的快慢。

（5）下面开始设置火焰动画，打开 Auto Key 自动关键帧设置按钮，移动时间滑块，在 Motion（动态）这一栏中设置动画，从第 0 ～ 100 帧设置不同的参数，这样就产生了动画，最终效果如图 5-9 和图 5-10 所示。

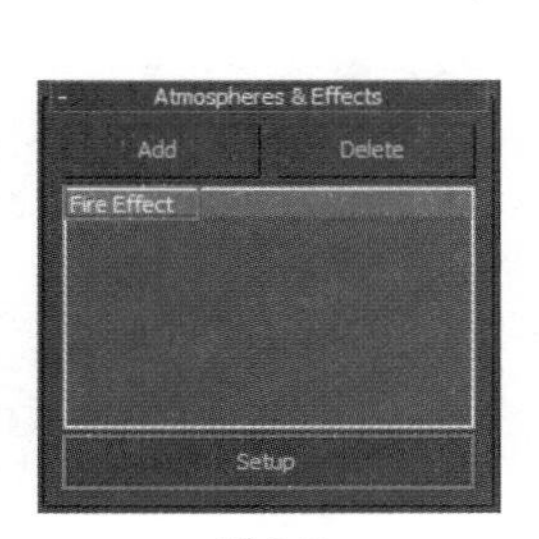

图5-7

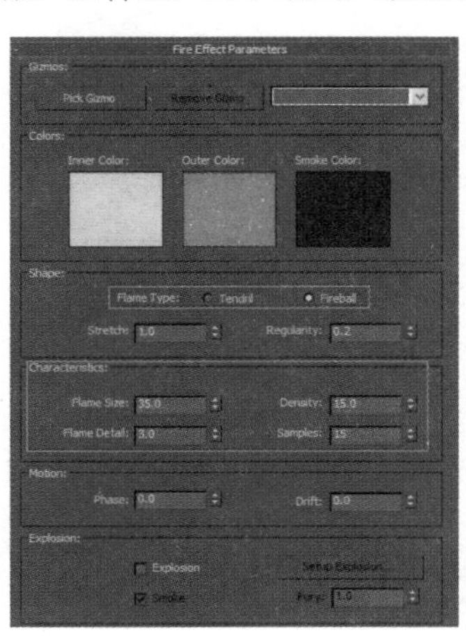

图5-8

图5-9

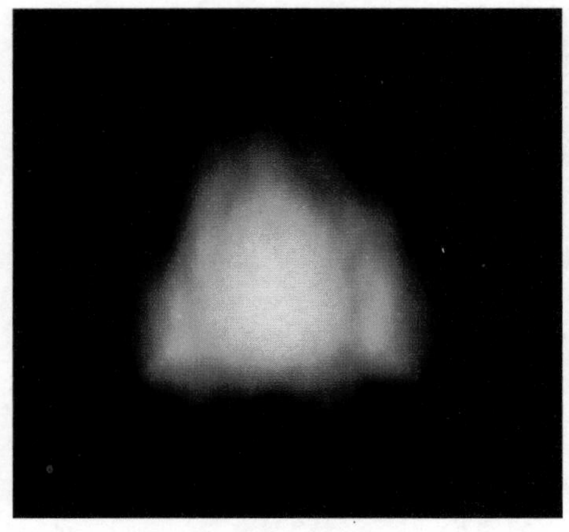

图5-10

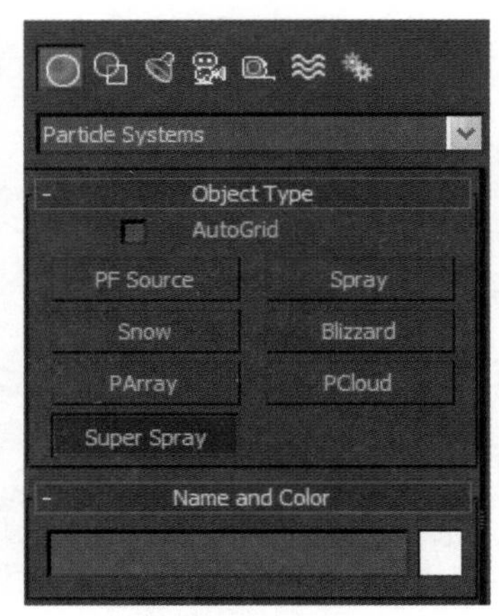

图5-11

2. 烟的效果

（1）单击“创建”面板的“几何体”按钮，在菜单中选择 Particle Systems（粒子系统）选项，如图 5-11 所示，按住鼠标左键拖拽，在 Top 视图（顶视图）中添加一个 Super Spray（超级喷射粒子系统），如图 5-12 所示。

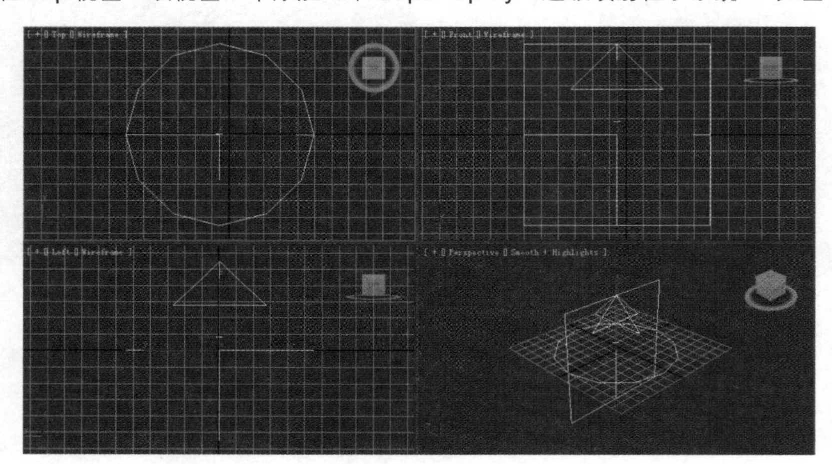

图5-12

（2）现在为其设置参数，为了观察方便，把时间滑块拖到第 30 帧，如图 5-13 所示，然后在右侧的“修改”面板中调整参数，如图 5-14 所示。得到如图 5-15 所示的效果。

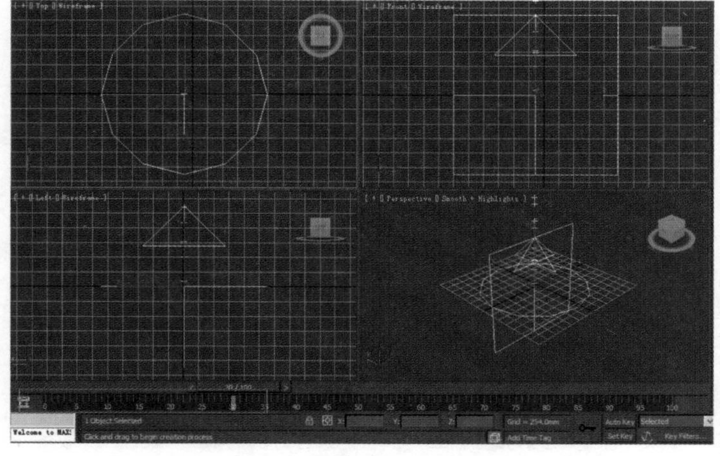

图5-13

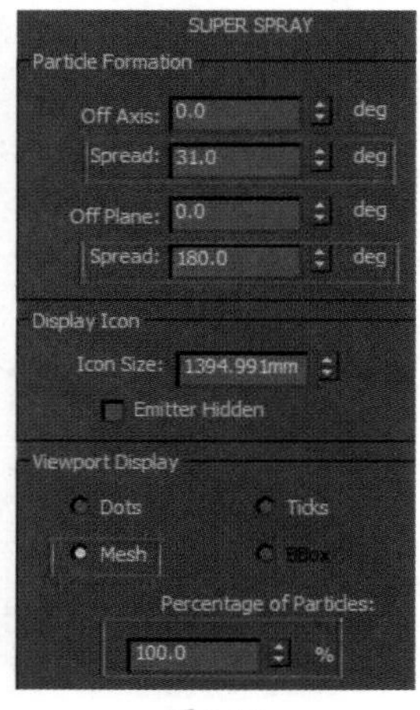

图5-14

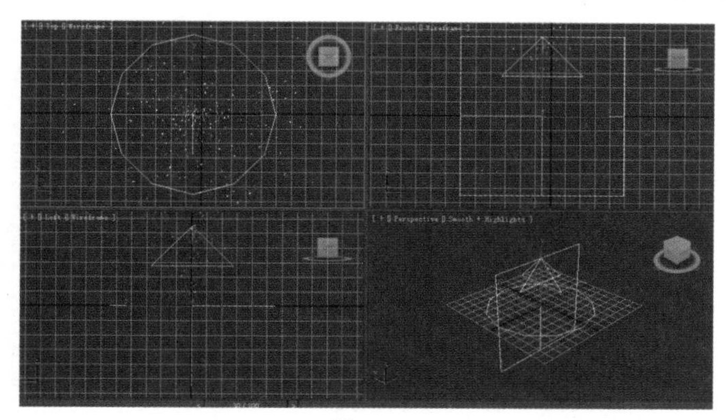

图5-15

（3）接着调整参数，如图 5-16 和图 5-17 所示。

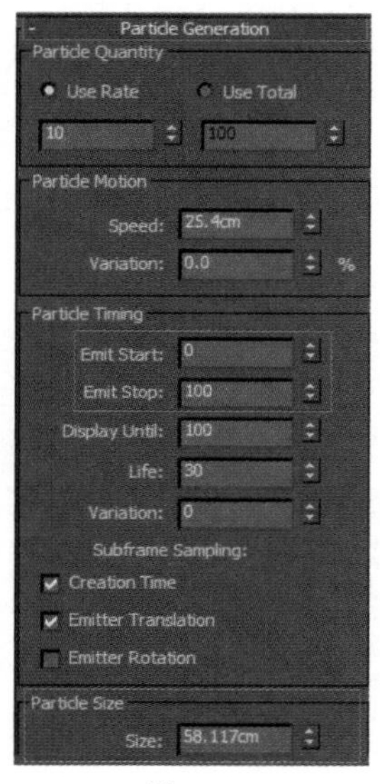

图5-16

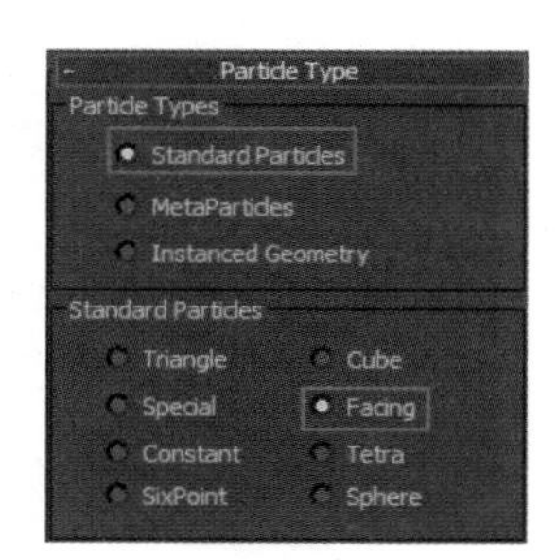

图5-17

（4）现在给粒子一个材质，单击工具栏上的“材质编辑器”按钮，或者按键盘上的 M 键，弹出材质编辑器，选择一个新的材质球，单击 Diffuse（漫反射），设置颜色为橘黄色，如图 5-18 所示，使粒子处于选中状态，单击“施加材质”按钮，把材质赋予粒子。

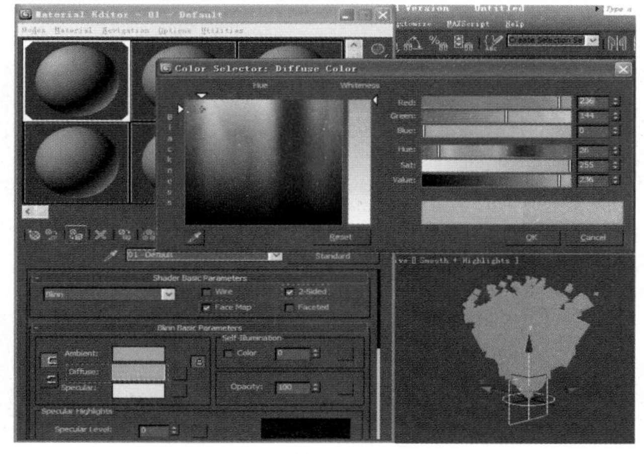

图5-18

（5）单击 Opacity（透明度）后面的按钮，在弹出的贴图浏览器中双击鼠标，选择 Gradient Ramp（渐变贴图），如图 5-19 所示。

图5-19

（6）单击按钮，进入渐变图层级，先选择 Gradient Type（渐变类型）为 Radial（中心方式），然后分别单击 Color2 和 Color3 后面的 none 按钮，给它们添加 Smock（烟）材质，如图 5-20 所示。

图5-20

（7）渲染看一下效果，如图 5-21 和图 5-22 所示，如果把材质球的颜色调成黑白色，烟的颜色也就变成了黑白色。

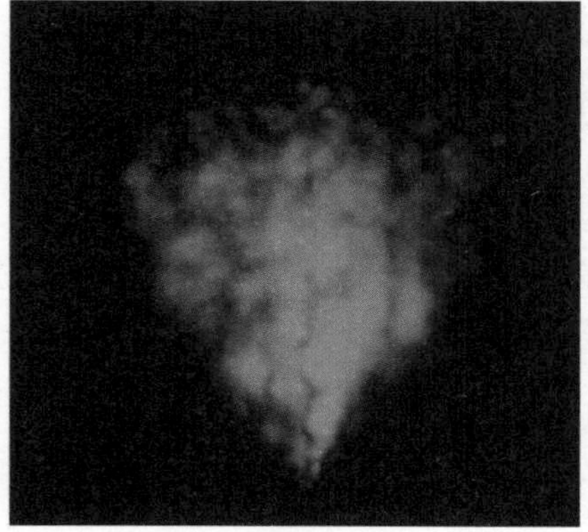

图5-21

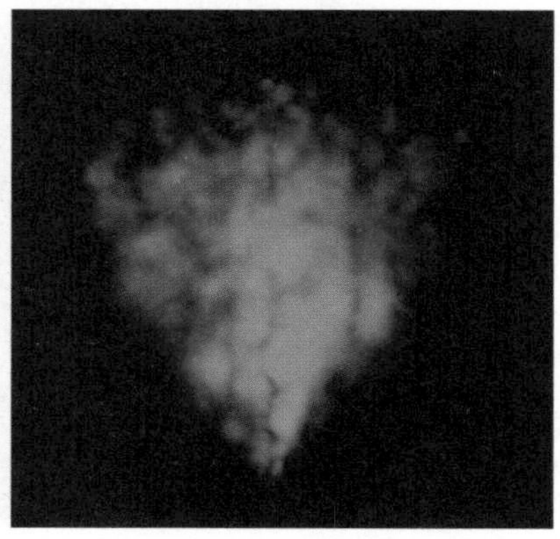

图5-22

5.2 风的效果

5.2.1 相关参数设置

风本身是看不到的，通过一些被风影响到的物体能够感到风的存在。3ds max 就是模仿这些被风吹动的物体来体现风的存在。最常用到的就是动力学。动力学可以模仿一些自然运动的物体，如布料运动，物体的倒塌、碰撞等。

用动力学中的刚体和布料来模拟窗帘和窗帘杆的自然状态，刚体要绑定到窗帘杆上，用来固定位置，以便不受重力的影响而坠落；布料要绑定在窗帘上，使窗帘呈现布料的柔软状态，被风吹动时能够自然飘起来，窗帘的一端要固定到窗帘杆上。

Wind“风”，用来模拟自然界中风的力量，通过设置风的方向和风力大小来控制窗帘的运动。

5.2.2 效果制作

在建筑漫游动画中，为了使动画看起来更贴近自然，会做一些模仿自然界物体的动画。在 3ds max 中，可以用动力学来模仿风的效果，这里以窗帘飘动的动画为例进行讲解。

（1）在“创建”面板中单击“创建几何体”按钮，用 Cone 在视图中创建一个圆柱体，如图 5-23 和图 5-24 所示。

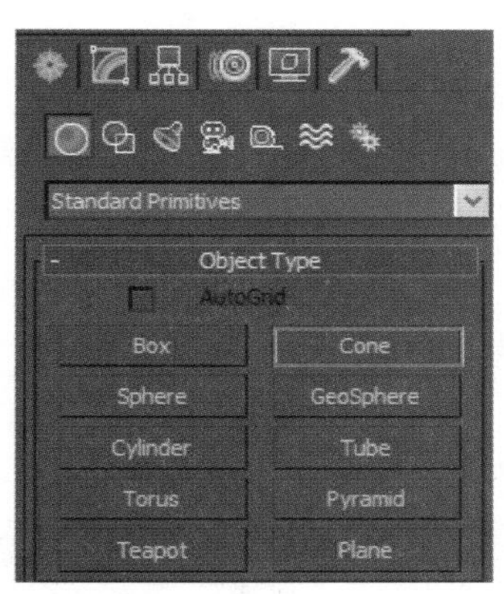

图5-23

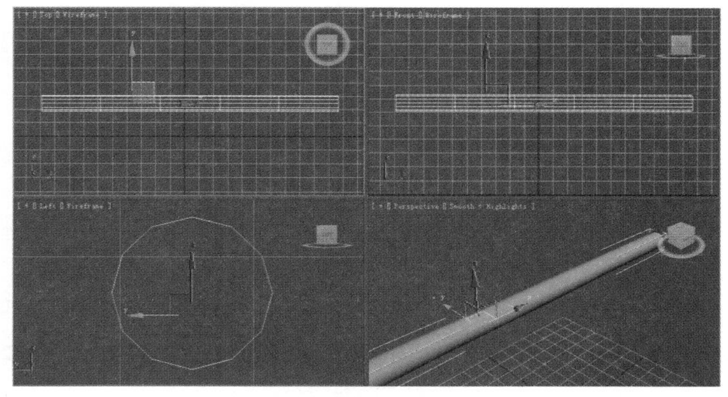
图5-24

（2）用 Plan 创建一个面，作为窗帘，为了布料飘得自然，把面的段数设置得多一些，如图 5-25 所示。

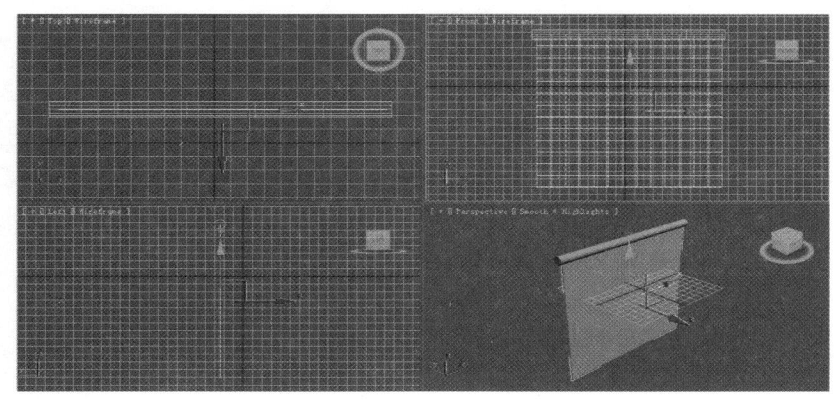
图5-25

（3）在“创建”面板中，单击“辅助物体”按钮，在下拉菜单中选择 Reactor 按钮，单击 RBCollection（刚体集合）按钮，如图 5-26 所示，在前视图中单击创建一个刚体集合，如图 5-27 所示。

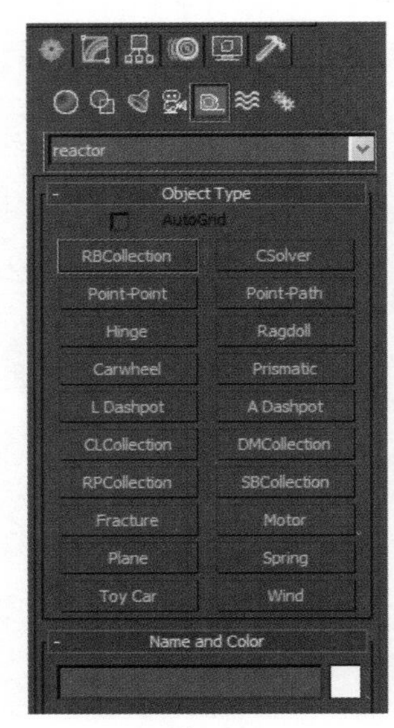

图5-26

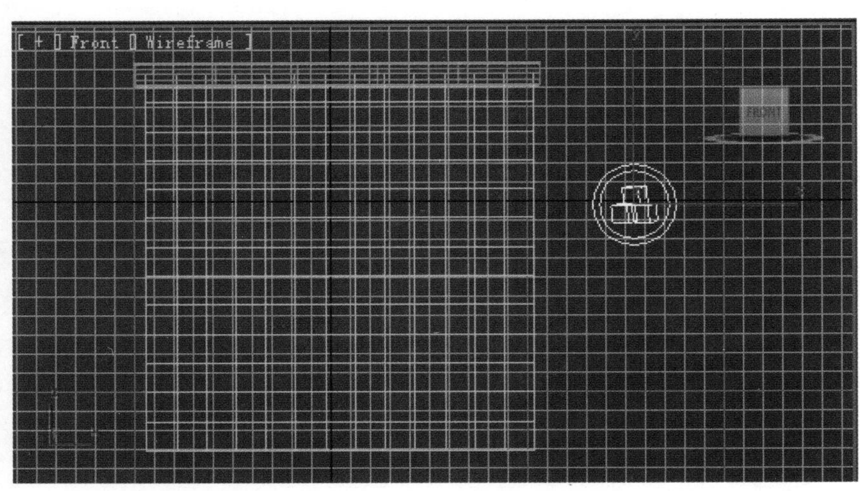

图5-27

（4）保持刚体集合处于选中状态，进入修改面板，在 RBCollection（刚体集合）卷展栏中单击 Pick 按钮，在视图中单击圆柱体，把圆柱体添加到刚体集合中，如图 5-28 所示。

（5）选择窗帘物体 Plane，单击“修改”面板，在 Modifier List 菜单下选择 Reactor Cloth，给窗帘加入一个 Reactor Cloth 修改器，在 Properties（属性）栏中设置 Mass（质量）为 9.0，Stiffness（硬度）为 0.9，Damping（阻尼）为 1.0，如图 5-29 所示，勾选 Avoid Self-Intersections（避免自身相交叠）选项，使窗帘在碰撞时不会产生穿破自身的现象，如图 5-30 所示。

（6）进入“创建”面板，单击“虚拟体”按钮，选择 Reactor 按钮，单击 CLCollection（布料集合体）按钮，在 Front（前）视图单击创建一个 CLCollection（布料集合体）图标，在 CLCollection（布料集合体）图标处于选中状态下进入修改面板，单击 Pick 按钮，再选择场景中的窗帘，将其添加到布料集合体中，如图 5-31 所示。

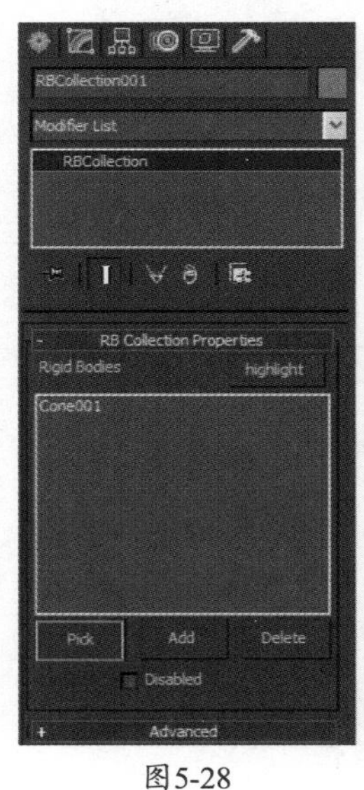

图5-28

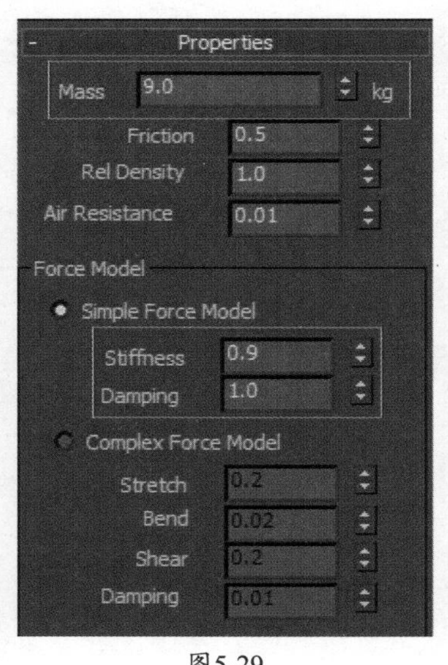

图5-29

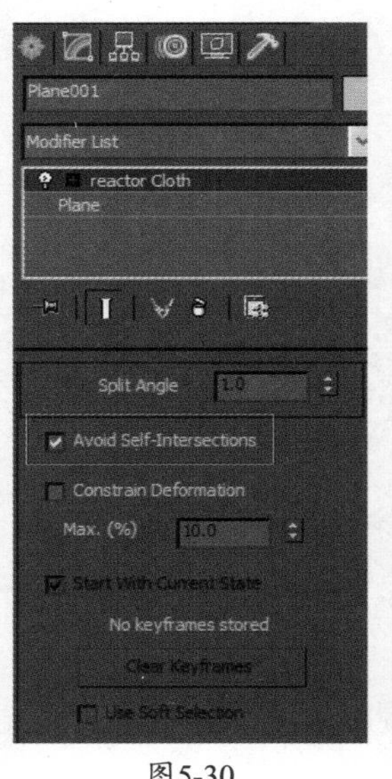

图5-30

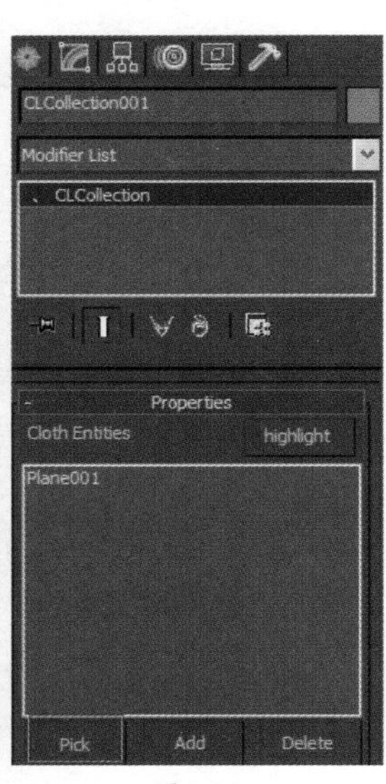

图5-31

（7）选择窗帘物体，在创建面板修改器 Reactor Cloth 下选择 Vertex（点）选项，使窗帘物体进入点编辑状态，选择最上面的一排点，单击 Constraints 卷展栏下的 Attach To Rigidbody（结合到刚体）选项，目的是使窗帘中被选中的一排点固定在被作为刚体的杆上，不受风力影响，保持静止状态，如图 5-32 所示。

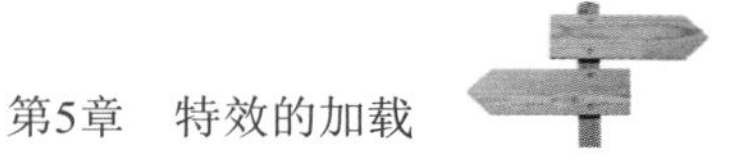

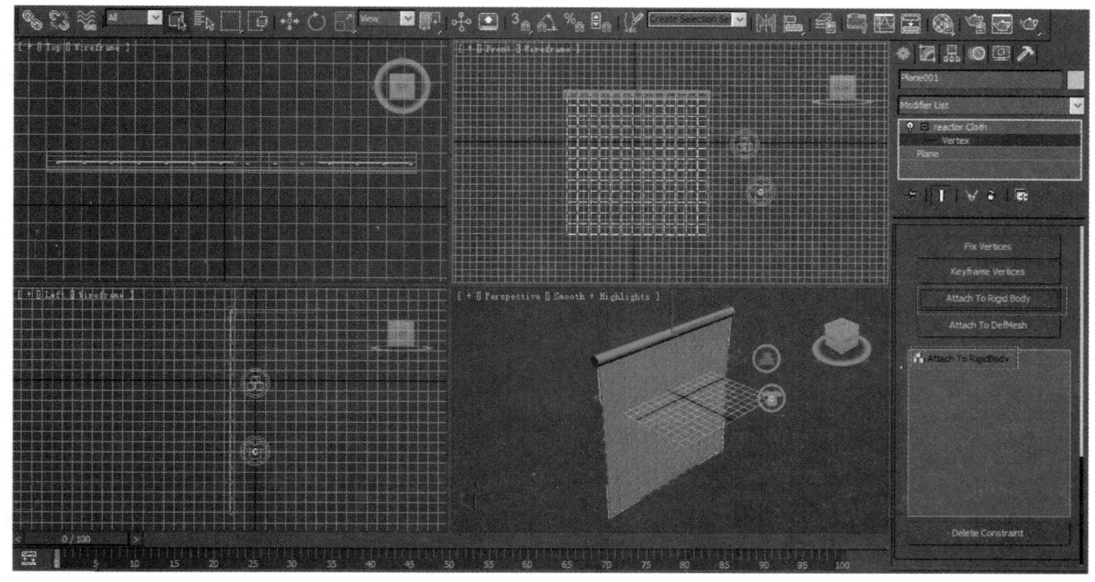

图5-32

（8）单击 Rigid Body 下面的 None 按钮，在场景中选择圆柱体（窗帘杆），如图 5-33 所示。

（9）进入“创建”面板，单击 Helps（辅助物体）按钮，选择 Reactor 按钮，单击 Wind（风），在前视图创建一个 Wind（风力）图标，如图 5-34 所示，打开修改面板，在 Properties（属性）卷展栏中将 Wind（风速）值调整为 250，Variance（变化）值调整为 8，使风速具有一定变化，如图 5-35 所示。

（10）选择窗帘物体，单击“工具”按钮，进入程序面板，单击 Reactor 按钮，在 Properties（属性）卷展栏中调节 Mass 为 4.0，在 Preview Animation 卷展栏下单击 Preview In Window 按钮，打开预览窗口，按下 P 键，执行预览计算，如图 5-36 所示。

（11）预览效果满意后就可以输出动画了，也就是把程序里生成的动画输出到视图中，刻意渲染出来，单击 Create Animaion（创建动画）按钮，输出动画，如图 5-37 所示，单击“播放”按钮，播放动画，在透视图中观看最终效果。

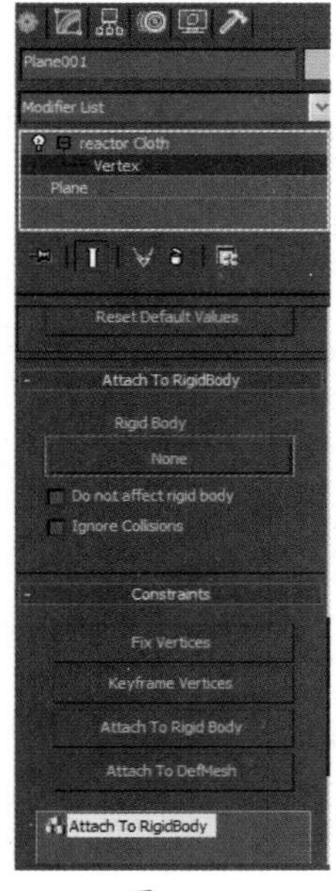

图5-33

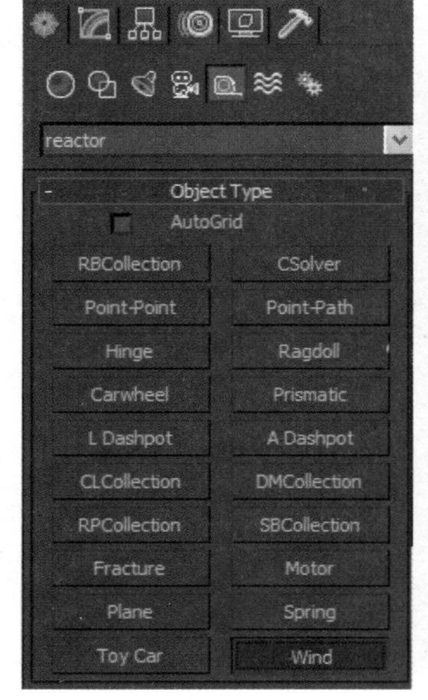

图5-34

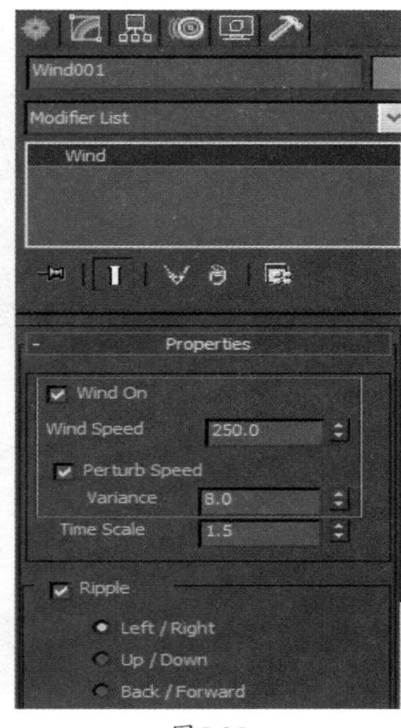

图5-35

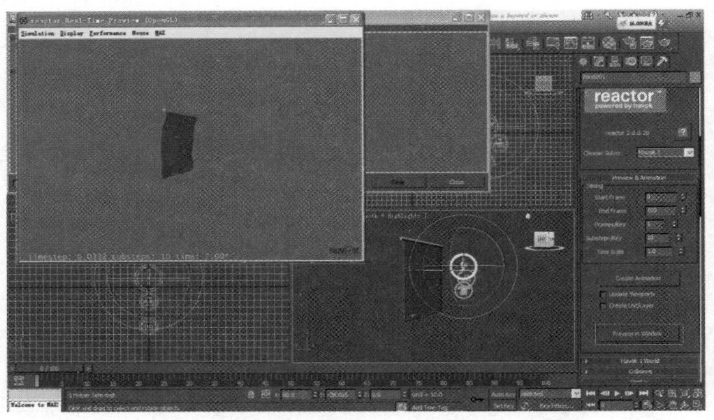

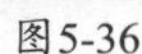
图5-36

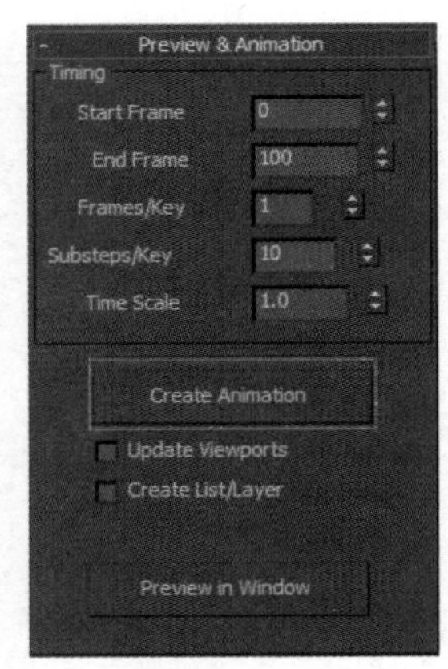

图5-37

5.3 进行大气烘托渲染

5.3.1 相关参数设置

这里依然会用到辅助物体中的虚拟体，虚拟体是为了约束大气的形状和大小。创建好虚拟体后，把体积雾施加到虚拟体中，如果不用虚拟体来约束雾的大小和形状，整个场景就会浸在雾中。用这种方法还可以制作云团的飘动。

5.3.2 效果制作

为了使整体环境更具有真实感，更自然，需要给环境中加入一些大气环境才能达到大自然的效果。如图 5-38（1）所示，此图看着有些生硬，没有天空，我们给这个场景添加天空和一些大气效果。

（1）单击菜单栏 Rendering 渲染菜单，选择 Environment And Effect 环境和效果选项，如图 5-38（2）所示。打开环境和效果对话框，选择 Environment 面板，单击 None 按钮，如图 5-38（3）所示，打开贴图材质浏览器，选择 Bitmap 位图贴图，如图 5-38（4）所示，打开本书配套光盘中的天空文件夹，选择一张合适的天空图片，如图 5-38（5）所示。

图5-38（1）

图5-38（2）

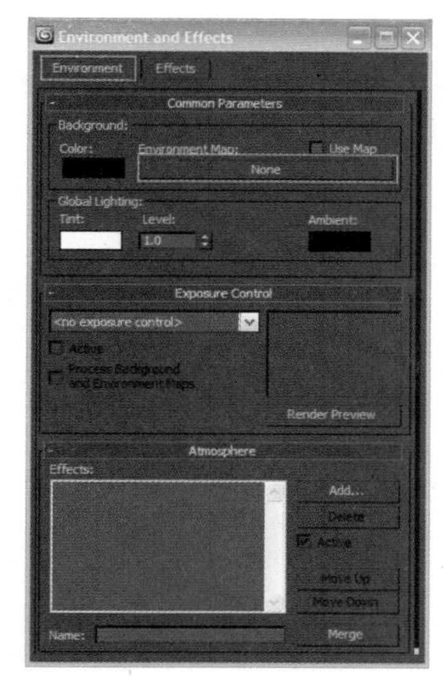

图5-38（3）

图5-38（4）

（2）打开“材质”面板，按住鼠标左键拖动新加的天空贴图到一个新的材质球上，如图5-38（6）和图5-38（7）所示，单击“渲染”按钮，得到如图5-38（8）所示的效果。

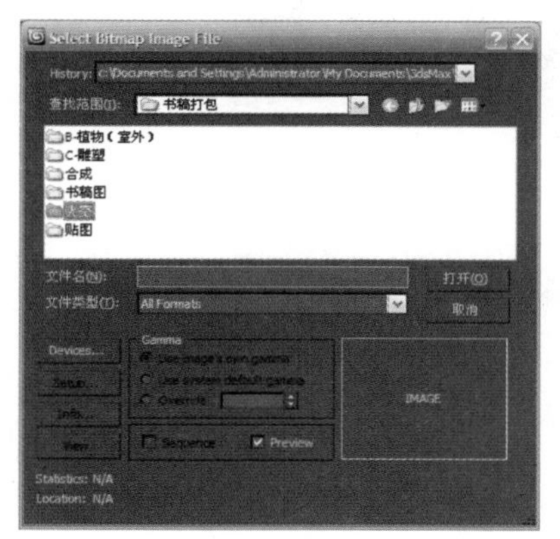

图5-38（5）

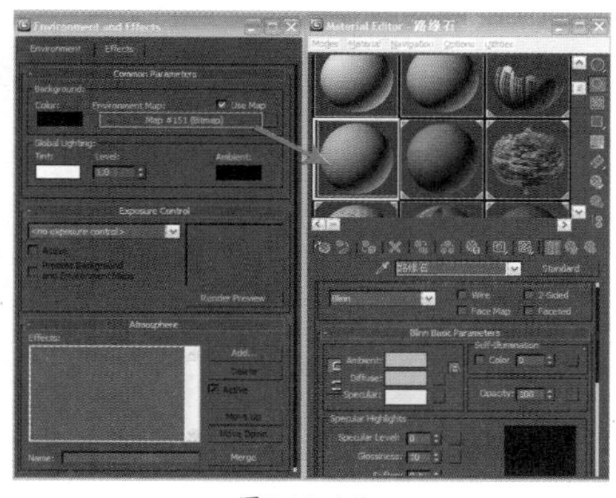

图5-38（6）

图5-38（7）

图5-38（8）

（3）现在给场景添加一些雾效。在创建面板上单击“辅助物体”按钮，在下拉菜单中选择 Atmospheric Apparatus（大气装置）选项，如图 5-39 所示，在 Object Type 卷展栏下选择 SphereGizmo004（球形虚拟体）选项，在顶视图创建一个球形虚拟体，如图 5-40 所示。

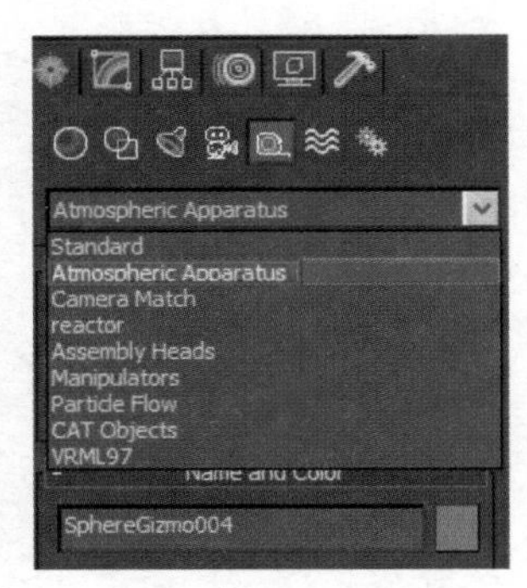

图5-39

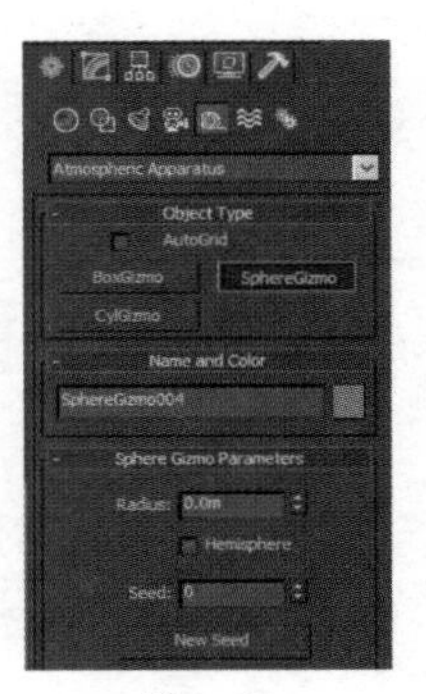

图5-40

（4）按住 Shift 键，使用移动工具拖动虚拟体，将其复制多个，移动这些虚拟体，使它们位于场景的不同位置，使用工具栏上的“缩放”按钮，分别调整球形虚拟体的大小及形态，如图 5-41 所示。

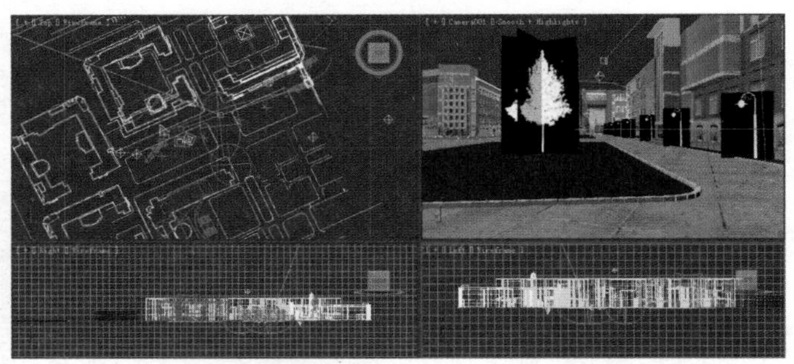

图5-41

（5）单击 Rendering → Environment（“渲染”→“环境”）命令，如图 5-42 所示，在弹出面板的环境编辑器中展开 Atmosphere（大气）卷展栏，单击 Add（添加）按钮，加入一个 Volume Fog（体积雾）特效，如图 5-43 和图 5-44 所示。

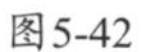

图5-42

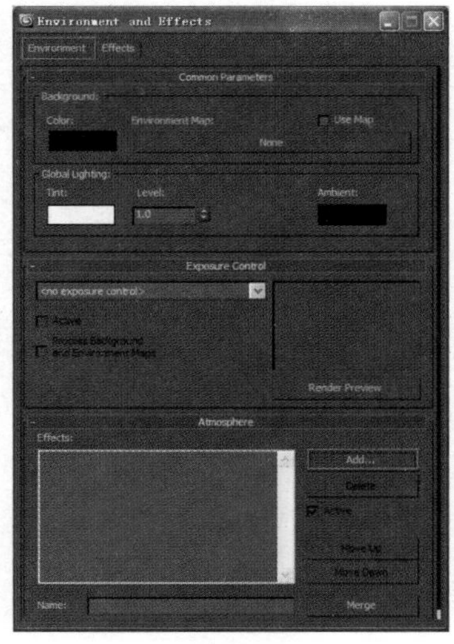

图5-43

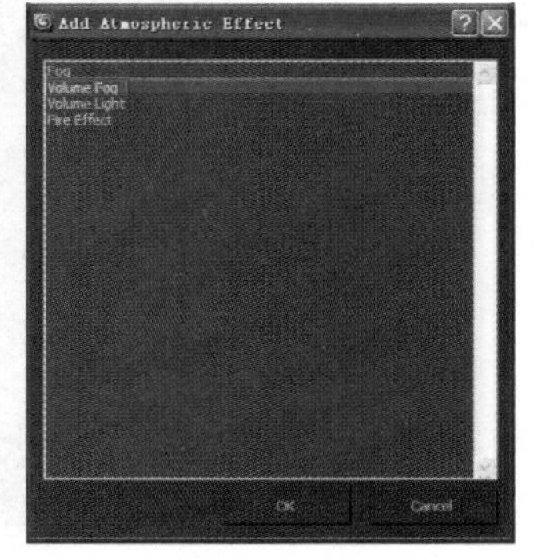

图5-44

（6）打开 Volume Fog Parameters（体积雾参数）卷展栏，单击 Pick Gizmo（拾取虚拟体）按钮，如图 5-45 所示，在场景中依次拾取所有虚拟体，将 Volume Fog（体积雾）指定给场景中所有的球形虚拟体。

（7）Volume Fog Parameters（体积雾参数）卷展栏中的参数设置如图 5-46 所示。

（8）单击 Auto Key（自动关键帧）按钮，将时间滑块调整到最后一帧。调整 Volume Fog Parameters（体积雾参数）卷展栏下的 Phase（相位）为 10，使体积雾产生流动的效果。将 Wind Strength（风力强度）设置为 40，并选择 Wind from the:（风来自）栏下的 Right（右）选项，设置风从右边吹来。如图 5-47 所示。

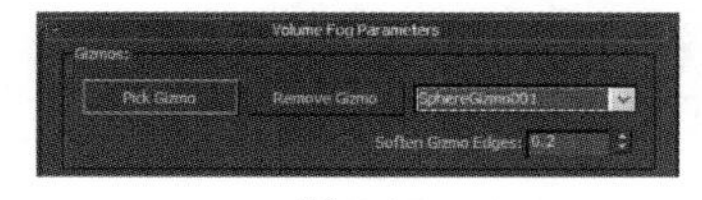

图5-45

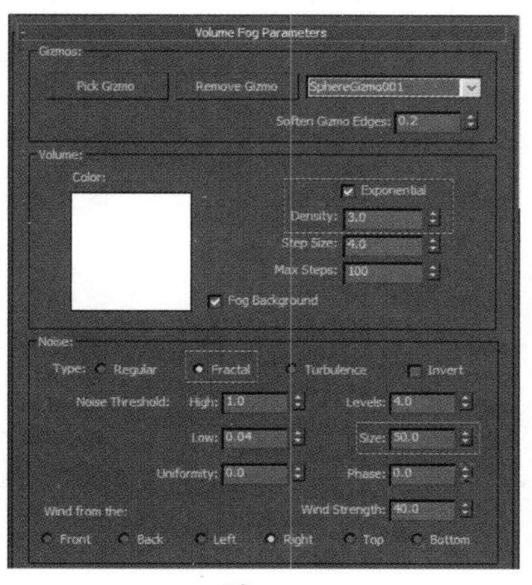

图5-46

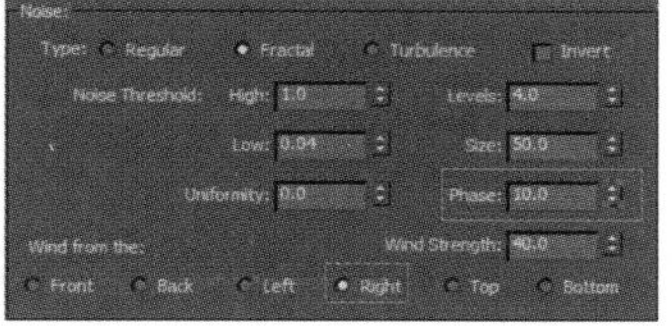

图5-47

（9）单击工具栏“渲染” 按钮，渲染图像，效果如图 5-48 所示。

图5-48

5.4 其他效果

5.4.1 相关设置

Effect 中的镜头光可以模仿太阳、星光、路灯等一些点光源，它们的共同点是必须与泛光灯结合使用，场景中需要有一盏当做这些镜头光的光源。

5.4.2 效果制作

（1）利用渲染中的 Effect（效果）制作镜头光晕和太阳。如图 5-49 所示，给这个场景中加一个太阳。

（2）首先选择一盏 Omni 泛光灯，如图 5-50 所示，然后在场景如图 5-51 所示位置给场景加上灯光。

（3）选择如图 5-52 所示的泛光灯，在属性面板把阴影打开，如图 5-53 所示，单击 Rendering → Environment（“渲染”→“环境”）命令，在弹出的对话框中选择 Effect（效果）选项，单击 Add…（添加）按钮，在弹出的对话框中选择 Lens Effects（镜头特效）选项，单击 OK 按钮，把镜头特效添加到效果中，如图 5-54 所示。

图5-49

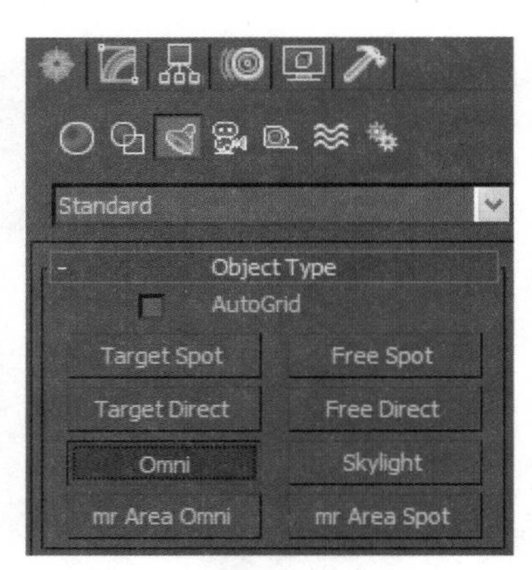

图5-50

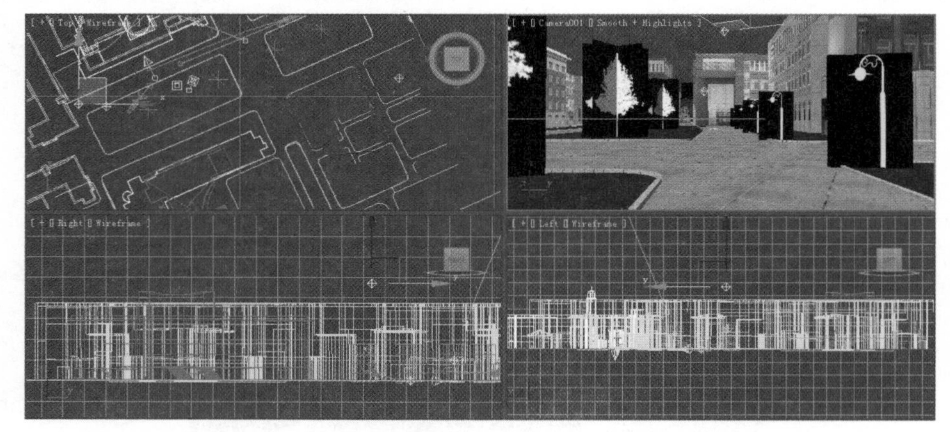

图5-51

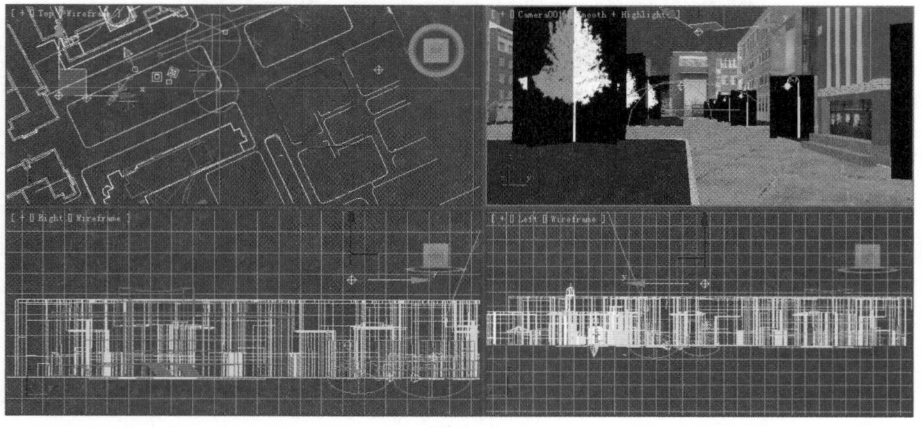

图5-52

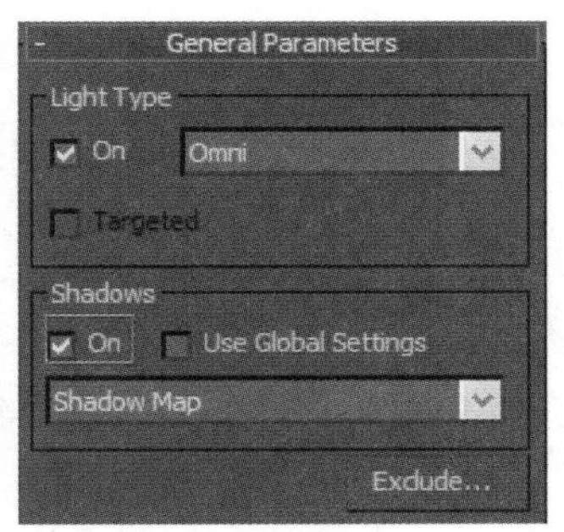

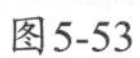
图5-53

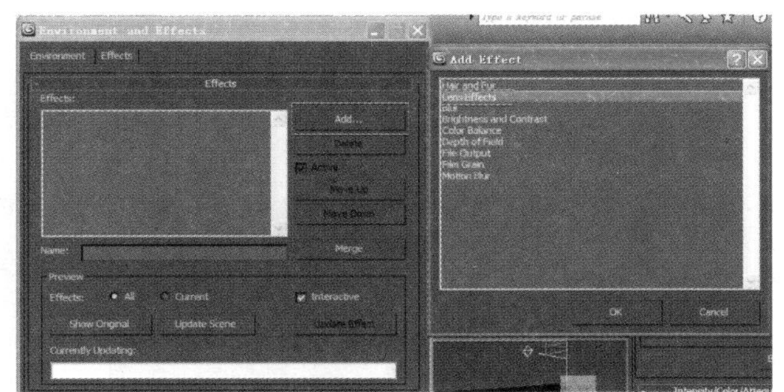

图5-54

（4）展开Lens Effects Parameters卷展栏，选择Glow（发光）单击右侧三角按钮，把发光添加进来，单击Pick Light（拾取灯光）按钮，在场景中单击刚才选择好的Omini（泛光灯），如图5-55所示。渲染场景得到如图5-56所示的效果。

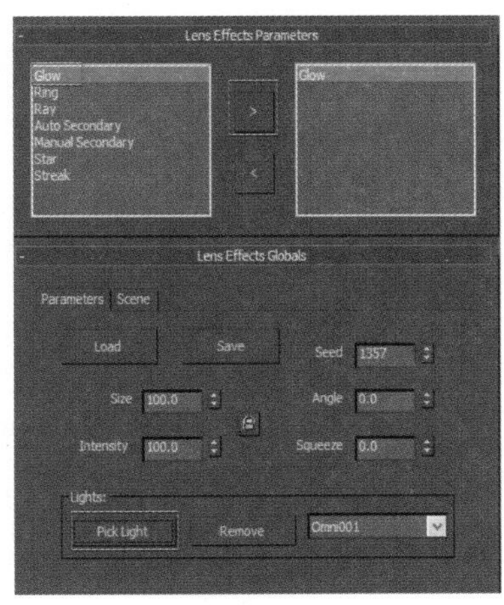

图5-55

图5-56

（5）在Glow Element卷展栏下可以设置光晕的参数，Size可以设置光晕的大小。

Intensity可以设置光的强度。Use Source Color表示实用源色，也就是使用灯光自身的颜色。

Glow Behind光晕在后，表示光会在物体的后面，受物体遮挡，如果不勾选光晕在后，光不受物体遮挡，如图5-57所示。

（6）Radial Color这一栏中可以设置光的颜色，如图5-58所示，单击色块调节颜色，可以改变光的颜色，如图5-59所示。

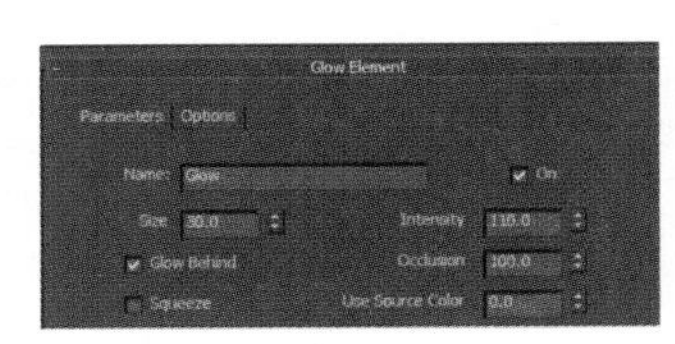

图5-57

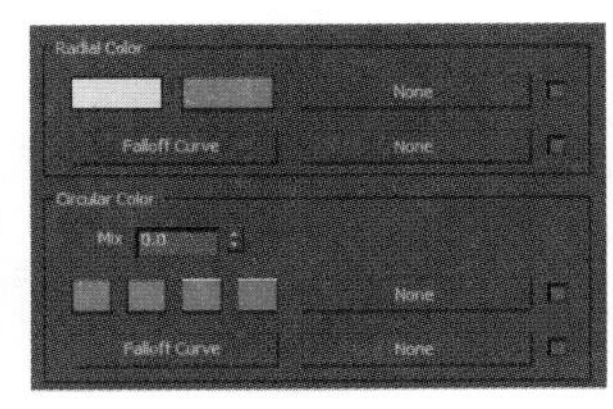

图5-58

图5-59

（7）回到Lens Effects Parameters卷展栏，单击添加Manual Secondary，参数都是一样的，渲染如图5-60和图5-61所示。

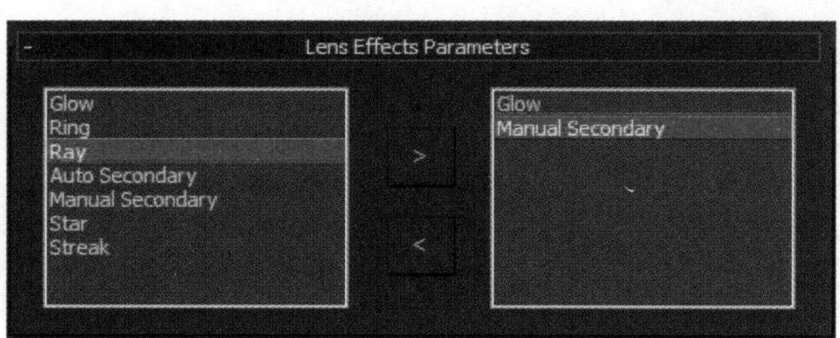

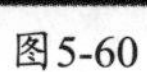

图5-60

图5-61

本章小结

本章内容是为建筑动画锦上添花，制作特殊效果，在掌握特效基本调节方法后，灵活运用。

思考题

如何利用效果制作太阳和镜头光晕？

6

第6章 影片合成自动漫游

主要内容

本书介绍了两种建筑动画的运动方法，本章学习第一种自动漫游法，利用从3ds max输出的文件，通过使用Premiere剪辑处理，获得动画漫游的效果。

重点和难点

重点是利用剪辑软件对动画素材进行加工，并加入声音元素，充分达到视觉、听觉共同作用的目的。

学习目标

通过本章的学习使读者掌握建筑动画的剪辑技巧及操作，合成完整的建筑动画。

6.1 Premiere的文件设置

（1）双击图标启动 Premiere，在启动时单击“新建项目”按钮，如图 6-1 所示。

（2）在“新建项目”对话框中单击 DV-PAL 选项，在其下拉菜单中选择标准 48kHz，在“名称”栏中输入项目的名称，如图 6-2 所示。

图6-1

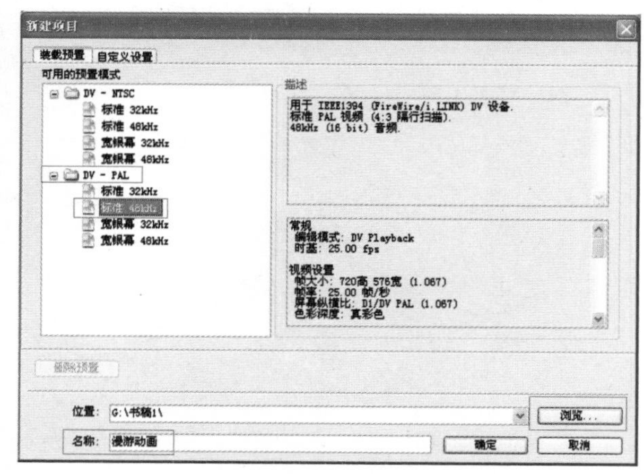

图6-2

（3）单击“自定义设置”的卷展栏，设置如图 6-3 所示，单击“确定”按钮，进入 Adobe Premiere 软件，如图 6-4 所示。

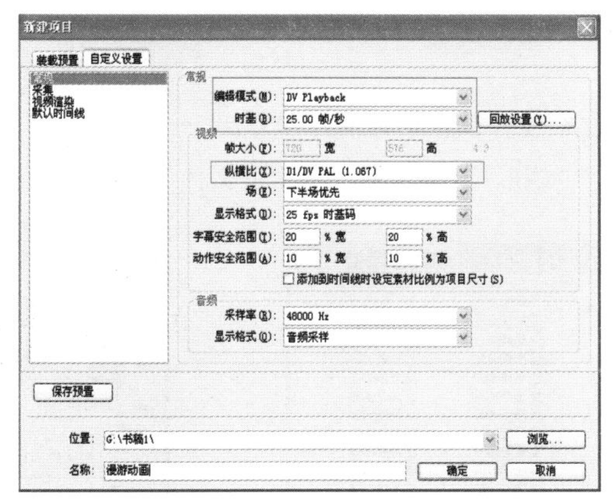

图6-3

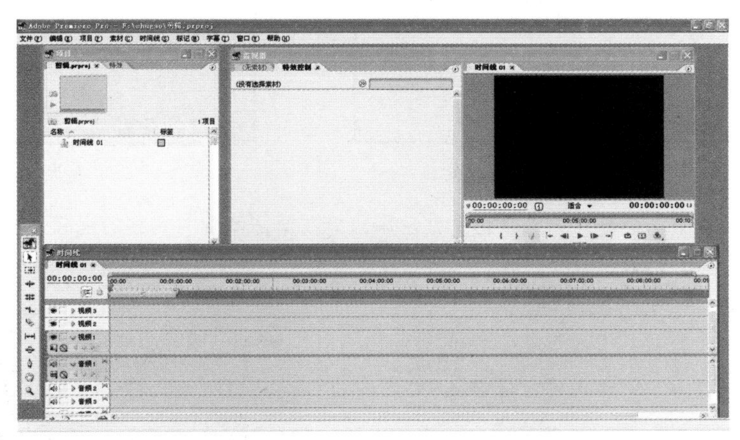

图6-4

6.2 导入渲染的动画文件

（1）单击“文件”→“导入…”命令，或按组合快捷键 Ctrl+i，再或者双击剪辑面板的空白处，如图 6-5 和图 6-6 所示。

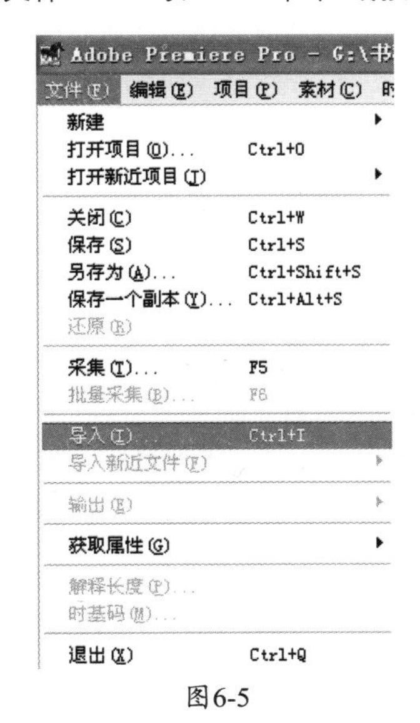

图6-5

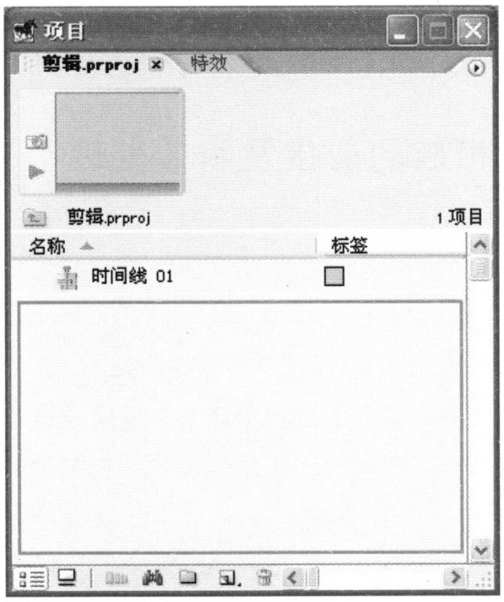

图6-6

（2）在查找范围中找到事先在 MAX 中渲染输出的 AVI 文件，导入的时候只选择这些文件并单击“打开”按钮就可以了，如图 6-7 所示。

如果在 MAX 中输出的是 TGA 格式的文件，在打开的时候要注意，不要把图片全部选中，先选中第一张图片，然后勾选下面的“静帧序列”，单击“打开”按钮，导入文件，导入的文件会显示在剪辑面板上，如图 6-7 和图 6-8 所示。

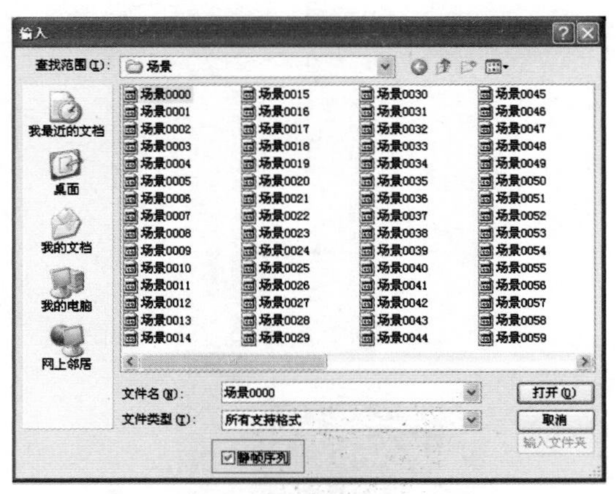

图6-7

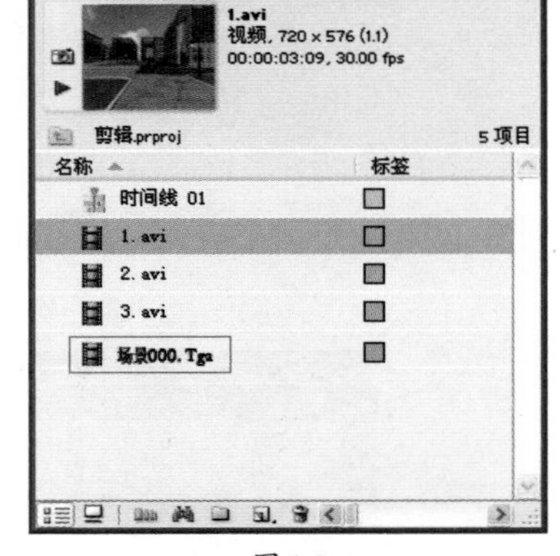

图6-8

（3）在左上方的项目视窗中，选择导入的素材文件，用鼠标左键拖动到时间线的视频 1 轨道上，如图 6-9 所示，单击“播放”按钮可以预览动画，如图 6-10 所示。

图6-9

图6-10

6.3 进行相应的剪接及特效处理

6.3.1 剪辑

（1）工具介绍。

剪辑是动画中非常重要的一个环节，是决定这个动画成功与否的重要因素，在非线性编辑软件中，可以自由地对影片进行裁剪、组合、延长时间、放慢动作、加快动作等。在剪辑中会用到位于左面的工具栏，下面就依次介绍这些工具的用法。

1）“选择”工具，快捷键（V）。

“选择”工具是用来选择轨道里的素材片段，用“选择”工具单击一下，轨道里的素材即可选中。按住 Shift 键单击

轨道里的素材片段，可以同时连续选中多个片段。

2）“轨道选择”工具，快捷键（M）。

“轨道选择”工具是用来选择整条轨道中的素材，用轨道选择工具单击轨道中的文件，这个文件后面的所有文件也都会被选择。

3）“波纹编辑”工具，快捷键（M）。

“波纹编辑”工具用来改变素材片段的入点和出点的长度。如果把素材剪掉一部分，“波纹编辑”工具可以使这部分再现，选择“波纹编辑”工具，把光标放到素材开始处，当光标变成红色中括号时，按住鼠标左键向左拖动，可以出现前面被剪掉的片段，使入点提前，增长片段的时间。按住鼠标左键向右拖动，使入点拖后，缩短片段的长度。同样的道理，将这个工具放到素材的结尾处拖动就会出现后面被剪掉的片段，使出点拖后，延长片段时间。

用“选择”工具也能改变入点和出点，延长和缩短片段的时间长度，但是“波纹编辑”工具的最大优势在于，在改变轨道上某一片段长度时，这一轨道上的其他片段素材不会改变，整体的时间会发生变化，或增加或缩短，在已经编辑好的时间线上，要改变某个素材片段的长度，如果用“选择”工具就得事先腾出地方来，如果用“波纹编辑”工具就不用，可以直接很方便地编辑。

4）“旋转编辑”工具，快捷键（N）。

控制相邻的两个素材的长度，但总长度不变，适合精细调整剪切点；与“波纹编辑”工具不同，用“旋转”工具改变某素材片段的入点或出点，相邻素材的出点或入点也相应改变，使影片的总长度不变。

将光标放到轨道里某一素材片段的开始处，当光标变成红色的向右中括号时，按下鼠标左键向左拖动，可以使入点提前，该片段增长，同时前一相邻片段的出点相应提前，长度缩短，前提是被拖动的片段入点前面必须有余量可供调节；按下鼠标左键向右拖动，可以使入点拖后，该片段缩短，同时前一片段的出点相应拖后，长度增加，前提是前一相邻片段出点后面必须有余量可供调节。

将光标放到轨道里某一个素材片段的结尾处，当光标变成红色的向左中括号时，按下鼠标左键向右拖动，可以使出点拖后，该片段增长，同时后一相邻片段的入点拖后，长度缩短，前提是被拖动的片段出点后面必须有余量可供调节；按下鼠标左键向左拖动，可以使出点提前，该片段缩短，同时后一相邻片段的入点提前，长度增加，前提是后一相邻片段的入点前面必须有余量可供调节。

如果需要精确地调整素材片段间连接的场景时间关系，用“旋转编辑”工具粗调后再调出“修整监视器”，在“修整监视器”里进行细调。

5）“比例伸展”工具，快捷键（X）。

用“比例缩放”工具拖拉轨道里素材片段的头尾，使得该素材片段在出点和入点不变的情况下加快或减慢播放速度，从而缩短或增加时间长度。

比这个工具更好用、更精确的方法是选中轨道里的某素材片段后，右击，在弹出的快捷菜单里单击“速度 / 持续时间”选项，在弹出的“素材速度 / 持续时间”对话框里进行调节。

这个工具可以任意改变素材的播放速率，直观地显示在素材长度的改变上，在需要用素材撑满不等长的空隙时，如果调节速率百分比是非常困难的，运用这个工具就变得方便，直接拖拽改变长度就行，素材的速率跟着相应地改变。

6）“剃刀”工具，快捷键（C）。

这是剪辑素材最常用到的工具，可以把素材中不需要的部分剪掉，或者分割成几部分。选择“剃刀”工具，把光标放到需要裁切的部位单击，单击的地方就被剪断了，如果剪下来的那部分不想要了就选中它，按 Del 键直接删除。

剪切时按住 Shift 键：可以作用在这一时间点上的所有轨道的素材。

剪切时按住 Alt 键：可以忽略链接，单独裁剪视频或音频，在需要替换部分视频或音频时可以免去解开链接的步骤。

7）“滑动”工具，快捷键（Y）。

将“滑动”工具放在轨道里的某个素材片段里拖动，可以同时改变该素材的出点和入点，素材长度不变，前提是出点后和入点前有必要的余量可供调节使用。同时相邻素材的出入点及影片长度不变。

改变素材出点和入点，不改变其在轨道中的位置和长度，是非常实用的功能，相当于重新定义出点和入点。

8）“滑行编辑”工具，快捷键（U）。

将“滑动”工具放在轨道里的某个素材片段里面拖动，被拖动的素材片段的出入点和长度不变，而前一相邻素材片段的出点与后一相邻片段的入点随之发生变化，前提是前一相邻素材片段的出点后与后一相邻片段的入点前要有必要的余量可以供调节使用。影片的长度不变。

9）“钢笔”工具，快捷键（P)。

在显示关键帧的情况下，可以在时间线上调节素材的透明度线和音量线。

10）“抓手”工具，快捷键（H）。

用“抓手”工具在轨道上左右拖动，可以移动轨道在时间线窗口里显示的位置，轨道中的素材不会发生任何变化。

11）“缩放”工具，快捷键（Z）。

用“缩放”工具在时间线窗口单击，时间标尺将放大。按下 Alt 键同时单击，时间标尺将缩小。仅仅是轨道窗口的放大显示，素材不会跟着放大。

（2）监视器。在监视器中可以预览动画，左边的窗口是素材和特效控制窗口，显示的是素材的时间长度，右侧的窗口是在时间线上编辑的显示效果，是整个时间线的时间长度，所编辑的动画都可以在这里看到，如图 6-11 所示。

图6-11

1）入点和出点。

入点和出点就是视频片段的开始点和结束点，比如一段视频素材，在制作的时候可能不会全部用上，需要截取其中的一段，因此要重新给它设置入点和出点。给一段视频设定入点和出点可以在监视器的素材窗口设定，然后把编辑好的素材拖到时间线上的轨道上。

制作方法：在项目面板上双击素材，使其在素材窗口中显示，单击素材窗口的“播放”按钮，播放视频，当视频播放到需要的入点时暂停，单击素材窗口下的“入点”按钮，设置其为入点。继续播放视频，或者用鼠标左键拖动蓝色的滑杆，手动播放，看到需要的出点时，按下“出点”按钮，为其设置出点。设置好之后，素材窗口的时间条上在入点和出点之间就会变成灰色的条，如图 6-12 所示，接下来把裁剪好的素材拖到时间线上进行编辑，把鼠标放到素材窗口显示图像的地方，按住鼠标左键，当鼠标箭头变成一个小拳头时，直接拖动到时间线的视频轨道上，或者单击按钮，添加或覆盖，这样就把要用的素材片段拖动到时间线的视频轨道上了。

图6-12

2）特效控制。

选择轨道中的素材，单击监视器左侧窗口“素材”按钮旁边的特效控制，进入“特效控制”面板，如图 6-13 所示，也可以单击菜单栏的“窗口”→“特效控制”选项，如图 6-14 所示，在特效控制面板中可以给视频做一些效果。

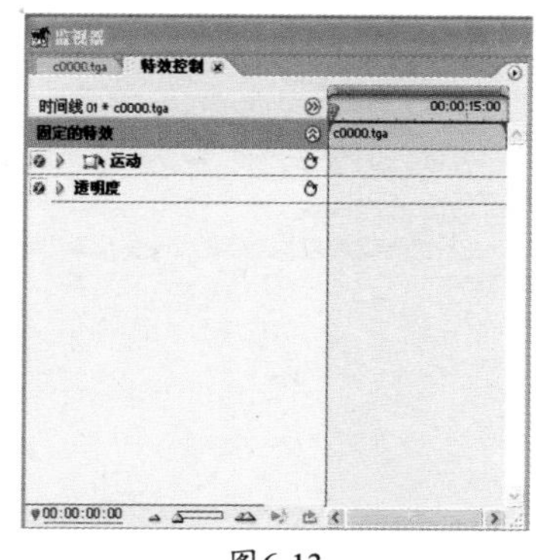

图6-13

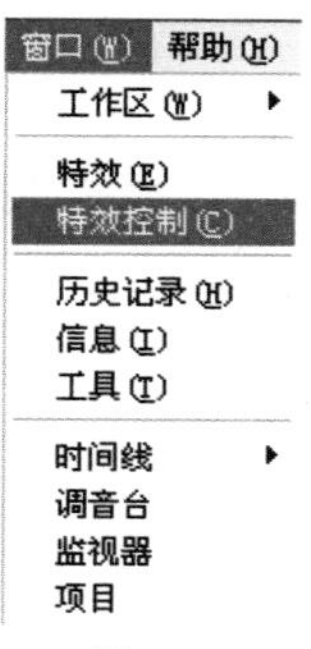

图6-14

单击“运动”旁边的三角按钮，在展开的参数设置中可以给素材设置位置和大小、旋转角度，单击“关键帧”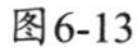按钮，可以设置相应的关键帧。单击“透明度”旁边的三角按钮，在展开的参数设置中可以给素材设置透明度，如图 6-15 所示。这个“特效控制”面板是结合项目面板中的“特效”板块来使用的，对素材进行特效编辑。

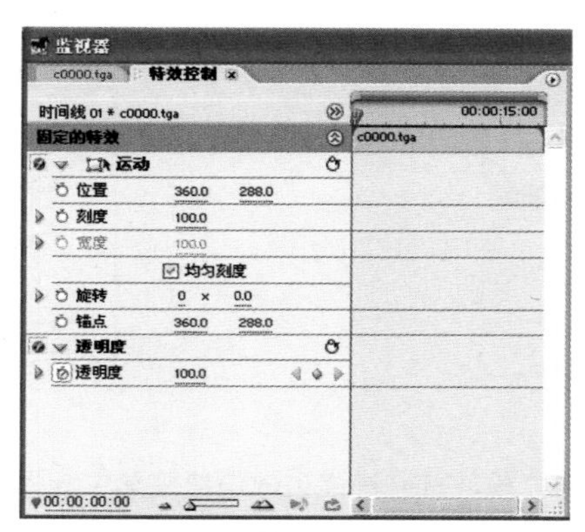

图6-15

3）项目。

在项目面板上有两个板块，一个是“素材”板块，另一个是“特效”板块。“素材”板块用来显示导入进来的所有素材，可以在这里导入和删除素材；“特效”板块里面是一些视频和音频的特效插件，想要应用这些特效必须在“特效控制”面板中操作。如图 6-16 和图 6-17 所示。

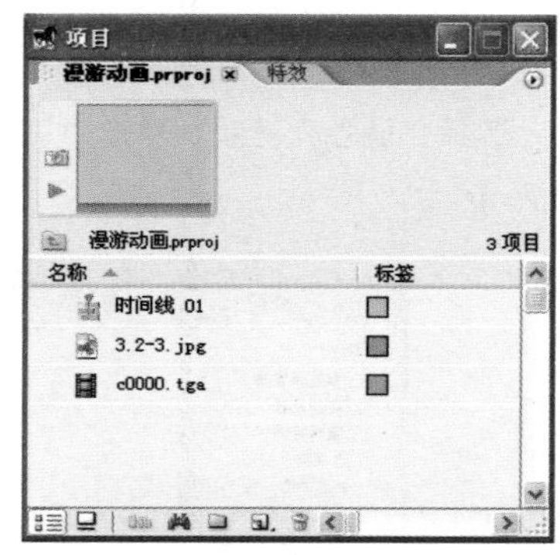

图6-16

图6-17

时间线上有视频轨道和音频轨道，把准备好的素材拖拽到时间线的轨道上进行编辑，用鼠标左键拖动时间线最上面的灰色滑杆可以放大、缩小轨道的显示，灰色滑杆下面的，在实践线上的滑杆是用来设置渲染的起始点，通过鼠标拖动它的起点和终点来设置将要渲染的素材的起点和终点，如图 6-18 所示。

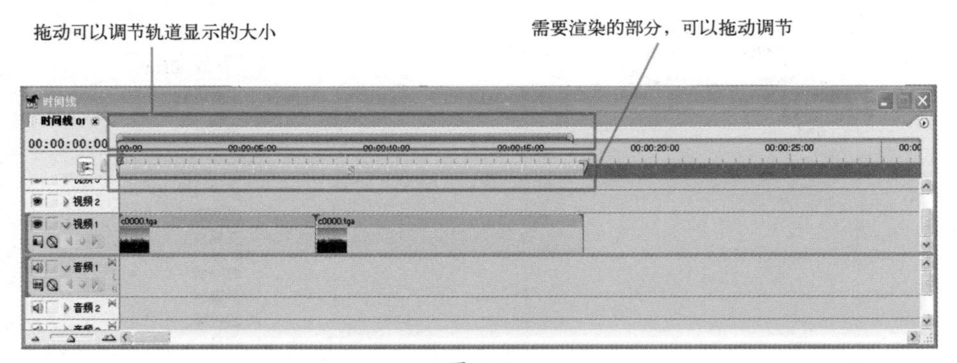

图6-18

在时间线上可以改变一段视频的长度，使视频的速度变快或变慢。单击素材使其处于选中状态，右击，在弹出的快捷菜单中选择“速度 / 持续时间…”选项，在弹出的对话框中修改时间，如图 6-19 和图 6-20 所示。

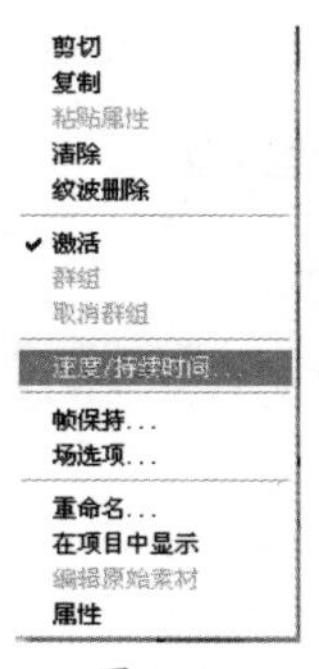

图6-19

图6-20

删除素材片段，可以单击选中要删除的片段，右击，在弹出的快捷菜单中选择“清除”命令，或者直接按 Delete 键删除。

单击视频轨道前面的“隐藏或显示轨道关键帧” 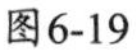按钮，可以显示关键帧，编辑素材的透明度，单击“隐藏或显示轨道素材”按钮，可以隐藏整条轨道上的素材。

6.3.2 处理

单击项目面板中的“特效”按钮，进入特效版块，可以给视频做一些调整，加一些效果，使它看起来更理想。

（1）调色。

如图 6-21 所示，这个视频看上去有些暗，可以对其进行调节。单击视频特效左侧的三角，打开视频“特效”菜单，单击视频“特效”中的“调整”左侧的三角，打开“调整”菜单，选择“调色”选项，单击“监视器”中的“特效控制”按钮，把“调色”拖入“特效控制”面板，如图 6-22 和图 6-23 所示。

图6-21

图6-22

单击如图 6-23 所示中“调色”后面的按钮，在弹出的“级别设置”对话框中调节色阶，如图 6-24 所示，调整素材的明暗。

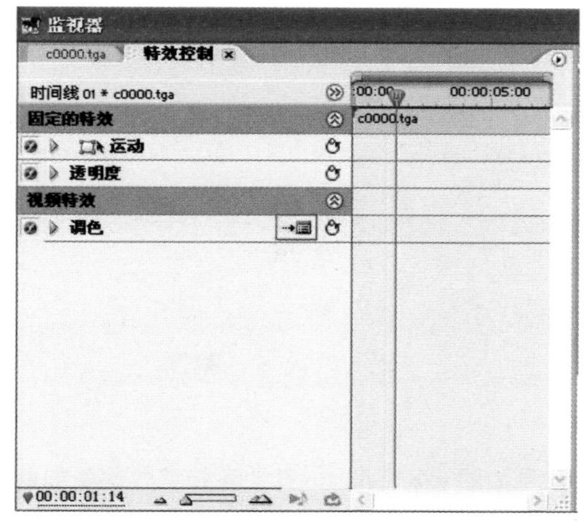

图6-23

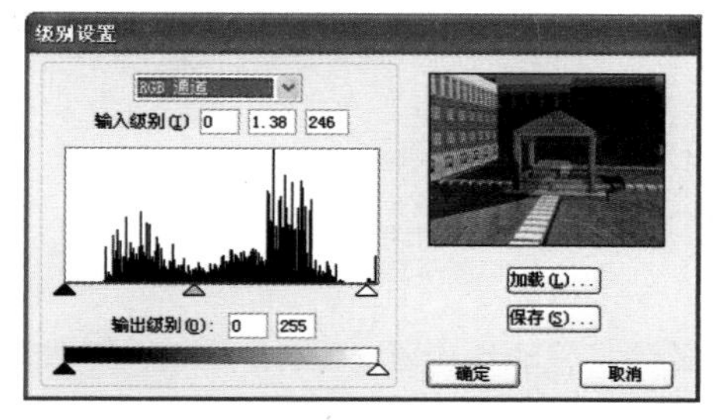

图6-24

（2）镜头眩光。

给视频加一个“镜头眩光”的特效，模拟自然界中的光线，使素材更加真实。选择素材片段，单击项目面板的“特效”按钮，打开“光效”面板，将“镜头眩光”选项拖拽到“特效控制”面板，如图 6-25 所示。

在弹出的“镜头杂光设置”对话框中调整眩光的位置、亮度和镜头类型，调整完毕后单击“确定”按钮，如图 6-26 所示。

单击如图 6-27 所示位置，可以给光晕设置关键帧，单击 按钮设置开始关键帧，按下关键帧 按钮设置结束关键帧。

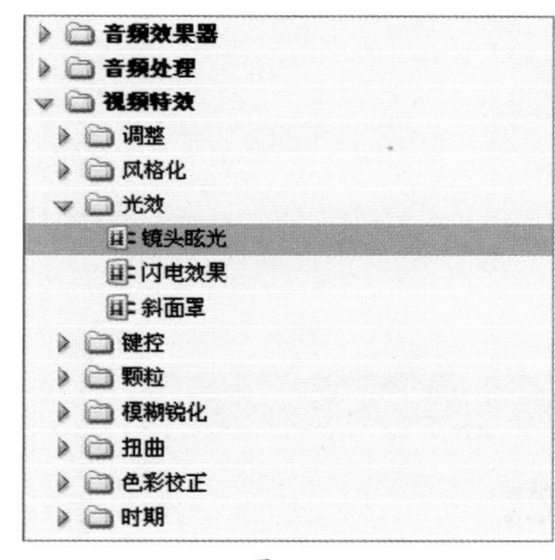

图6-25

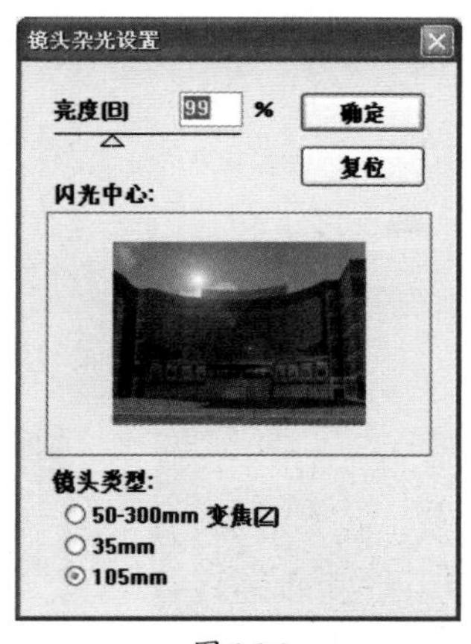

图6-26

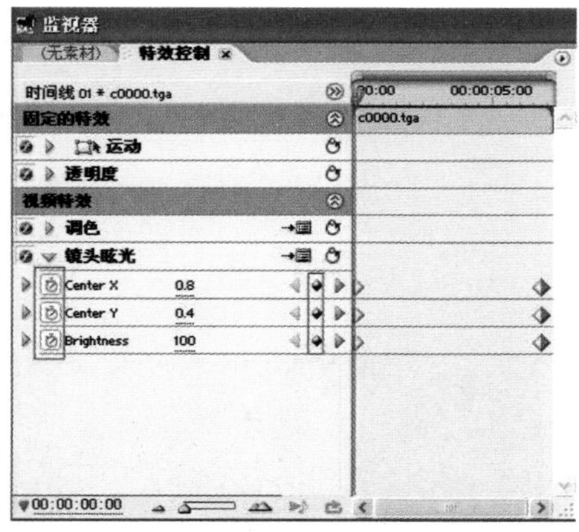

图6-27

（3）转场过渡。

转场过渡就是镜头与镜头之间切换的时候为了视觉效果而做的一些过渡效果。“视频转场”位于“特效”面板中“视频特效”的下面。

单击“特效”按钮，打开“视频转场”选项，里面有很多转场效果，根据需要进行选择。单击“擦除”左侧的三角，在打开的菜单中单击“泼溅油漆”选项，按住鼠标左键不放，把它拖动到时间线视频轨道上两段素材的接缝中间，松开鼠标，如图 6-28 和图 6-29 所示，这样两段素材在切换的时候就会出现泼溅油漆的转场效果。

调整转场过渡的时间。双击时间线素材片段上的“转场” 图标，在监视器的“特效控制”面板上会出现转场过渡的参数设置，如图 6-30 所示，在持续时间后面修改时间可以增加或减少过渡的时间，现在把持续时间改为 3 秒，按下回车键，转场图标就会相应地变长。

图6-28

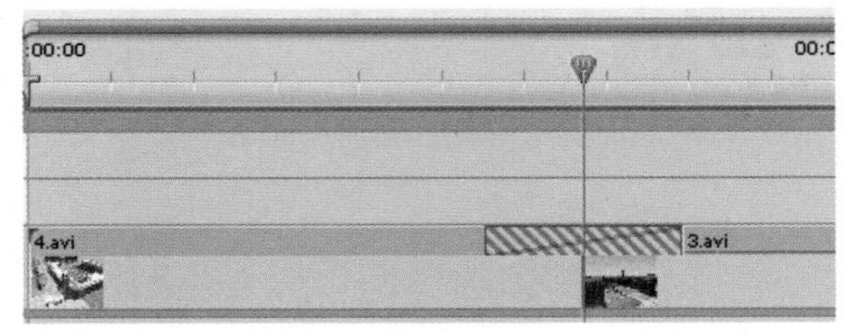

图6-29

把时间滑块移动到转场过渡的中间处，可以看到加入转场的效果如图 6-31 所示，其他转场特效都是如此操作。如果删除次转场过渡效果，单击选择时间线上的“转场过渡”图标，按下键盘上的删除键即可。

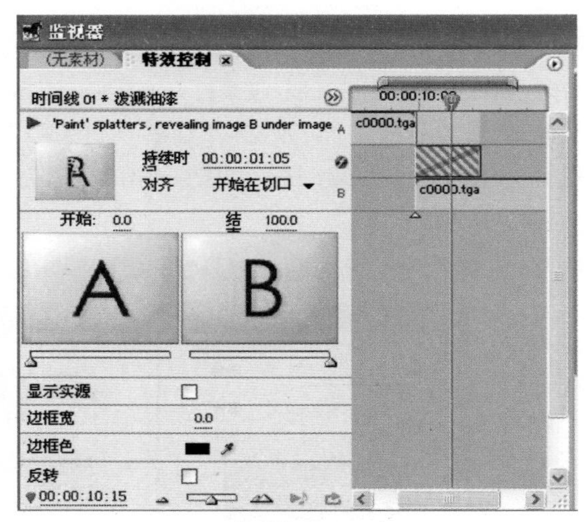

图6-30

图6-31

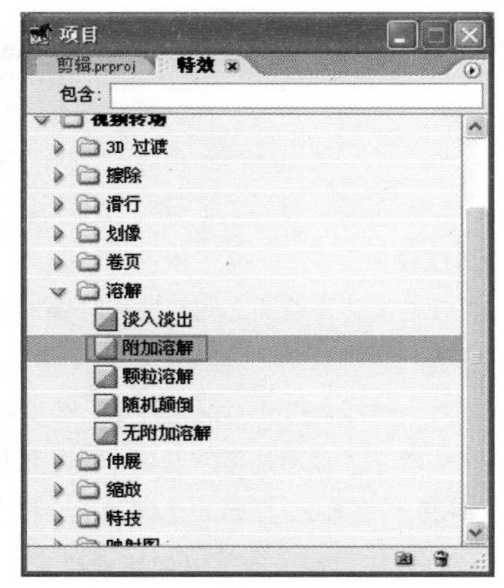

图6-32

用同样的方法为视频加入其他类型的转场过渡，观看不同的效果，如图 6-32 和图 6-33 所示。

图6-33

6.4 为影片制作一个精彩的片头及片尾

6.4.1 制作片头

首先要有一个大致的想法和设计，然后准备好需要用到的素材在这里制作一个简单的范例来熟悉 Premiere 的操作。

（1）导入准备好的素材，分别有蓝色背景、蒲公英、文字这三个素材。图片格式的导入方法和导入视频的方法是一样的，双击“项目”面板的空白处，在文件浏览器中选择这三个素材，单击“打开”按钮，将其导入进来（素材在合成文件夹内），如图 6-34 所示。

图6-34

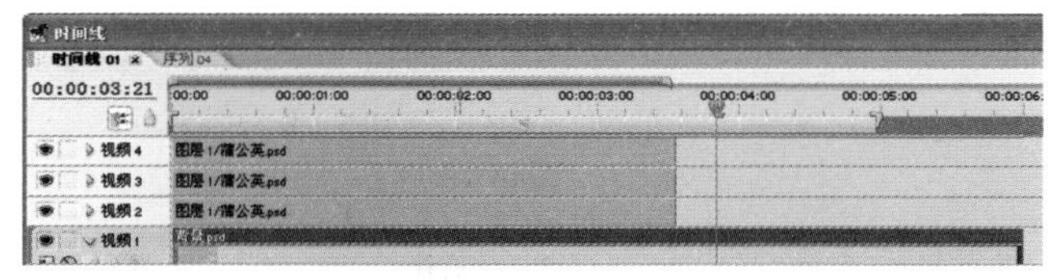

图6-35

（2）用鼠标左键把背景图片拖拽到视频 1 轨道上，蒲公英分别放在视频 2、视频 3、视频 4 轨道上，如图 6-35 所示，单击蒲公英前面的“眼睛”按钮，将其隐藏。

（3）单击选择视频 1 轨道的背景素材，进入“特效”面板，单击“镜头眩光”选项，将其拖到“特效控制”面板，如图 6-36 所示。

图6-36

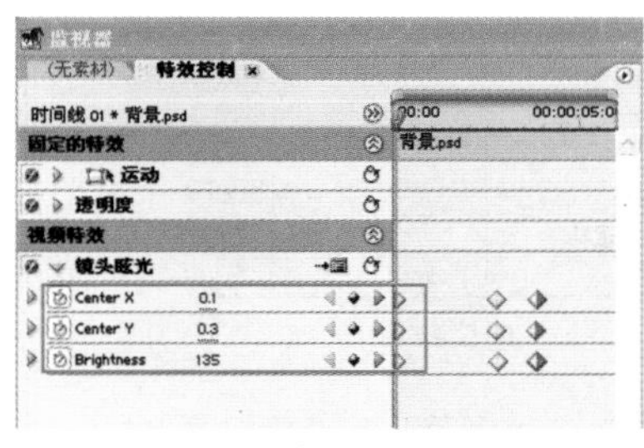

图6-37

单击“镜头眩光”前面的三角，打开其参数，在时间线上把时间滑块放到 0 秒的位置，为它的三个参数分别添加一个关键帧，如图 6-37 所示，把时间线移动到 3 秒的位置，再单击“关键帧”按钮为其添加关键帧，如图 6-38 所示，注意图中参数的变化，在 4 秒的位置再次添加关键帧，修改参数，如图 6-39 所示。按“空格”键进行预览。

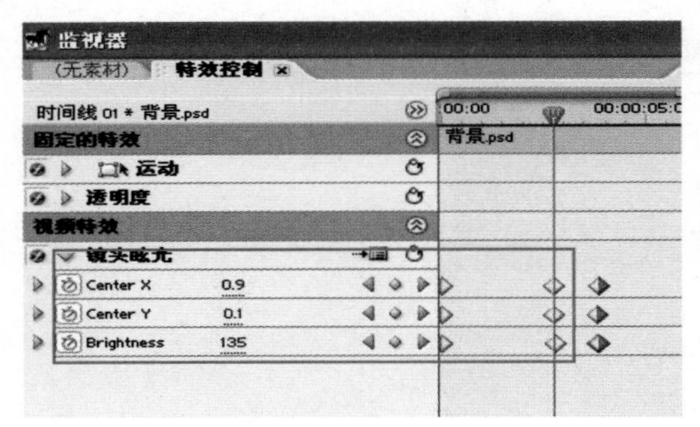

图6-38

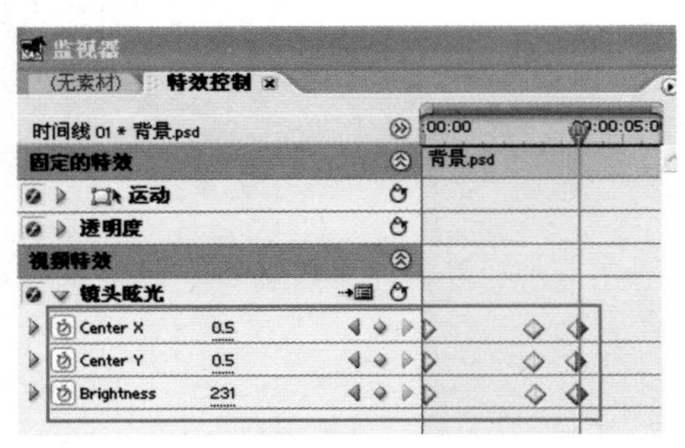

图6-39

（4）现在做蒲公英的动画。单击蒲公英轨道前面的“眼睛”按钮，将其显示出来，按照如图 6-40 ～图 6-42 所示的参数依次调整他们的大小和方向。

视频二轨道

图6-40

视频三轨道

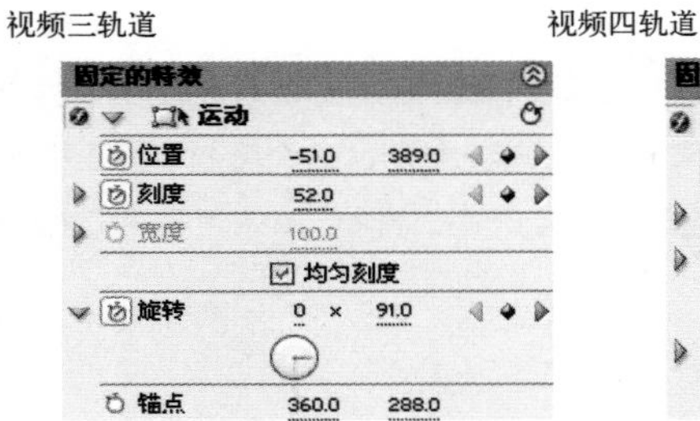

图6-41

视频四轨道

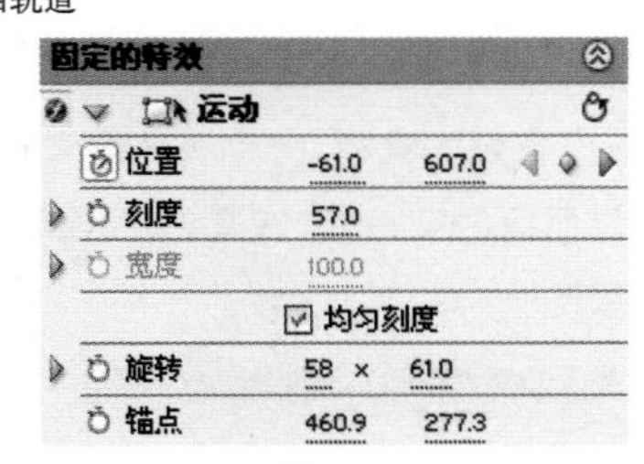

图6-42

选择视频二轨道，进入“特效控制”面板，将时间滑块放到 0 秒位置，为其添加一个位置关键帧，如图 6-43 所示。

图6-43

将时间滑块放到 0.5 秒位置，再添加一个位置关键帧，调节参数，如图 6-44 所示。

将时间滑块放到 3 秒位置，再添加一个“位置”关键帧和“透明度”关键帧，让“透明度”由 100 变成 0，目的是让蒲公英最后渐渐消失，如图 6-45 所示。

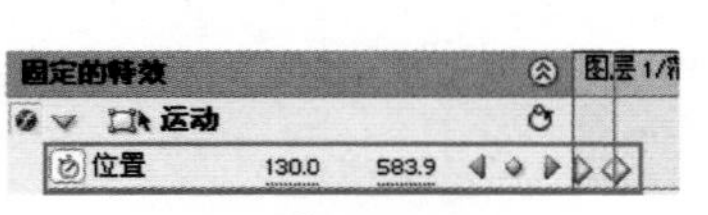

图6-44

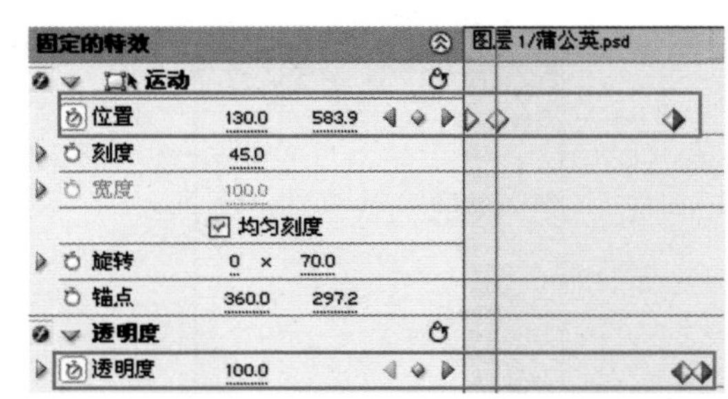

图6-45

用同样的方法给其他两个蒲公英设置相同参数的动画，部分截图如图 6-46 ～图 6-48 所示。

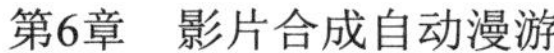

图6-46

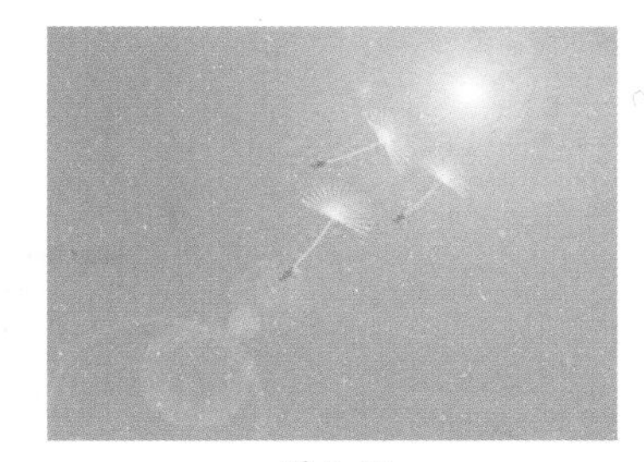

图6-47

图6-48

（5）单击“文件”→“新建”→“时间线”选项，在“时间线”面板上新建一个序列，在“项目”面板上选择新建的序列，右击，选择“重命名”命令，将这个序列命名为“片头”。在“项目”面板上选择时间线01，把它添加到新建序列的视频1轨道上，把时间滑块移动到1.2秒处，把“项目”面板上的文字添加到视频2轨道上的1.2秒处，再次把文字添加到视频3轨道上的3秒处，如图6-49～图6-50所示。

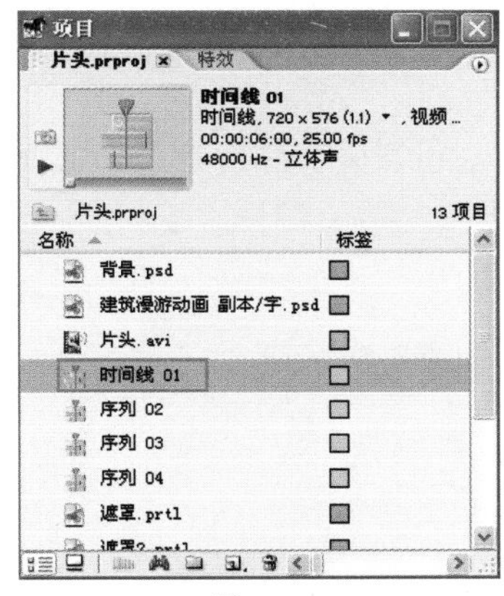

图6-49

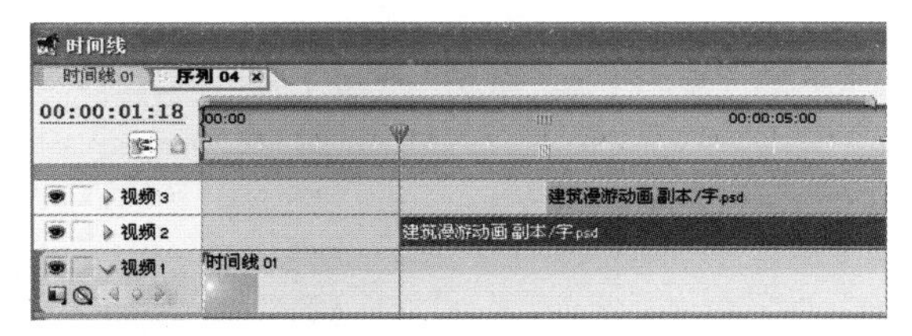

图6-50

选择轨道2上的文件，在“特效面板”上选择“放射状模糊”选项，并添加到“特效控制器”中，把时间滑块放到0秒，单击Amount后面的“添加关键帧”按钮，为其添加一个关键帧，修改Amount参数为69，把时间滑块移动到3秒的位置，再添加一个关键帧，修改Amount参数为1，如图6-51和图6-52所示。

图6-51

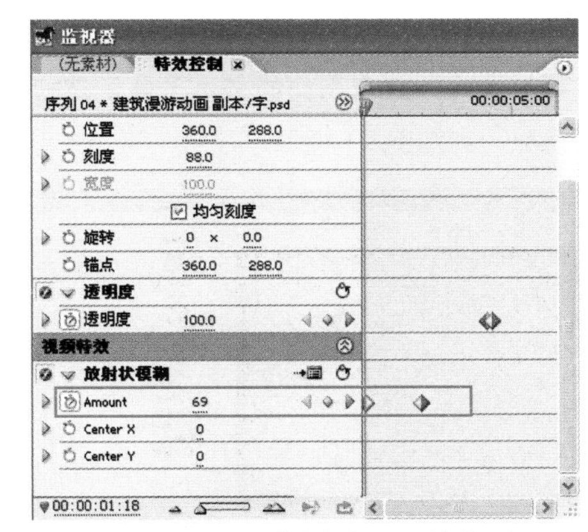

图6-52

选择视频3轨道上的文件，单击“特效控制”面板，把时间滑块移动到4.5秒位置，在“位置”和“刻度”处为其添加关键帧，如图6-53所示。

把时间滑块移动到4.8秒处，为其添加关键帧，参数如图6-54所示。

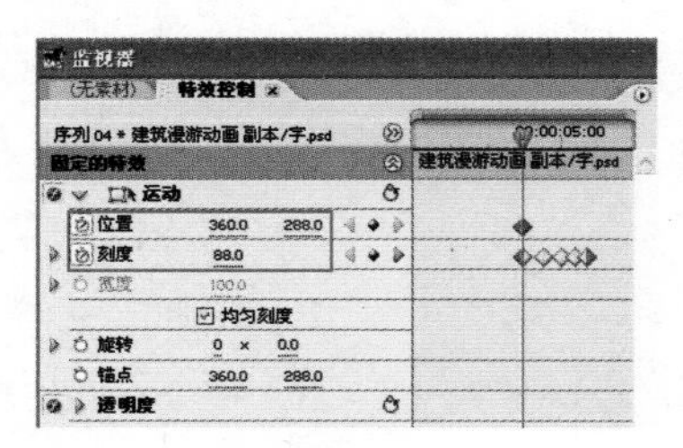
图6-53

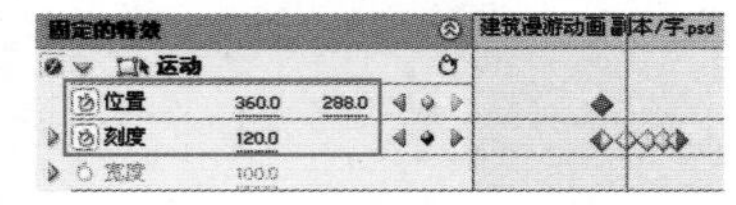
图6-54

重复以上两项操作，这样做的目的是为了让文字有一个缩放的动感。

（6）选择视频2轨道，进入“特效控制”面板，把时间滑块移动到4.5秒处，为其添加一个“透明度”关键帧，参数为66.7，在4.6秒处再添加一个关键帧，把“透明度”参数改为0，如图6-55所示。

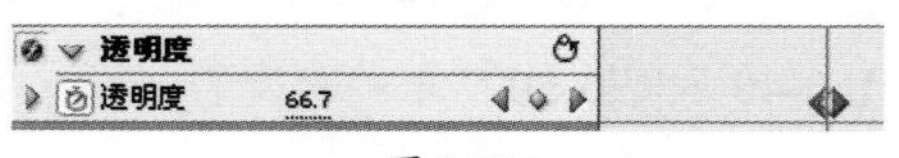

图6-55

把时间滑块移动到0秒处，按下“空格”键预览。

6.4.2 制作片尾

片尾一般做字幕，这里讲一下字幕的制作方法。

（1）单击菜单栏“文件”→“新建”→“字幕…”选项，或者按快捷键F9，如图6-56所示。

图6-56

（2）进入“字幕”面板，单击左侧的文字工具T按钮，在窗口中间单击，输入“谢谢观赏”四个字，在右侧的“属性”面板设置它的参数。如图6-57所示。

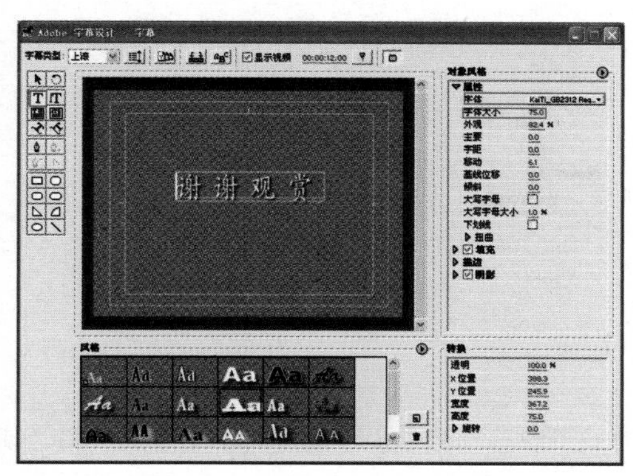
图6-57

图6-58

左上角的“字幕类型”选择“上滚”选项，单击如图6-58所示的按钮，设置字幕运动的参数，如图6-59所示。

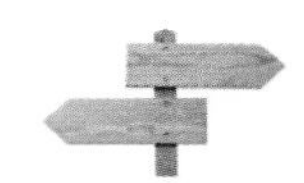

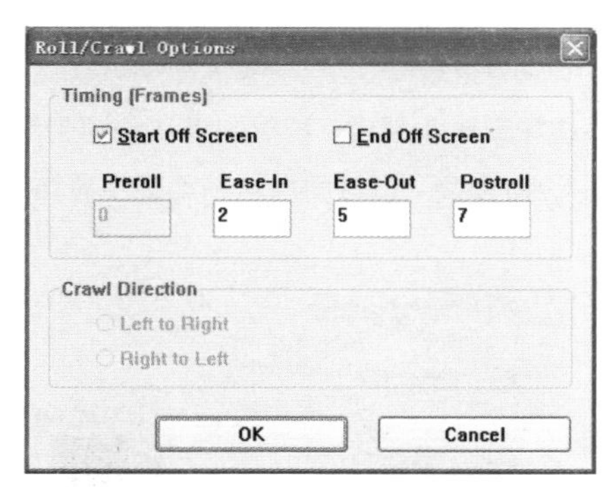

图6-59

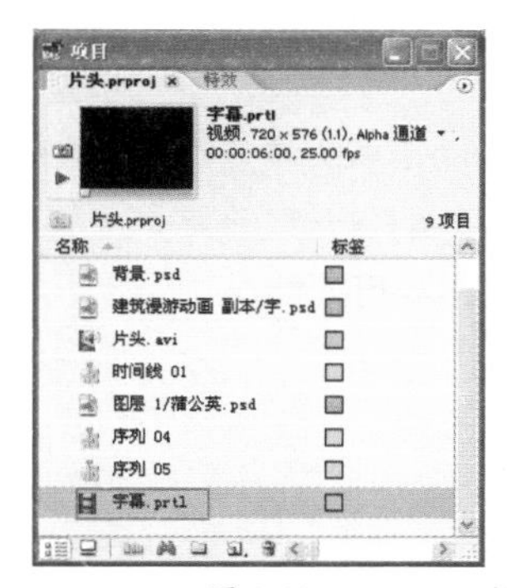

图6-60

关闭“字母设计”面板，单击“存储”按钮，这样设计好的字幕就会显示在“项目”面板上，如图 6-60 所示。

（3）再次新建一个时间线，在“项目”面板上选择这个序列，右击，重命名为“合成”，在“项目”面板上导入制作好的视频，把“项目”面板上名为“片头”的序列拖到“时间线”面板合成序列的视频 1 轨道上，选择导入进来的几个视频片段，拖到片头的后面，把字幕文件拖到视频片段的后面，如图 6-61 所示。

（4）给这些镜头加入转场，为了让它们自然地过渡，如图 6-62 所示。

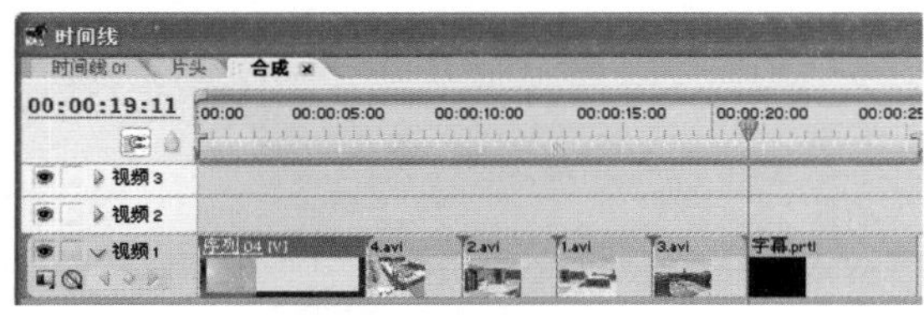

图6-61

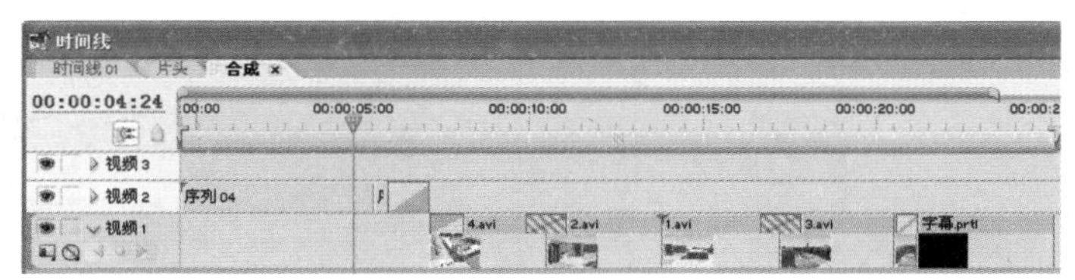

图6-62

6.5 添加声音及编辑

6.5.1 添加声音素材

单击“文件”→“导入”选项，选择音乐，单击“打开”按钮，导入“项目”面板，如图 6-63 所示。

图6-63

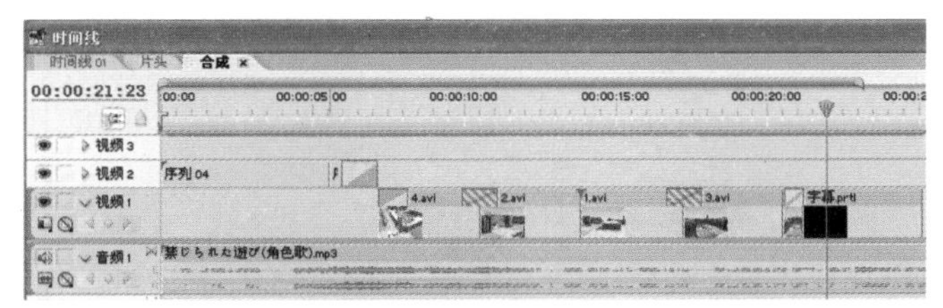

图6-64

拖到如图 6-64 所示的时间线音频 1 轨道上，如图 6-65 所示。

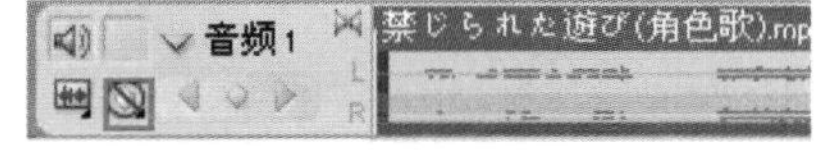

图6-65

6.5.2 编辑声音素材

单击如图 6-66 所示按钮，单击“选择轨道关键帧”选项，选择音频 1 轨道，把时间滑块移动到字幕开头，如图 6-67 所示，单击“添加关键帧”按钮，在这里添加一个关键帧，如图 6-68 所示，把时间滑块移动到字幕结尾处，再次单击“添加关键帧”按钮，如图 6-68 所示。

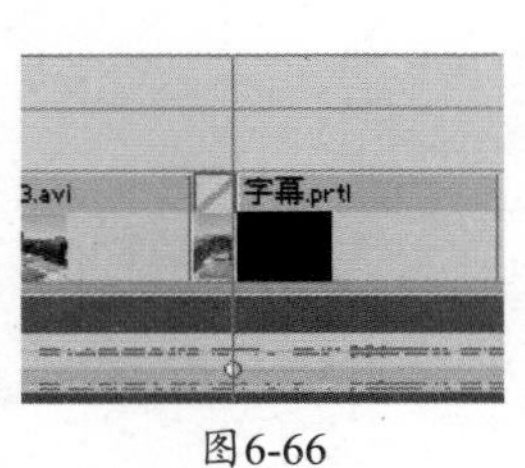

图6-66

图6-67

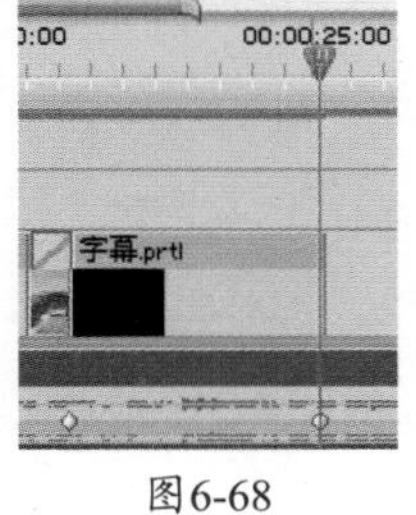

图6-68

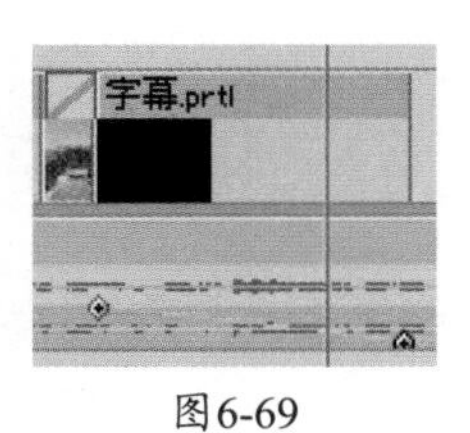

图6-69

用鼠标左键点住后面的关键帧向下拖动，使声音逐渐变小。如图 6-69 所示，按下“空格”键进行播放预览。

6.5.3 输出影片

（1）设置文件输出的起始时间，如图 6-70 所示。

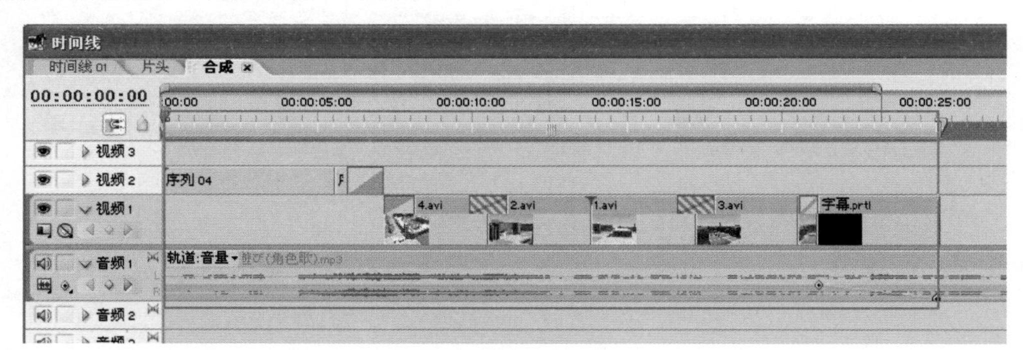

图6-70

单击“文件”→“输出”→“影片…”选项，也可以按组合快捷键 Ctrl+M，如图 6-71 所示。

（2）在“输出影片”对话框中为文件命名，单击“设置…”按钮，如图 6-72 所示。

图6-71

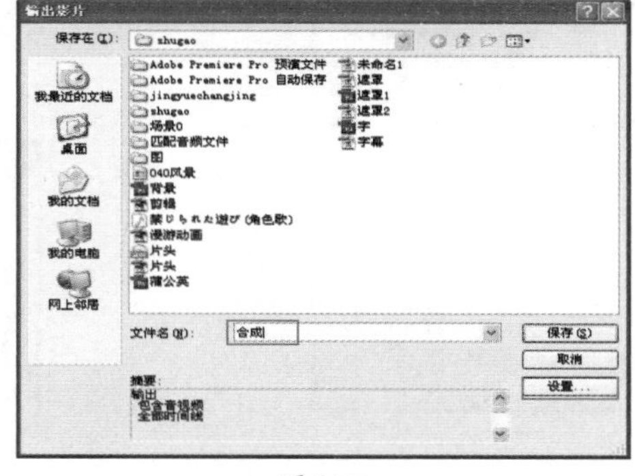

图6-72

在“输出电影设置”面板中选择“常规”选项，设置如图 6-73 所示。

单击“视频”选项，设置如图 6-74 所示，单击“确定”按钮，单击“输出影片”面板上的“保存”按钮，选择输出路径，开始输出。

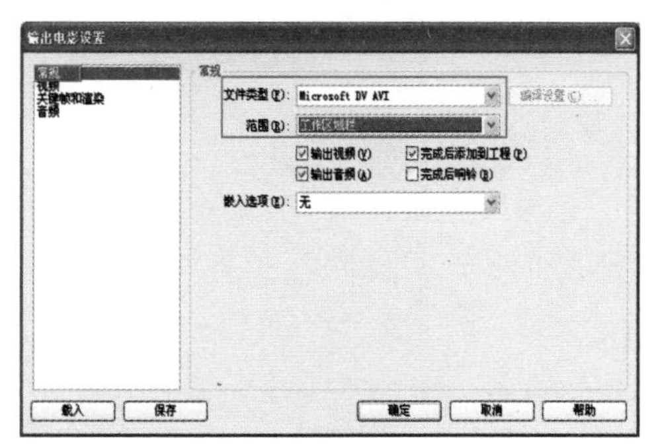

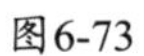
图6-73

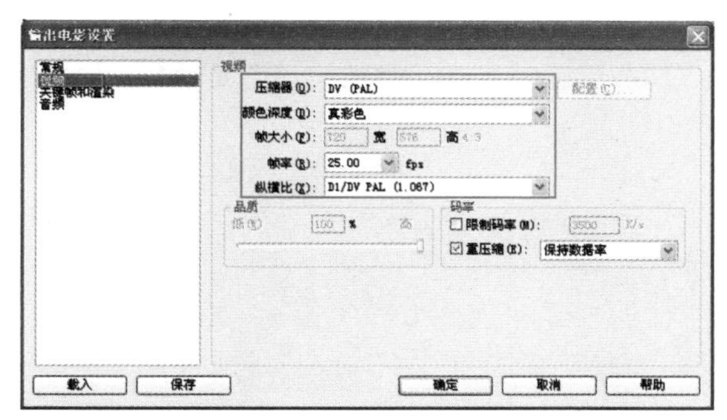

图6-74

本章小结

到此已经完成了第一种建筑动画的制作。

思考题

1. 如何延长视频素材的时间？
2. 在输出视频时，如何对视频格式进行设置？应该注意些什么？

第7章 VRP场景互动漫游

7.1 VRP功能介绍

VRP（VR-Platform）是由北京市中视典数字科技有限公司开发的一款优秀的国产三维互动仿真平台。据统计，目前已有清华大学电机系、上海同济大学建筑学院、中国传媒大学动画学院、青岛海洋大学等超过600所院校采购了VRP虚拟现实平台及其相关硬件产品。其产品已成功应用到包括2008年奥运虚拟现实、嫦娥二号卫星发射演示、地震的科研仿真等领域。

VRP全中文操作界面，易用性强，操作简单、功能强大、高度可视化。整个制作流程更加本土化，符合国人的思维方式和操作习惯。后期交互脚本的添加也非常有“中国特色”。即使不是专业的编程人员，也完全可以自主添加交互脚本。

VRP对硬件平台要求较低，官方提供的VRP共享版（学习版）供学生和体验者免费下载使用。VRP共享版（学习版）除了在模型多边形面数量上有限制外，其他功能与专业版基本相同，因此完全可以使用VRP共享版（学习版）体验和试用软件。

VRP的功能也非常强大，完全支持三维模型、刚体动画、相机、角色与骨骼动画等常见元素的导入导出。也可将制作的VRP场景导出为序列帧，方便与其他动画或视频一起后期编辑、合成。VRP平台内部支持动画相机的添加、支持对物体常见的操作，并可随意编辑模型材质、色彩、贴图等。对专业的虚拟现实外部设备的支持也很好，是国内用户首选的虚拟现实与漫游系统开发工具。

7.2 VRP 主程序及VRP for 3ds max导出插件的安装

（1）到VRP官方网站http://www.vrp3d.com/article/VRP12/introduce.html下载VRP最新版的共享版（学习版）安装程序。

（2）双击下载的安装包，安装VRP主程序，这里不再详述。

（3）VRP主程序安装结束前，会弹出“搜索Max安装目录”对话框，如图7-1所示。单击“快速搜索Max目录…”按钮，VRP会自动搜索机器上所安装的Max安装目录。

需要说明的是，经实测，到目前VRP最新版只支持3ds max 2011以前的版本，对3ds max 2012还不支持。在默认情况下，只支持32bit版本的3ds max，并不支持64bit版本的3ds max。

（4）也可以从VRP主程序的“工具”→“安装VRP-for-Max插件”选项启动安装插件，如图7-2所示。

图7-1

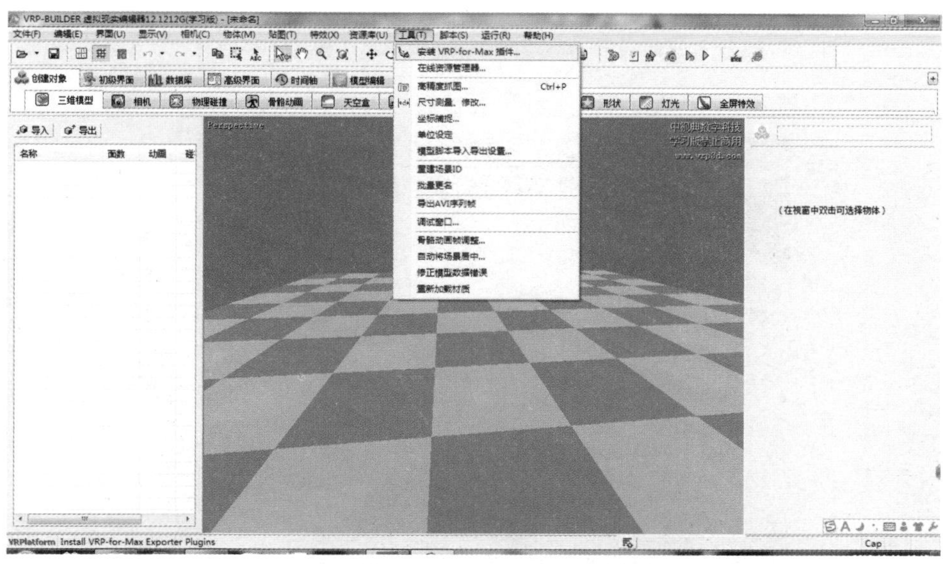

图7-2

（5）安装完成后，单击 3ds max 命令面板“工具”→“更多”选项，在弹出的“工具列表”对话框中可以看到 [*VRPlatform*] 选项，即为 VRP 导出插件，如图 7-3 所示。

（6）还可以在“工具”选项卡中配置按钮集，将 VRP 插件按钮拖入常用按钮集，这样便可以直接使用 VRP 插件的导出菜单，如图 7-4 所示。

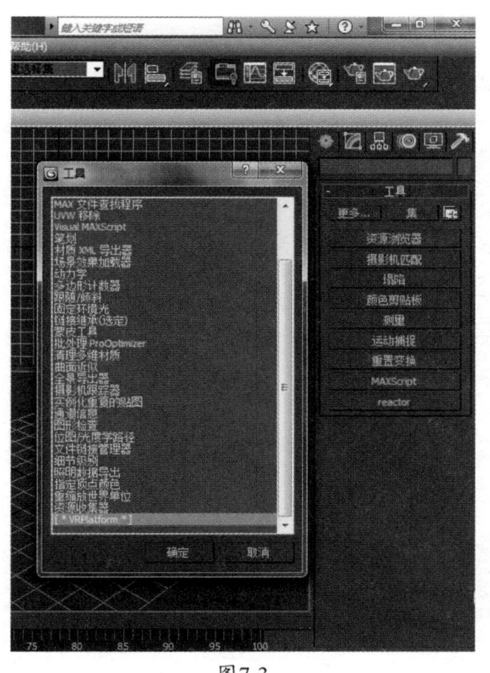

图7-3

图7-4

7.3 3ds max中贴图UV展开及烘焙

（1）VRP 对 Max 场景中的灯光、相机没有特别的要求。在制作虚拟现实漫游系统时，所用的材质或者贴图基本都是最简单的漫反射贴图，直接将每一部分的贴图照片贴入物体的漫反射通道即可，简单调整灯光后如图 7-5 所示。

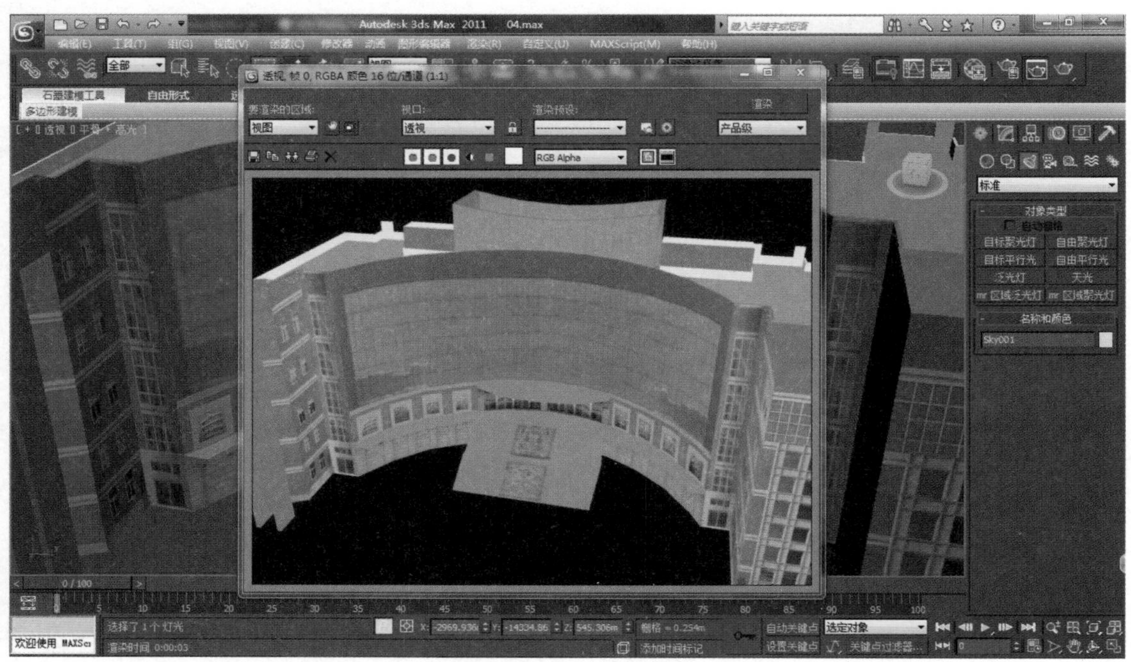

图7-5

（2）需要说明的是，如果模型比较复杂，贴图时最好手动进行UVW map贴图和展开，如图7-6所示，尽量避免使用多维子材质（Multi/Sub-Object）等复杂的材质或者贴图。对于玻璃、金属、水面等需要实时渲染的材质，可以在VRP软件中后期调整。

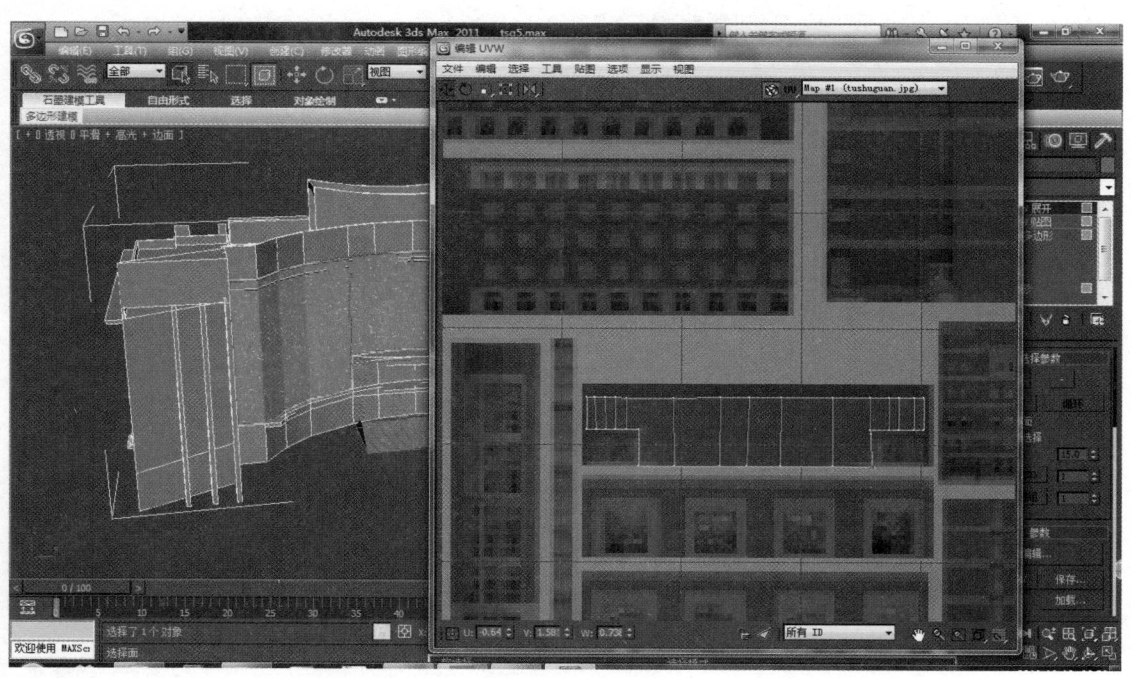

图7-6

（3）同其他的虚拟现实软件，为了节省系统运行时所需要的资源，要求在导入VRP前，将Max场景中物体的光影一起烘焙到贴图文件中。在3ds max中选中需要烘焙的物体，选择"渲染"→"渲染到纹理…"选项，如图7-7所示。

（4）在弹出的"渲染到纹理"对话框中设置贴图输出路径，并确认烘焙对象并进行设置，如图7-8所示。

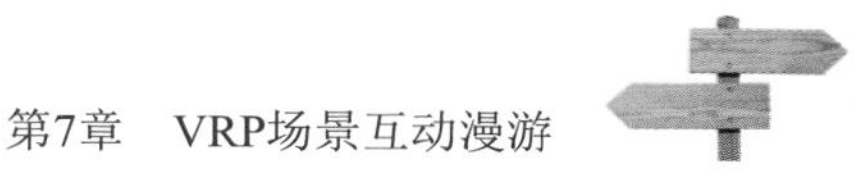

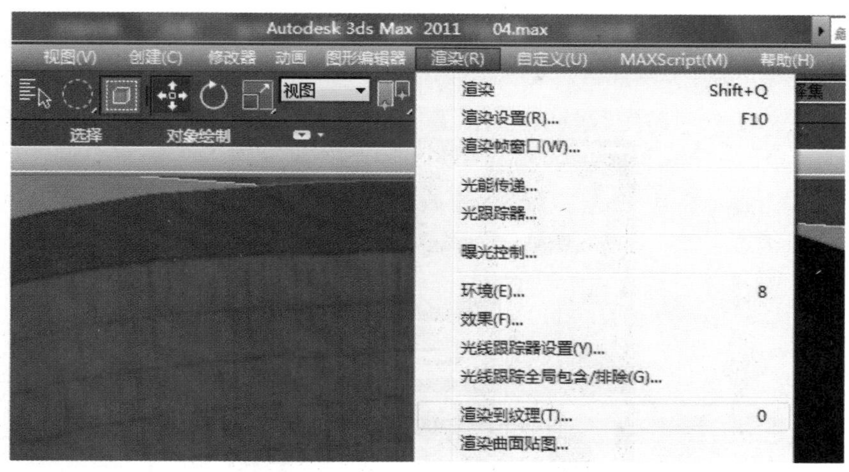

图7-7

（5）在“渲染到纹理”对话框中，进一步设置相关参数，如图7-9所示。在“可用元素”列表中选择要添加的纹理元素（一般选择CompleteMap选项，如果效果不理想，可以尝试选择LightingMap选项）。贴图大小一般设置为512级，贴图越大，所耗费的系统资源越大，产品效果越细腻。目标贴图位置设置为与原始贴图通道一致，一般为“漫反射颜色”。烘焙材质类型一般设置为新建的“标准布林Blinn”材质。

图7-8

图7-9

（6）在“渲染到纹理”对话框中单击“渲染”按钮，Max会自动将物体的贴图及光影一并烘焙到贴图纹理上，并且将已经烘焙过物体的边面高亮显示，如图7-10所示。

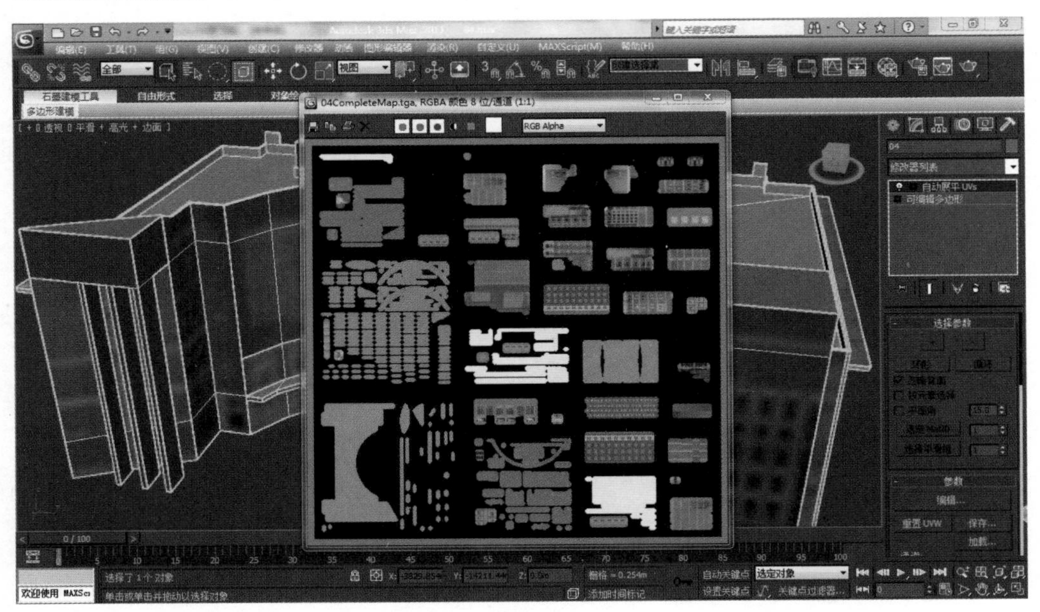

图7-10

7.4 导出烘焙好的模型并在VRP中做简单的编辑

（1）VRP for Max 导出过程非常简单，几乎是全自动的。单击 3ds max 命令面板“工具”选项卡中 [*VRPlatform*] 按钮，确认导出目标物体的类型，单击“导出”按钮即可自动导出，如图 7-11 所示。

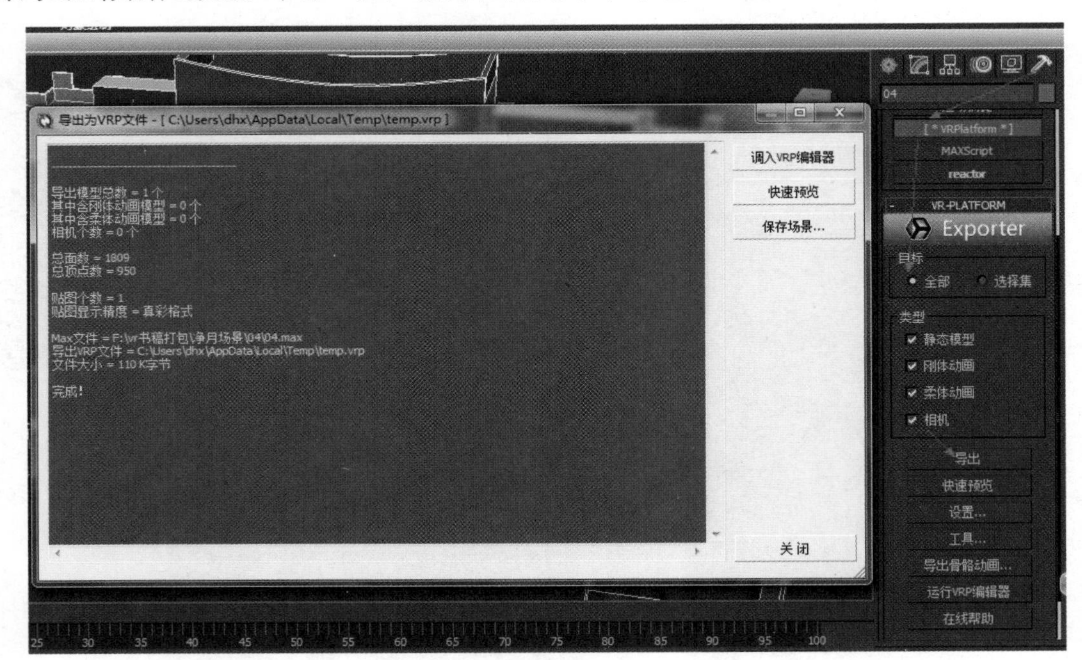

图7-11

（2）单击“快速预览”按钮，可以在内存中实时预览场景效果。单击“保存”按钮，则会导出 .vrp 格式的 VRP 场景文件。如果提示“是否将所有贴图文件复制出来？”，建议单击“是”按钮，这样 VRP 会自动收集素材文件，然后将其保存到一个以“场景文件名 _textures”的文件夹中，如图 7-12 所示。

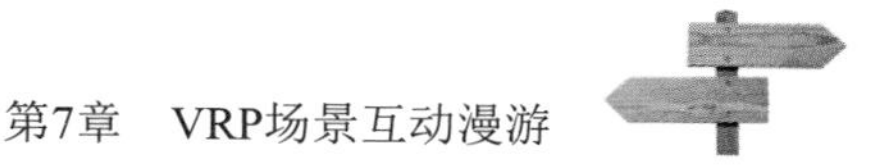

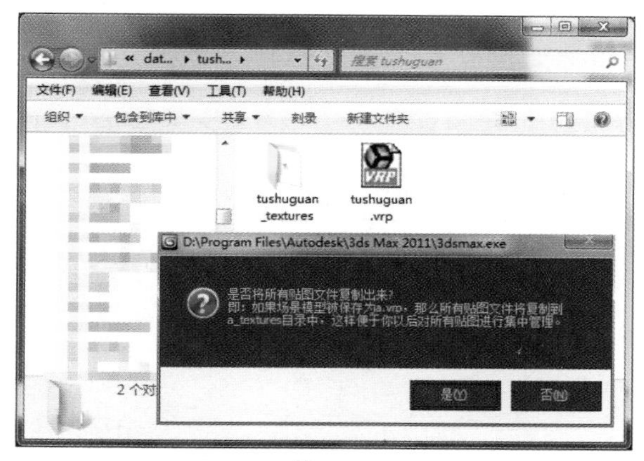

图7-12

（3）打开刚才导出的 .vrp 格式的 VRP 场景文件。即可看到如图 7-13 所示的包含烘焙贴图的物体。如果尺寸或者原点设置不当，可能看不到物体，按 Z 键可以快速将场景在视图中最大化显示。

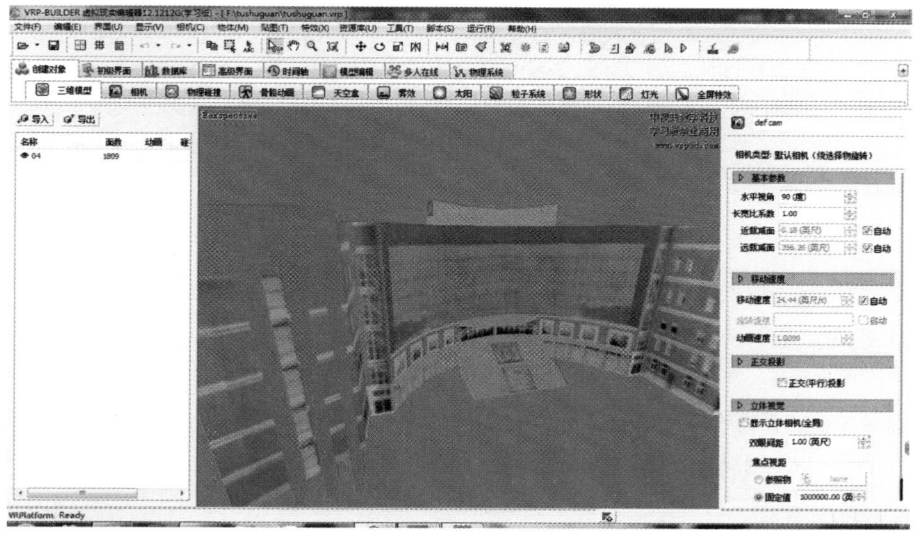

图7-13

（4）在 VRP 主程序中，利用工具栏上的“移动缩放”，可以进行常用的视图管理操作，如拖拽鼠标左键可以旋转视图，拖拽鼠标中键可以平移视图，拖拽鼠标右键或者滚动鼠标滑轮可以推进或者拉远视图。

（5）在 VRP 主界面中，常用功能项都集中在视图窗口上方的两级选项卡式功能分类架中，在创建对象组可以完成常见的模型操作以及相机、天空盒、太阳光晕等对象的添加、删除等操作，如图 7-14 所示。初级界面和高级界面负责设计漫游系统的交互界面。

图7-14

（6）在 VRP 主程序中，利用工具栏上的移动变换工具 可以进行常用的物体编辑操作，其操作模式与 3ds max 类似，如图 7-15 所示。双击即可选择物体，选用相应工具可以沿坐标轴平移、旋转物体或者缩放。在 VRP 中，平移、旋转物体或者缩放状态下的物体坐标轴图标都是箭头，旋转也是围绕激活轴向进行的。

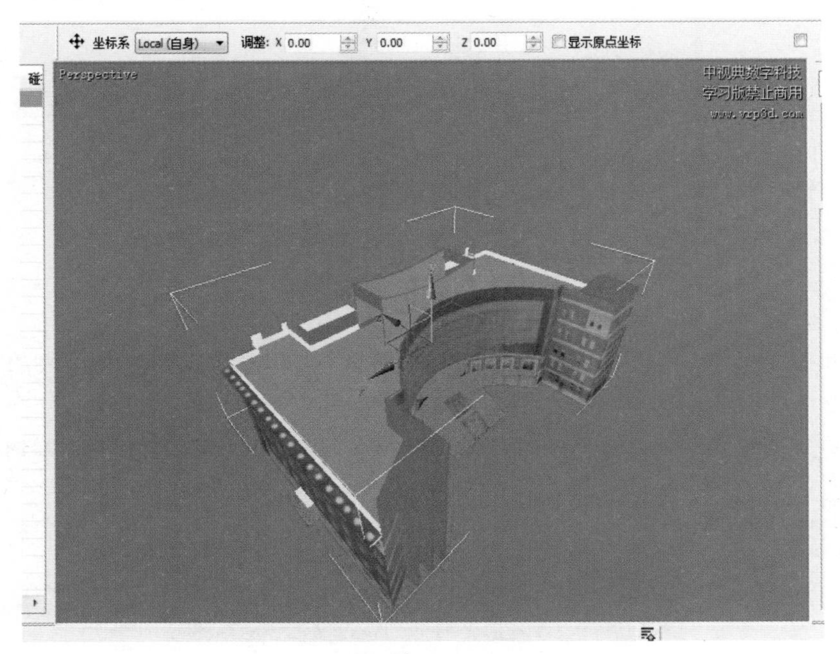

图7-15

7.5 行走相机或者飞行相机的添加

（1）添加相机是虚拟漫游系统很重要的一项工作，在 VRP 中，添加相机的操作非常简单，在功能分类架中选择“创建对象”→“相机”选项，主视图左侧的主功能区上即显示 VRP 中最常用的几种相机类型，如图 7-16 所示。

图7-16

（2）行走相机、飞行相机都是创建第一人称的漫游相机。区别在于行走相机有重力，会自动落地，对于开启了碰撞的物体，会自动绕开，以避免“穿墙而过”。添加相机后，可以利用工具栏上的“移动旋转”工具 ，对相机直接移动旋转，在右侧的“属性”面板中可以调整该相机的属性参数，如图 7-17 所示。

图7-17

（3）另一种更加直观的方法是，双击相机名称列表可以快速进入相机视图，直接调整相机角度，然后单击工具栏上的“运行” ▷ 按钮，可以进入场景实时预览模型，移动鼠标或者键盘上的方向键可以在场景中游览，如图7-18所示。

图7-18

7.6 角色控制相机的添加

（1）角色控制相机是漫游系统中常用的第三人称相机，相机跟随在角色模型后面，如图7-19所示。角色控制相机视图下，用户可以控制角色模型，看起来很像第三人称游戏，参与感强，自主性强。

图7-19

（2）创建角色控制相机，首先要为场景添加一个被跟随的角色模型，在功能分类中选择“创建对象”→“骨骼动画”选项，在左侧主功能区中单击“角色库”按钮，在“角色库”列表中双击要添加的模型，将其加入场景，如图 7-20 所示。

图7-20

（3）在主功能区列表中选中刚添加的角色模型，在其“属性”面板中激活“动作”选项卡，单击“动作库…”按钮，为角色添加“原地走”、“向前走”、“向前跑”等常用动作，如图 7-21 所示。

（4）在属性栏“动作”列表项上右击，将“原地走”设置为角色的默认动作，“向前走”设置为角色的行走动作，“向前跑”设置为角色的跑步动作，这一步将角色动作和默认的交互脚本相关联，如图 7-22 所示。

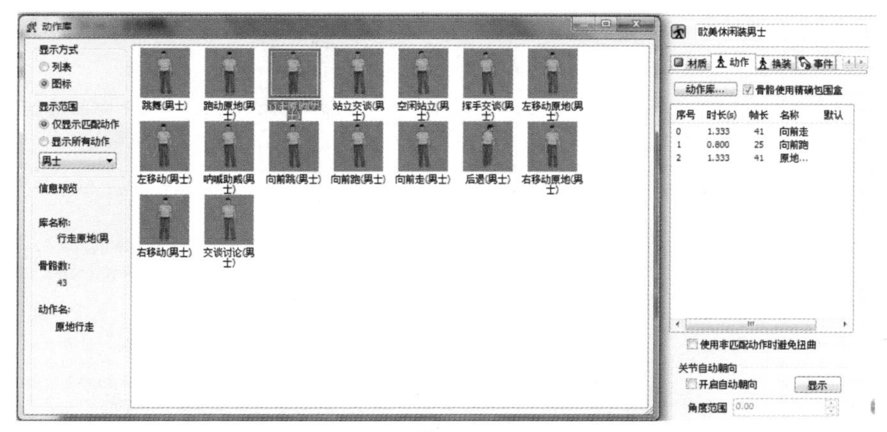

图7-21

图7-22

（5）在功能分类中选择“创建对象”→“相机”选项，在左侧主功能区中单击“角色控制相机”按钮，为场景添加角色控制相机。在其“属性”面板中修改相关参数，将其“跟踪属性”中“跟踪物体”修改为刚刚添加的角色，如图7-23所示。

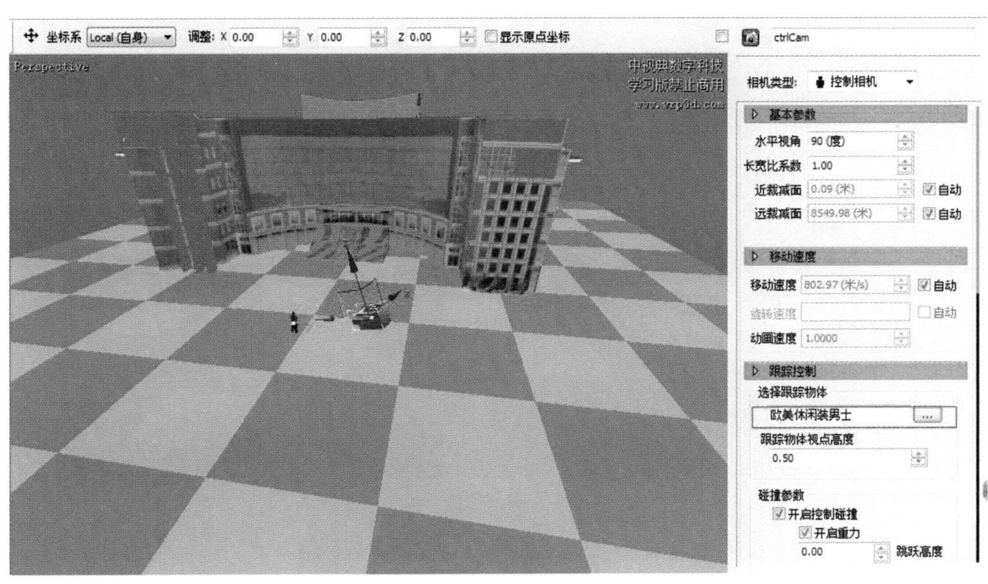

图7-23

（6）现在单击工具栏上的“运行” 按钮，可以进入场景实时预览模型，双击鼠标或者通过键盘上的方向键控制角色移动，如图 7-24 所示。还可以用键盘上的“`/~”键来切换角色是行走还是跑步的状态。

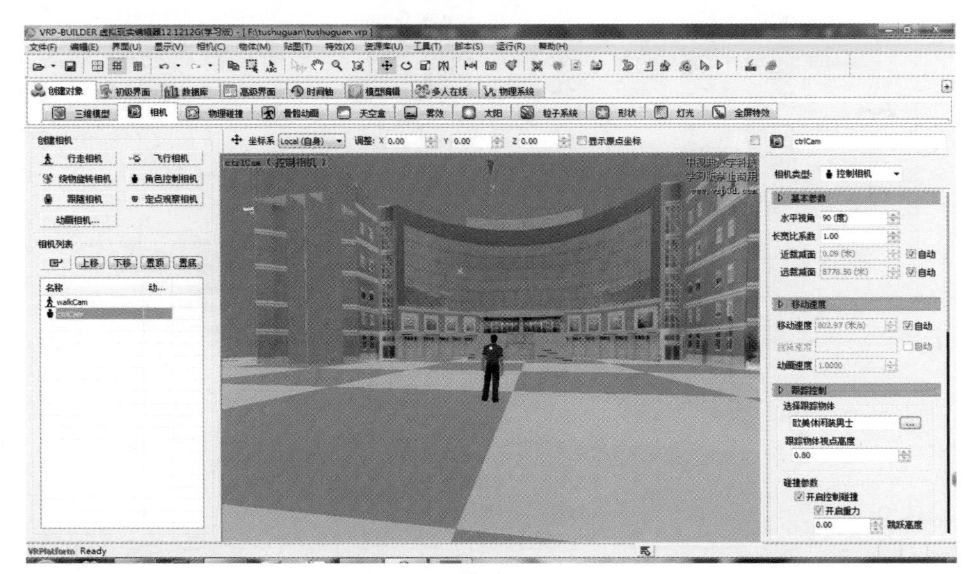

图7-24

7.7 跟随相机的添加

（1）跟随相机是漫游系统中模拟第三人称相机，相机跟随到角色身后，漫游过程中不需要用户控制，看起来就像跟在导游身后游览，这种方式下用户更容易集中注意力观看场景，如图 7-25 所示。跟随相机有时也被绑定到移动的车辆或者物体上，模拟漫游系统中的第一人称相机。

图7-25

（2）创建跟随相机，首先要为场景添加一个被跟随的模型，参照上一节的方法，为场景添加新的角色模型，并为其添加向前行走动作，将其设置为默认动作，如图 7-26 所示。

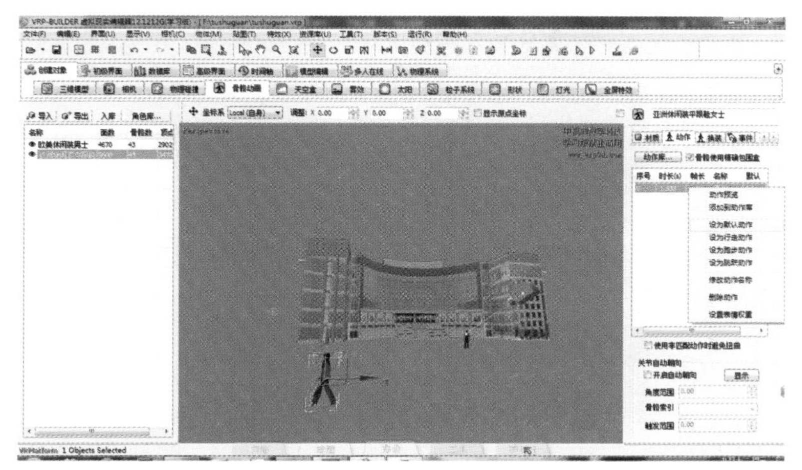

图7-26

（3）在 3ds max 中创建地面物体，并将其导出为 .vrp 格式文件，如图 7-27 所示。

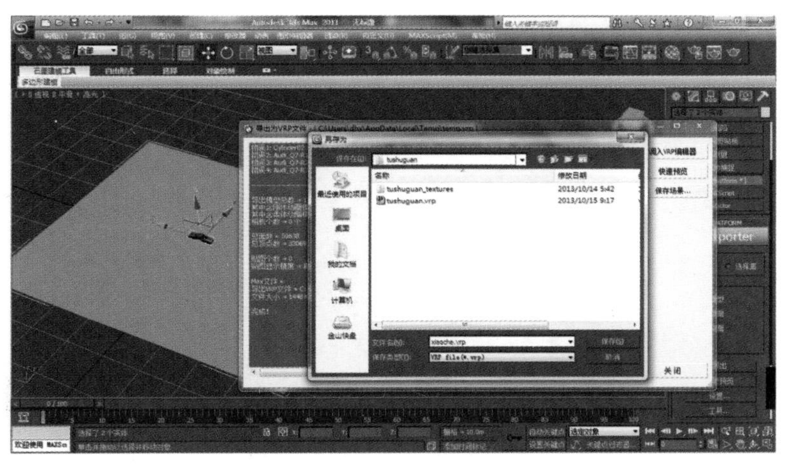

图7-27

（4）在 VRP 中，添加刚才导出的地面模型。在功能分类架中选择“创建对象”→“三维模型”→“导入”选项，即可导入模型，如图 7-28 所示。

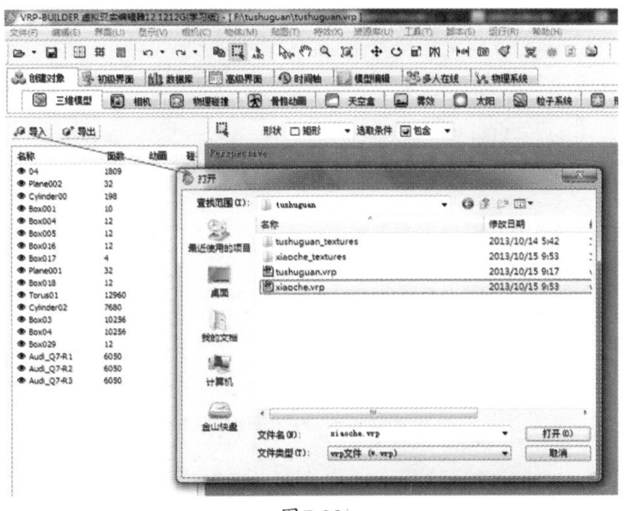

图7-28

（5）利用工具栏上的“移动旋转”工具 对地面移动、旋转和缩放，将其放到合适的位置，如图 7-29 所示。

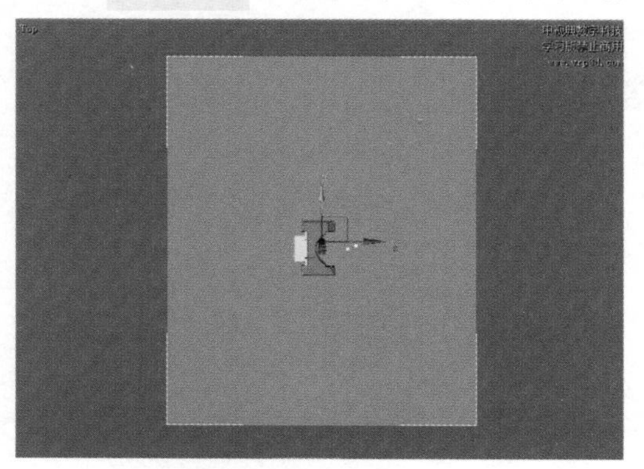

图7-29

（6）接下来为角色创建运动曲线，在功能分类中选择“创建对象”→“形状”选项，在左侧主功能区中单击“折线”按钮，按程序提示绘制曲线，并设置其平滑系数和自动封口属性，如图 7-30 所示。

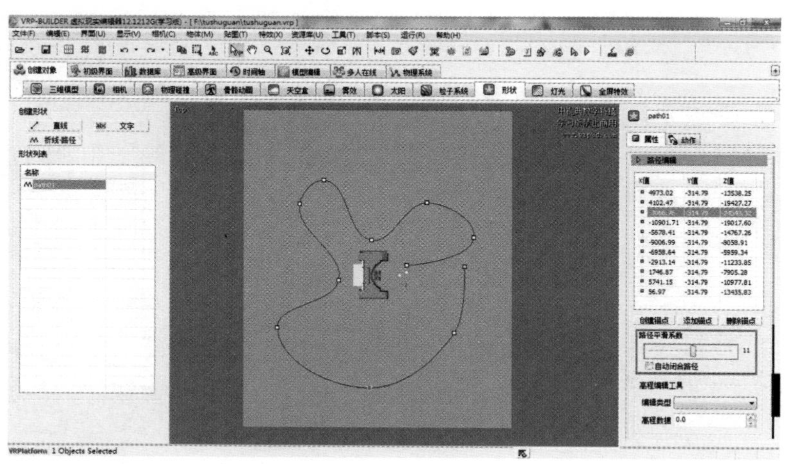

图7-30

（7）选中刚绘制的曲线，在其“属性”面板中，将其“路径运动属性”中的“绑定物体”修改为刚刚添加的角色，并修改运动速度，如图 7-31 所示。

图7-31

（8）为场景添加跟随相机。在其“属性”面板中，修改相关参数，将其“跟踪属性”中的“跟踪物体”修改为新添加的角色，如图7-32所示。

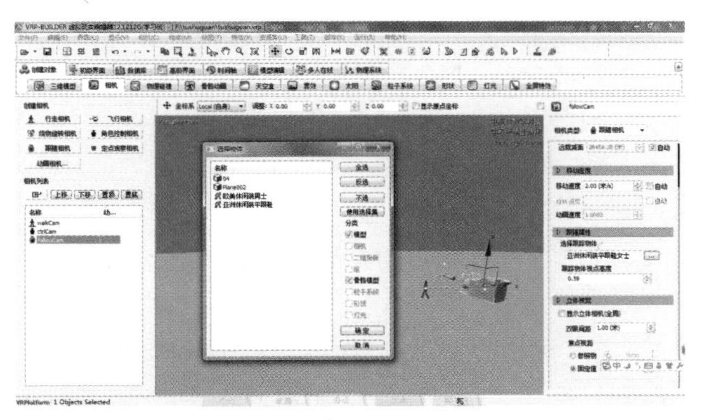

图7-32

（9）单击工具栏上的“运行”按钮，进入场景实时预览模型，角色沿着路径行走，相机跟随在角色身后进行游览，如图7-33所示。

图7-33

7.8 动画相机的添加

（1）动画相机是模拟漫游系统中第一人称相机，相机依据先前录制的移动相机自动播放，这种方式交互性小，经常被用来作自动展示，如图7-34所示。

图7-34

（2）在功能分类中选择“创建对象”→“相机”选项，在左侧主功能区中单击“动画相机”按钮，VRP会弹出操作提示，如图7-35所示。单击“确定”按钮，按操作提示按F5键运行程序。

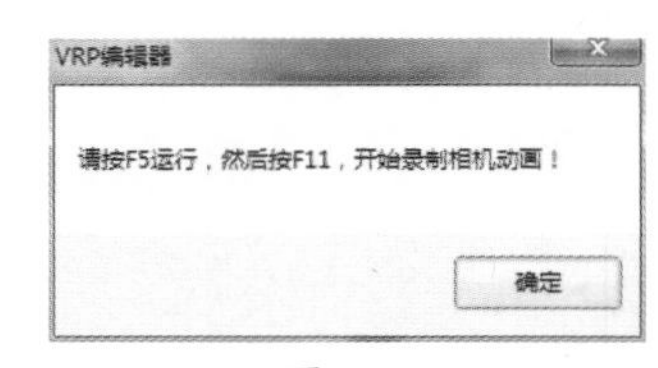

图7-35

（3）运行程序后，调整好初始镜头，按F11键开始录制，运行窗口左上角出现Recording…Press F11 to stop提示“录制中，按F11停止”字样，如图7-36所示为录制过程的截图。录制过程一定要尽可能流畅地移动镜头，此时所有的漫游过程都会被记录下来。

图7-36

（4）录制结束后按F11键，即可返回主程序，自动添加了一个动画镜头，动画镜头前图标为Ani字样，如图7-37所示。另外，还可以用移动工具对录制的镜头路径作调整。

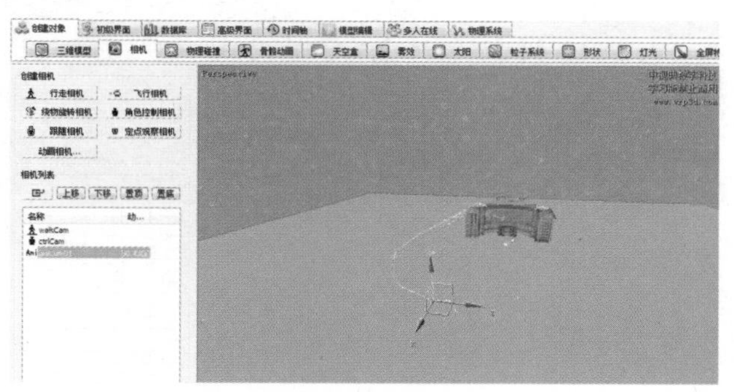
图7-37

（5）单击工具栏上的“运行”按钮，可以进入场景实时预览，在“相机列表”中选择“动画相机”选项，就可以自动演示，如图7-38所示。

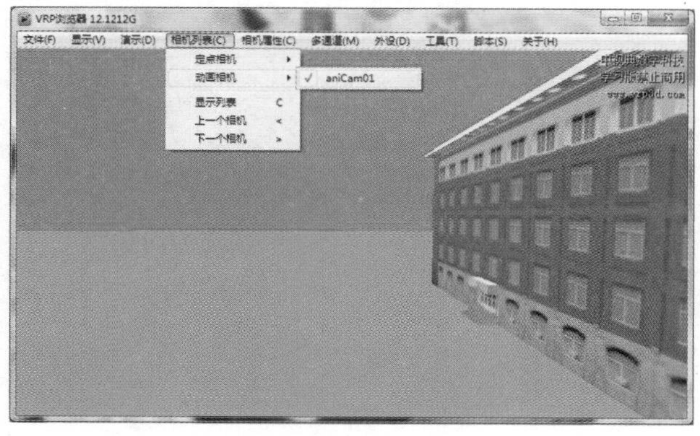

图7-38

7.9 天空盒的添加和自定义

（1）为场景添加天空盒可以让漫游作品看起来更加真实和有趣，在 VRP 中添加天空盒非常简单，在功能分类中选择“创建对象”→“天空盒”选项，在左侧主功能区“天空盒列表”中双击天空盒缩略图，即可添加天空盒，如图 7-39 所示。添加之后可以利用列表区下方的“旋转角度”参数，调整天空盒的视角。

（2）系统自带的天空盒可以满足一般场景的需要，由于视点高度问题，自带的天空盒经常出现在展览物悬于半空中的问题，如图 7-40 所示，这时就需要动手制作一个天空盒。有时场景周围添加与展览物配套的周边环境也需要自定义天空盒。

图7-39

图7-40

（3）首先在 3ds max 中将图书馆模型删除，在图书馆原位置新建一个小球，如图 7-41 所示。

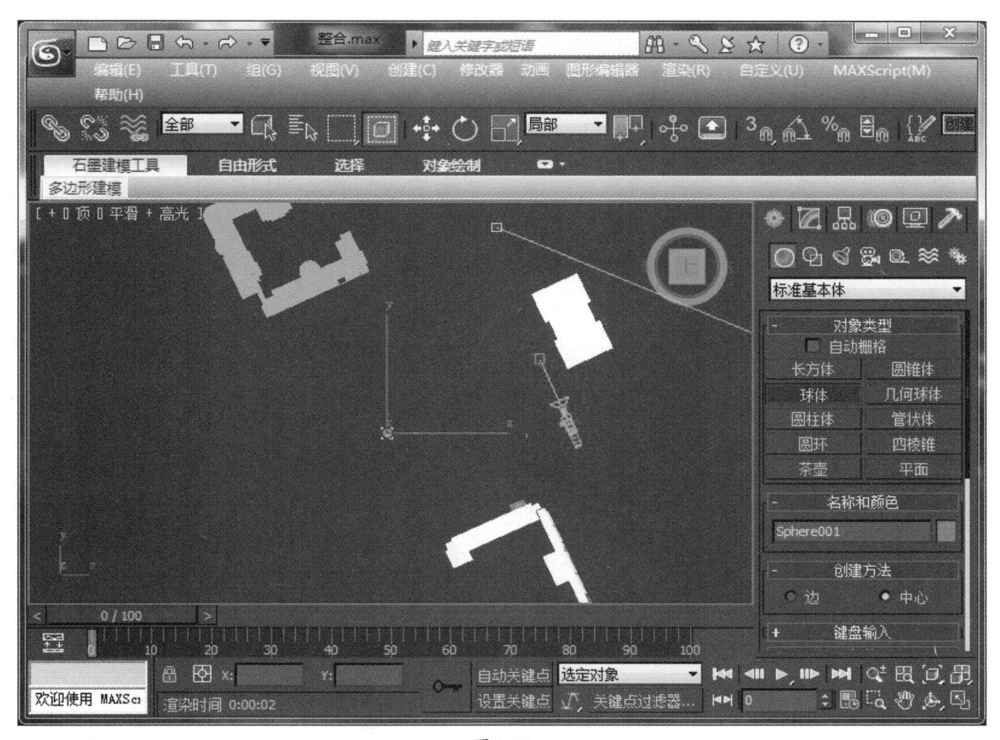

图7-41

（4）在材质编辑器中，为小球材质的漫反射通道贴上“反射 / 折射”贴图，如图 7-42 所示。

图7-42

（5）在其“反射 / 折射参数”中，将“来源”修改为“从文件”，在下方的“渲染立方体贴图文件”参数中，输入喜欢的贴图文件名，一般最好以“***_UP.jpg”的形式命名，如图 7-43 所示。

（6）单击“拾取对象和渲染贴图”按钮，Max 会自动将反射折射贴图存入文件，如图 7-44 所示。

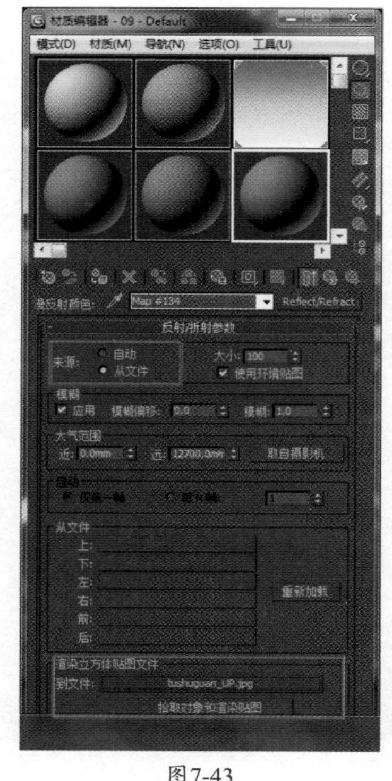

图7-43

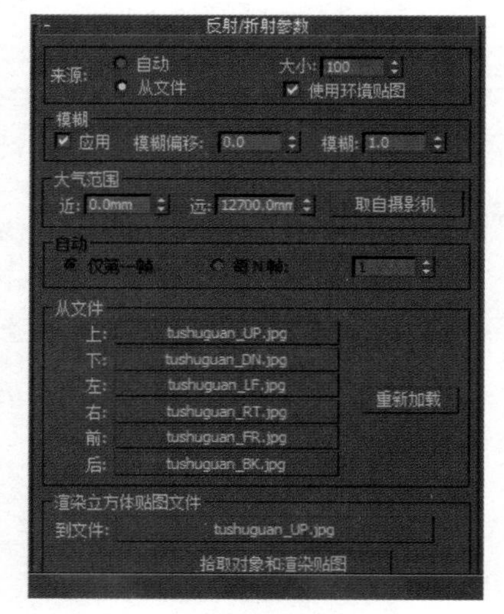

图7-44

（7）回到 VRP 主程序，在天空盒功能项中单击“新建”按钮，在弹出的“天空盒设置”对话框中，双击“缩览图”按钮，选择刚才在 Max 中渲染输出的贴图文件，如图 7-45 所示。一定是一一对应的，不能错位，然后就可以使用自定义的天空盒了。

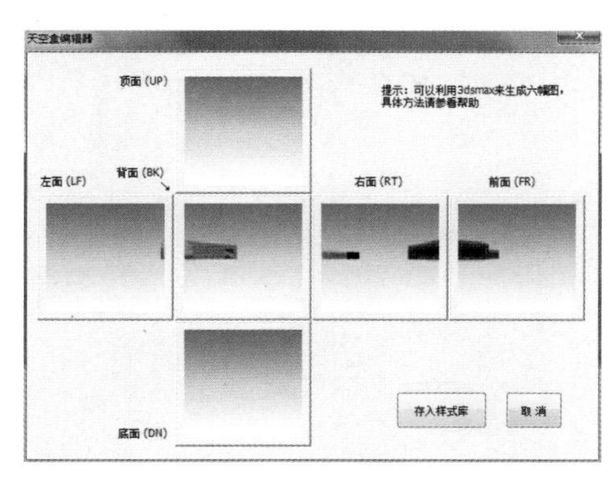

图7-45

7.10　项目设置、作品打包与发布

（1）在制作完作品后，接下来就该将作品打包或者发布了，VRP 可以将作品打包成 exe 可执行文件。发布前，在主工具栏中单击按钮，对初始相机、窗口标题及大小等项目参数进行设置，如图 7-46 所示。

（2）设置好参数后，单击主工具栏中的按钮，设置好项目文件输出路径以及版权信息，如图 7-47 所示。VRP 会自动搜集项目所需的资源，然后将其打包成一个可以直接在 Windows 中运行的 exe 文件。

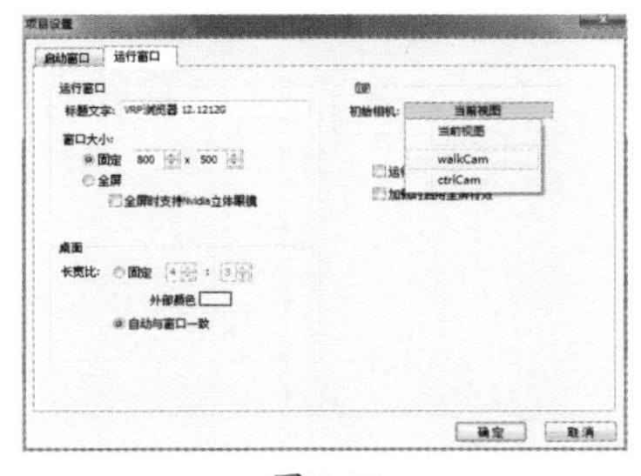

图7-46

图7-47

（3）和其他虚拟现实系统一样，除了支持打包成可在本地运行的 exe 文件外，VRP 也支持将项目发布到网页上，在主工具栏中单击按钮，对浏览器插件、引导页面样式等参数进行设置，如图 7-48 所示。

（4）单击“确定”按钮，VRP 会将项目所对应的 .htm 网页文件（文件名建议用拼音或者英文命名），浏览器插件等内容输出到指定文件夹，如图 7-49 所示。

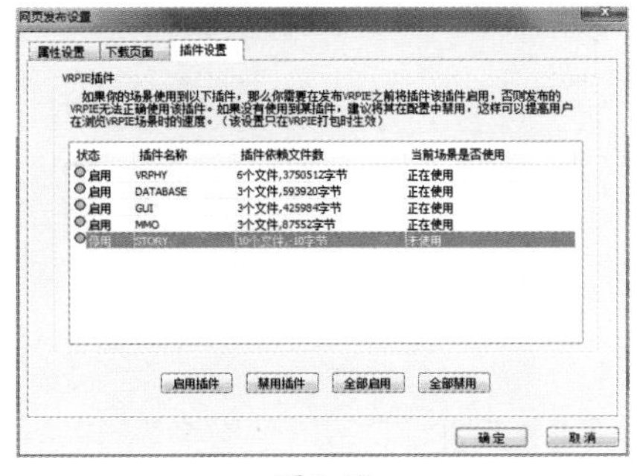

图7-48

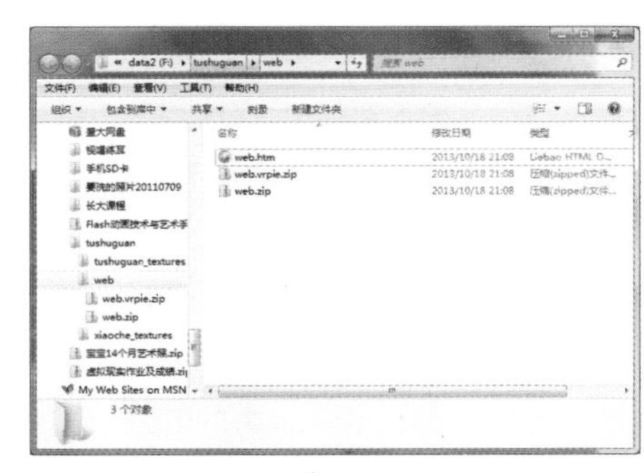

图7-49

（5）用 IE 浏览器打开 .htm 网页文件，按浏览器提示安装好插件，就可以看到和在 VRP 中一样的场景，如图 7-50 所示。按 C 键可以调出相机列表进行相机切换。

图7-50

（6）VRP 目前只有 for IE 的插件，对于谷歌浏览器 Chrom 和火狐 Firefox 并没有开发对应的插件，因此用这两种浏览器浏览场景时会显示“没有用于显示此内容的插件”的信息，如图 7-51 所示。

图7-51

本章小结

本章介绍了在国产虚拟现实系统 VRP（VR-Platform）平台下实现虚拟漫游的方法。使 VRP 整个制作流程更加本土化，符合国人的思维方式和操作习惯，是国内虚拟现实应用开发者的首选。

思考题

1. VRP 对 3ds max 场景贴图有什么要求？
2. 如何在 VRP 中实现第三人称漫游和第一人称漫游？
3. 如何在 VRP 中实现路径动画？